Aktuelle Forschung Medizintechnik – Latest Research in Medical Engineering

Unter den Zukunftstechnologien mit hohem Innovationspotenzial ist die Medizintechnik in Wissenschaft und Wirtschaft hervorragend aufgestellt, erzielt überdurchschnittliche Wachstumsraten und gilt als krisensichere Branche. Wesentliche Trends der Medizintechnik sind die Computerisierung, Miniaturisierung und Molekularisierung. Die Computerisierung stellt beispielsweise die Grundlage für die medizinische Bildgebung, Bildverarbeitung und bildgeführte Chirurgie dar. Die Miniaturisierung spielt bei intelligenten Implantaten, der minimalinvasiven Chirurgie, aber auch bei der Entwicklung von neuen nanostrukturierten Materialien eine wichtige Rolle in der Medizin. Die Molekularisierung ist unter anderem in der regenerativen Medizin, aber auch im Rahmen der sogenannten molekularen Bildgebung ein entscheidender Aspekt. Disziplinen übergreifend sind daher Querschnittstechnologien wie die Nano- und Mikrosystemtechnik, optische Technologien und Softwaresysteme von großem Interesse.

Diese Schriftenreihe für herausragende Dissertationen und Habilitationsschriften aus dem Themengebiet Medizintechnik spannt den Bogen vom Klinikingenieurwesen und der Medizinischen Informatik bis hin zur Medizinischen Physik, Biomedizintechnik und Medizinischen Ingenieurwissenschaft.

Tina Anne Schütz

Multiskalenmodellierung der Progression von Glioblastomen

Ein Ansatz unter der Berücksichtigung molekularer und zellulärer Prozesse

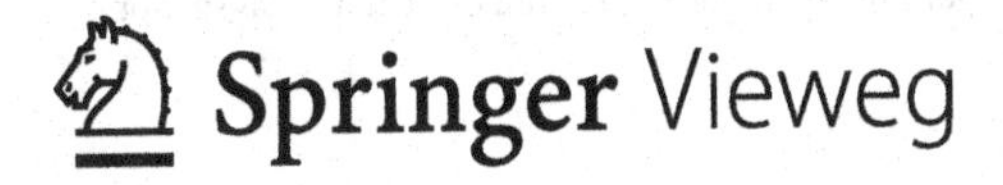

Tina Anne Schütz
Institut für Medizintechnik
Universität zu Lübeck
Lübeck, Deutschland

ISBN 978-3-658-07074-8 ISBN 978-3-658-07075-5 (eBook)
DOI 10.1007/978-3-658-07075-5

Die Deutsche Nationalbibliothek verzeichnet diese Publikation in der Deutschen Nationalbibliografie; detaillierte bibliografische Daten sind im Internet über http://dnb.d-nb.de abrufbar.

Springer Vieweg

Gedruckt auf säurefreiem und chlorfrei gebleichtem Papier

Springer Vieweg ist eine Marke von Springer DE. Springer DE ist Teil der Fachverlagsgruppe Springer Science+Business Media.
www.springer-vieweg.de

Vorwort des Reihenherausgebers

Das Werk *Multiskalenmodellierung der Progression von Glioblastomen - Ein Ansatz unter der Berücksichtigung molekularer und zellulärer Prozesse* von Dr. Tina Anne Schütz ist der 16. Band der Reihe exzellenter Dissertationen des Forschungsbereiches Medizintechnik im Springer Vieweg Verlag. Die Arbeit von Dr. Schütz wurde durch einen hochrangigen wissenschaftlichen Beirat dieser Reihe ausgewählt. Springer Vieweg verfolgt mit dieser Reihe das Ziel, für den Bereich Medizintechnik eine Plattform für junge Wissenschaftlerinnen und Wissenschaftler zur Verfügung zu stellen, auf der ihre Ergebnisse schnell eine breite Öffentlichkeit erreichen.

Autorinnen und Autoren von Dissertationen mit exzellentem Ergebnis können sich bei Interesse an einer Veröffentlichung ihrer Arbeit in dieser Reihe direkt an den Herausgeber wenden:

Prof. Dr. Thorsten M. Buzug
Reihenherausgeber Medizintechnik

Institut für Medizintechnik
Universität zu Lübeck
Ratzeburger Allee 160
23562 Lübeck
Web: www.imt.uni-luebeck.de
Email: buzug@imt.uni-luebeck.de

Geleitwort

Das vorliegende Werk *Multiskalenmodellierung der Progression von Glioblastomen - Ein Ansatz unter der Berücksichtigung molekularer und zellulärer Prozesse* von Dr. Tina Anne Schütz fasst die Arbeiten einer Forschungsarbeit am Institut für Medizintechnik der Universität zu Lübeck zusammen. Es behandelt vor allem die Methoden der Modellierung von Zellen des menschlichen Gehirns auf molekularer Ebene insbesondere in pathologischen Zuständen. Die Dissertation ist eine grundlegende Arbeit zur phänomenologischen Vorhersage des Wachstumsverhaltens von primären Tumoren des Gehirns, speziell von Gliomen.

Die mathematische und computergestützte Modellierung der Progression primärer Hirntumore ist ein viel untersuchter Gegenstand der aktuellen Forschung mit einer verhältnismäßig langen Vorgeschichte. In der vorliegenden Arbeit wird eine Simulationsumgebung für die Multiskalenmodellierung von Tumorwachstum auf molekularer und zellulärer Ebene und ein Analyse-Ansatz für die Simulationsergebnisse von Grund auf neu entwickelt. Glioblastoma multiforme (GBM) ist der aggressivste und im Erwachsenenalter am häufigsten auftretende primäre Gehirntumor. Mit Hilfe moderner multimodaler Standardtherapie, bestehend aus chirurgischer Entfernung, Strahlentherapie und Chemotherapie, kann häufig nur der Großteil des Tumors beseitigt werden. Aufgrund des infiltrierenden, diffusen Wachstums des Glioblastoms in das umliegende Gehirngewebe und einer effektiven Unterdrückung des Immunsystems, kann lediglich eine mittlere Überlebensdauer von etwas mehr als einem Jahr erreicht werden.

Ein mächtiges Werkzeug, um beispielsweise Hypothesen über den (patientenindividuellen) Verlauf der Tumorerkrankung zu testen und damit das Verständnis für die Krankheit zu mehren, stellt hierbei die mathematische und computergestützte Modellierung dar. Das Werk von Tina Anne Schütz wendet sich hierbei der Beschreibung von Prozessen auf der molekularen und zellulären Ebene zu.

Tina Anne Schütz befasst sich unter anderem mit der mathematischen Modellierung der Progression von Tumoren des zentralen Nervensystems insbesondere im Rahmen eines neuen Multiskalenmodells, das die frühe Phase der Progression eines Glioblastoms, welches die aggressivste Form des Hirntumors beim Menschen darstellt, abbildet. Das Modell, das in diesem Werk dargestellt wird, stellt Prozesse auf der molekularen und mikroskopischen Ebene dar. Es soll dazu beitragen, Faktoren, die das Wachstum beeinflussen, zu identifizieren sowie Hinweise auf neue Therapieansätze zu liefern.

Das Werk von Tina Anne Schütz ist in vielerlei Hinsicht als herausragend zu beurteilen. Insgesamt wird in der vorliegenden Arbeit ein neues Multiskalenmodell zur Abbildung des Wachstums von Glioblastomen hergeleitet und exzellent diskutiert. Das Modell wird durch den Vergleich mit in-vitro-Daten validiert und ermöglicht Rückschlüsse für die Biologie und Medizin anhand durchgeführter Simulationen. Insbesondere liefert das Modell Hinweise auf neue prognostische Marker für die Progression von Glioblastomen und auf neue Therapieansätze.

Prof. Dr. Thorsten M. Buzug
Institut für Medizintechnik
Universität zu Lübeck

Danksagung

An dieser Stelle nehme ich die schöne Gelegenheit wahr, Danke zu sagen. Ich möchte all den Menschen und Institutionen danken, ohne die die erfolgreiche Entstehung dieser Dissertation nicht möglich gewesen wäre.

Mein besonderer Dank gilt Herrn Prof. Dr. Thorsten M. Buzug für die Bereitstellung des spannenden Themas und die Betreuung während meiner Zeit am Institut für Medizintechnik der Universität zu Lübeck. Seine Hinweise waren wertvolle Inspirationen für die inhaltliche Ausrichtung meiner Arbeit und er hat mir die Möglichkeit gegeben, selbstbestimmt und eigenständig zu arbeiten. Außerdem danke ich Frau Priv.-Doz. Dr. Bärbel Kunze für die Bereitschaft, das Amt der Zweitgutachterin zu übernehmen, und für die Zeit, die sie sich genommen hat, um einer Mathematikerin Fragen im Bereich der Molekularbiologie verständlich zu beantworten.

Mein weiterer Dank gilt Herrn Prof. Dr. Alfred Mertins für die Übernahme des Vorsitzes meiner Prüfungskommission sowie Herrn Prof. Dr. Dirk Petersen und Herrn Priv.-Doz. Dr. Jens Christian Claussen für die Betreuung im Rahmen des Doktorandenprogramms der Graduate School for Computing in Medicine and Life Sciences der Universität zu Lübeck. Der Graduate School for Computing in Medicine and Life Sciences danke ich für die finanzielle Unterstützung sowie für die Ermöglichung der Teilnahme an vielen interessanten Seminaren.

Meiner Mutter, meiner Schwester und Christian Schuft danke ich für das gründliche Korrektur-Lesen meiner Arbeit. Dank euch sind viele Sätze kürzer und verständlicher geworden.

Meinen Eltern, Ilona Rahsner-Schütz und Karl-Heinz Schütz, danke ich außerdem von Herzen für ihr Verständnis, ihren uneingeschränkten Rückhalt und ihre Liebe. Danke, dass ihr immer und überall für mich da seid. Lena Maren Schütz danke ich dafür, dass sie die beste Schwester ist, die man sich vorstellen kann: ehrlich und aufmunternd. Danke, dass du mich immer wieder überraschst.

Zu guter Letzt gilt mein Dank Christian Schuft. Danke, dass du stets an mich glaubst, mich liebevoll unterstützt und immer an meiner Seite stehst. Danke!

Kurzfassung

In dieser Arbeit wird ein neues Multiskalenmodell vorgestellt, das die frühe Phase der Progression eines Glioblastoms, welches die aggressivste Form des Hirntumors beim Menschen darstellt, abbildet. Das Modell stellt Prozesse auf der molekularen und mikroskopischen Ebene dar. Es soll dazu beitragen, Faktoren, die das Wachstum beeinflussen, zu identifizieren sowie Hinweise auf neue Therapieansätze zu liefern.

Um mehrere Skalen abzubilden, wird ein hybrides Modell auf der mikroskopischen Ebene mit dem Modell eines molekularen Interaktionsnetzwerkes gekoppelt. Einzelne Zellen stellen die Agenten eines agentenbasierten Modells dar. Das Modell des molekularen Interaktionsnetzwerkes in Form eines Systems nichtlinearer gewöhnlicher Differentialgleichungen wird in dieser Arbeit hergeleitet und bildet einen zuvor beschriebenen Glioblastom-relevanten Signalweg ab. Basierend auf der Auswertung der intrazellulären Molekülkonzentrationen werden die Zellzustände und -aktionen der einzelnen Agenten bestimmt. Außerdem wird in dieser Arbeit vorgestellt, wie das Multiskalenmodell um die Modellierung der Krebsstammzellhypothese erweitert werden kann.

Das Multiskalenmodell wird ausgewertet, indem zunächst das DGL-System theoretisch untersucht wird. Darauf aufbauend werden *In-silico*-Simulationen durchgeführt, um das Modell zu validieren und neue Daten zu gewinnen. Das Modell bildet wesentliche Eigenschaften lebender Systeme ab und die modellierten Zusammenhänge sind vergleichbar zu *In-vitro*-Ergebnissen. Die Simulationen zeigen neben einem realistischen Tumoraufbau, dass die Nährstoffbedingungen, in denen ein Tumor wächst, einen wesentlichen Einfluss auf die Aggressivität und Invasivität des Wachstums haben.

Neben der Glukosekonzentration haben viele weitere Parameter einen maßgeblichen Einfluss auf das Wachstum des simulierten Tumors. Hierbei sind vor allem die Reaktionskonstanten des molekularen Netzwerks von Interesse. Um das Multiskalenmodell adäquat zu untersuchen, wird in dieser Arbeit des Weiteren eine

Sensitivitätsanalyse vorgestellt. Diese erstreckt sich ebenfalls über mehrere Modellierungsebenen und berücksichtigt erstmals verschiedene Nährstoffbedingungen.

Die Auswertung dieser Analyse zeigt, dass die Modifikationen einiger Parameter in einer ausgeprägten Verlangsamung der Ausbreitungsgeschwindigkeit oder der deutlichen Reduzierung des Volumens der jeweils simulierten Tumore resultiert. Diese Parameter sind somit geeignet, Vorhersagen zum Krankheitsverlauf zu treffen und könnten in Zukunft in Ergänzung zu bereits bekannten molekularen Indikatoren in die Prognose der Tumor-Progression einbezogen werden. Abschließend wird die Auswirkung der simultanen Modifikation zweier Parameter untersucht, die gezielt aus der Liste aller Parameter gewählt werden. Einige Kombinationen können daraufhin identifiziert werden, die einen Therapieerfolg simulieren, d. h. die zugehörigen *In-silico*-Experimente resultieren in kleineren, langsamer wachsenden Tumoren.

Insgesamt wird in der vorliegenden Arbeit ein neues Multiskalenmodell zur Abbildung des Wachstums von Glioblastomen hergeleitet und diskutiert. Das Modell kann durch den Vergleich mit *In-vitro*-Daten validiert werden und anhand durchgeführter Simulationen lassen sich Rückschlüsse für die Biologie und Medizin ziehen. Insbesondere liefert das Modell Hinweise auf neue prognostische Marker für die Progression von Glioblastomen und auf neue Therapieansätze.

Inhaltsverzeichnis

1. Einleitung 1
1.1. Tumorwachstumsmodelle 4
1.2. Das Glioblastom-Multiskalenmodell dieser Arbeit 10
1.3. Gliederung der Arbeit und zugehörige Veröffentlichungen 12

2. Medizinische und biologische Modellgrundlagen 15
2.1. Maligne Tumore 15
2.1.1. Glioblastoma multiforme 19
2.2. Gene, Proteine und Zellsignale 23
2.2.1. Transkription und Translation 26
2.2.2. Regulierung zellulärer Funktionen und microRNAs 28
2.3. Steuerung des Zellphänotyps mittels microRNA-451 31

3. Modellierungsgrundlagen 35
3.1. Reaktionskinetik und gewöhnliche DGL 36
3.1.1. Reaktionen mit Modifikatoren 40
3.2. Rechnergestützte Modellierung 45
3.2.1. Agentenbasierte Modellierung 46

4. Multiskalenmodell 49
4.1. Molekulare Ebene 50
4.1.1. Das grundlegende Modell 50
4.1.2. Entdimensionalisierung 59
4.1.3. Modell-Vereinfachung und -Erweiterung 61
4.1.4. Das finale Modell 64
4.2. Mikroskopische Ebene 66
4.2.1. Definition der Agenten und ihrer Umgebung 68
4.2.2. Chemotaxis: Bewegung der Agenten in ihrer Umgebung . . . 73
4.3. Kopplung der molekularen und mikroskopischen Ebenen 75
4.3.1. Bestimmung des neuen Zustandes eines Agenten 75
4.3.2. Der kombinierende Modell-Algorithmus 78
4.4. Stammzellen und Mutationen 79

5. Existenz- und Stabilitätsanalyse des DGL-Systems 83
5.1. Mathematische Grundlagen 84
5.2. Anwendung der Theorie auf das DGL-System (4.45) - (4.53) 88
5.2.1. Existenz, Eindeutigkeit und Stetigkeit einer Lösung 88
5.2.2. Berechnung der Gleichgewichte und deren Stabilität 89
5.2.3. Berechnung der Lyapunov-Exponenten und Schlussfolgerungen zur Stabilität 92
5.3. Diskussion 93

6. Auswertung des Multiskalenmodells 97
6.1. Molekulares Interaktionsnetzwerk 98
6.1.1. Ergebnisse 98
6.1.2. Diskussion 101
6.2. Verhalten des Multiskalenmodells 103
6.2.1. Ergebnisse 104
6.2.2. Diskussion 111
6.3. Einfluss der Krebsstammzellhypothese 116
6.3.1. Ergebnisse 117
6.3.2. Diskussion 125

7. Sensitivitätsanalyse des Multiskalenmodells 129
7.1. Grundlagen von Sensitivitätsanalysen 129
7.2. Multiskalen-Sensitivitätsanalyse erster Ordnung 132
7.2.1. Vorgehen 132
7.2.2. Ergebnisse 133
7.2.3. Diskussion 140
7.3. Erweiterung der Sensitivitätsanalyse erster Ordnung 143
7.3.1. Vorgehen 143
7.3.2. Ergebnisse 144
7.3.3. Diskussion 150

8. Zusammenfassung und Ausblick 153
8.1. Zusammenfassung 153
8.2. Ausblick 155

A. Details zur Stabilitätsanalyse 159
A.1. Berechnung der Gleichgewichtspunkte für die Analyse in Kapitel 5 . 159
A.2. Aufstellung der Jacobi-Matrix 162

B. Verzeichnis häufig verwendeter Abkürzungen 165

C. Verzeichnis häufig verwendeter Variablen 167

Literaturverzeichnis 169

KAPITEL 1

Einleitung

In Deutschland erkranken jedes Jahr knapp 500 000 Menschen neu an Krebs (RKI u. GEKID 2012). Obwohl viele Therapien zur Behandlung bösartiger Tumore existieren, ist Krebs die zweithäufigste Todesursache in Deutschland mit einer steigenden Tendenz (Statistisches Bundesamt 2012). Einige Tumorentitäten sind gut therapierbar und können in vielen Fällen vollständig geheilt werden. Für maligne Melanome der Haut, Hoden- sowie Prostatakrebs liegt die 5-Jahres-Überlebensrate bei mehr als 90 % (RKI u. GEKID 2012). In solchen Fällen ist die Diagnose Krebs nicht mehr gezwungenermaßen ein Todesurteil. Andere Tumore, wie etwa Lungen-, Speiseröhren- oder Bauchspeicheldrüsenkrebs, lassen sich nur schlecht therapieren und die Patienten haben eine geringe Lebenserwartung. Die 5-Jahres-Überlebensrate liegt in diesen Fällen bei weniger als 20 % (RKI u. GEKID 2012).

Der letzten Kategorie lassen sich auch Glioblastome zuordnen. Glioblastome sind die häufigsten bösartigen Hirntumore bei Erwachsenen mit einer 5-Jahres-Überlebensrate von nur 4,7 % (Dolecek et al. 2012). Das Gehirn ist das Schaltzentrum des menschlichen Körpers, das von einem starren Schädel umgeben ist. Deshalb führt ein aggressiv wachsender Hirntumor wie das Glioblastom zu sich schnell ausweitenden Funktionsstörungen im gesamten Körper. Die Symptome erstrecken sich von Kopfschmerzen bis hin zu neurologischen Ausfällen, wie Seh- oder Bewegungsstörungen (je nach Lokalisation des Tumors). Beispielhafte Magnetresonanztomographie-Aufnahmen eines Glioblastoms eines 48 Jahre alten Patienten, bei dem sich kognitive Störungen gezeigt haben, sind in Abbildung 1.1 dargestellt.

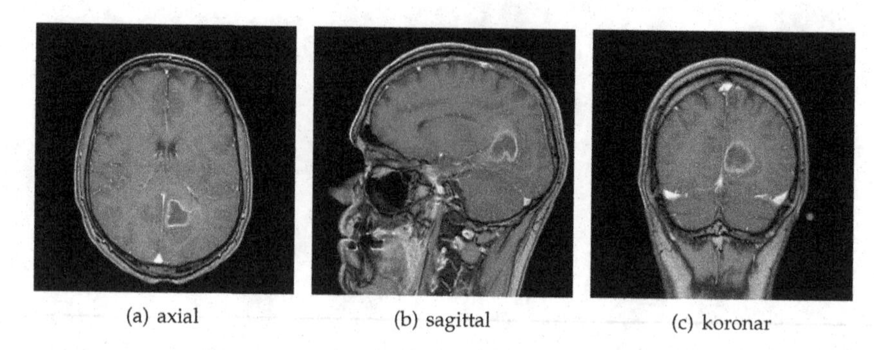

(a) axial (b) sagittal (c) koronar

Abbildung 1.1.: T1-gewichtete Magnetresonanztomographie-Aufnahmen eines 48 Jahre alten, männlich Patienten mit einem Glioblastom im Corpus callosum und linken occipitalen Marklager mit Beteiligung des occipitalen Cortex.[1]

Die Aggressivität des Glioblastoms zeigt sich unter anderem in einem stark infiltrierenden Wachstum, wobei einzelne Zellen in gesundes Gewebe eindringen. Des Weiteren zeichnen sich Glioblastome durch eine erhöhte Angiogeneserate aus, also durch das vermehrte Wachstum neuer Blutgefäße. Durch dieses Verhalten wird sichergestellt, dass die Versorgung mit Nährstoffen (Sauerstoff, Glukose, ...) in einem ausreichenden Maß gewährleistet wird. Eine ausreichende Versorgung mit Nährstoffen ist essentiell für das Überleben und Wachstum der einzelnen Tumorzellen und somit des gesamten Tumors.

Ein weiteres Kennzeichen von Glioblastomen ist die große Variabilität der Mutationsprofile der Tumorzellen. Aufgrund dieser setzen sich Glioblastome aus einer sehr heterogenen Tumorpopulation zusammen, die aus Tumorzellen mit unterschiedlichen intra- und interzellulären Fehlfunktionen besteht. Diese Störungen auf der molekularen Ebene haben große Auswirkungen für den Patienten, da sie beeinflussen, wie der Tumor wächst und auf Therapien anspricht. Der Erfolg von Therapien wird außerdem durch die Blut-Hirn-Schranke, Resistenzen von Krebsstammzellen sowie vielen weiteren Faktoren beeinflusst.

Die Behandlung eines Glioblastoms umfasst für gewöhnlich die Resektion des Tumors gefolgt von einer Kombination aus Strahlen- und Chemotherapie. Neben der Optimierung dieser Behandlungsmethoden wird aktuell außerdem an neuen Therapien geforscht, die spezifische, fehl-regulierte Proteine oder Moleküle in den Tumorzellen beeinflussen sollen. Dieses Forschungsfeld beschränkt sich nicht länger auf die klassischen Disziplinen Medizin, Biologie und Pharmazie. Stattdessen wurde erkannt, dass ein interdisziplinäres Umfeld zusätzliche Erfolgsaussichten

[1] Die Bilder wurden freundlicherweise vom Institut für Neuroradiologie des Universitätsklinikums Schleswig-Holstein, Campus Lübeck, zur Verfügung gestellt.

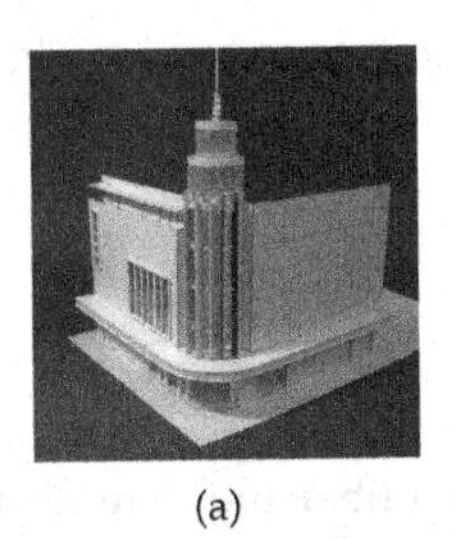

(a)

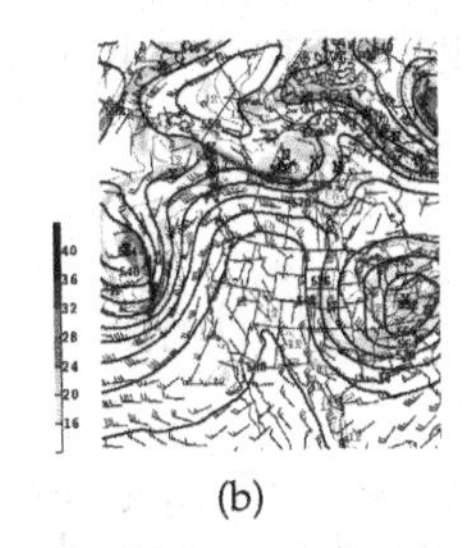

(b)

(c)

Abbildung 1.2.: Modelle (a) in der Architektur[2], (b) zur Wettervorhersage[3] und (c) des Aufbaus von Atomen[4].

bietet. So arbeiten schon heute Physiker, Informatiker und Ingenieure an der Optimierung von Strahlentherapien und die Analyse des genetischen Materials von Tumorzellen wäre ohne den Einsatz von Computern nicht möglich. Mathematische und rechnergestützte Modelle bieten eine weitere Möglichkeit, die Krebsforschung zu unterstützen.

Ein Modell ermöglicht es, Teile der Realität in Form (vereinfachter) Nachbildungen physisch oder virtuell zu untersuchen (vgl. Abbildung 1.2). Mittels Modellen können verschiedene Situationen simuliert werden, ohne dass diese in der Realität tatsächlich stattfinden. Durch die Anwendung von Modellierung können somit Ressourcen (Zeit, Material, Platz, ...) eingespart werden und ethisch nicht zu vertretende Experimente vermieden werden. Darüber hinaus ist eine gewisse Reproduzierbarkeit der Simulationsergebnisse sichergestellt, da die Ausgangssituation einzelner Simulationen klar definiert werden kann. In der Klasse der mathematischen und rechnergestützten Modellierung werden Prozesse mit mathematischen und semantischen Werkzeugen beschrieben. Auf diese Art werden virtuelle Modelle erzeugt, die in der Regel im Computer *in silico* simuliert werden.

Mathematische und rechnergestützte Modelle in der Medizin können zu einem besseren Verständnis von Krankheitsprozessen führen und Informationen zur Prognose des Krankheitsverlaufes beisteuern. Darüber hinaus können sie Hinweise zum Erfolg von Therapien liefern, Optimierungsmöglichkeiten existierender Behandlungen aufzeigen und einen Beitrag zur Entwicklung neuer Therapien leisten. Deshalb werden solche Modelle zunehmend in der Erforschung von Tumorprogression und -therapie angewendet.

Ein derartiges Modell, das die frühe Wachstumsphase eines Glioblastoms abbildet, wird in dieser Arbeit vorgestellt und auf seine Validität hin evaluiert. Ferner wird

[2]AC Studio/wikipedia/Cc-by-3.0
[3]NWS/wikipedia/gemeinfrei
[4]Halfdan/wikipedia/Cc-by-3.0

ausgehend von dem Modell analysiert, ob sich Ansatzpunkte für neue Therapien identifizieren lassen.

1.1. Tumorwachstumsmodelle

Das Wachstum von Tumoren ist ein Vorgang, der sich über mehrere räumliche Ebenen erstreckt, wobei auf jeder Ebene unterschiedliche Prozesse relevant sind. Auf der *makroskopischen* Ebene wird der Tumor als Ganzes beschrieben, wie er beispielsweise auf Magnetresonanztomographie-Aufnahmen sichtbar ist. Auf der *mikroskopischen* Ebene steht die Interaktion von Tumorzellen mit ihrer Mikroumgebung und anderen Zellen im Vordergrund, wie sie etwa unter dem Mikroskop zu beobachten ist. Intrazelluläre Prozesse, wie Veränderungen der DNA oder Regulierungen von Signalen, sind hingegen Teil der *molekularen* Ebene. Den verschiedenen Prozessen entsprechend gibt es Modelle auf den unterschiedlichen Ebenen, die Teilaspekte des Tumorwachstums abbilden. Einige dieser Modellierungsansätze sollen an dieser Stelle kurz vorgestellt werden. Gute Übersichten finden sich u. a. in Materi u. Wishart (2007); Bellomo et al. (2008); Wang u. Deisboeck (2008); Byrne u. Drasdo (2009); Rejniak u. Anderson (2011).

Modellierung auf der makroskopischen Ebene Auf der makroskopischen Ebene wird ein Tumor meist in Form von (normalisierten) Tumorzelldichten beschrieben, die örtlich und zeitlich variieren, indem physikalische Gesetze und medizinische Beobachtungen abgebildet werden. Diese Modellbeschreibung basiert aus mathematischer Perspektive auf partiellen Differentialgleichungen. Viele Modelle für das Wachstum von Glioblastomen (Swanson et al. 2000; Murray 2002; Clatz et al. 2005) basieren auf einer Reaktions-Diffusions-Gleichung der Form

$$\frac{\partial u}{\partial t} = \nabla \cdot (D(x)\nabla u) + S(u). \tag{1.1}$$

Hierbei ist u die Tumorzelldichte, D der Diffusionskoeffizient und S eine Wachstumsfunktion. Die Änderung der Tumorzelldichte wird durch Bewegung der Tumorzellen (beschrieben durch den Diffusionsterm) und Entstehung neuer Zellen (beschrieben durch den Reaktionsterm) verursacht. Mittels des Diffusionskoeffizienten D ist es möglich, verschiedene Formen der Diffusion abzubilden. So kann mittels eines anisotropen Diffusionstensors berücksichtigt werden, dass Zellbewegungen eher entlang von Nervenfasern erfolgen, und ein raumabhängiger Diffusionskoeffizient kann benutzt werden, um darzustellen, dass sich Zellen in weißer Hirnmasse schneller bewegen als in grauer. Durch die Wahl des Wachstumsterms $S(u)$ können verschiedene Formen des Wachstums modelliert werden. So beschreibt $S(u) = \rho \cdot u$

unbeschränktes Wachstum, während $S(u) = \rho \cdot u \cdot \ln(u_{max}/u)$ das *Gompertzsche* Wachstumsmodell (Laird 1964) umsetzt (mit der Netto-Wachstums-Rate $\rho \in \mathbb{R}^+$ und der maximalen Kapazität u_{max}).

Verschiedene weitere Effekte können in dieses allgemeine Wachstumsmodell integriert werden. Mechanische Wechselwirkungen in Form des Masseneffektes sind u. a. von Clatz et al. (2005); Hogea et al. (2007); Becker et al. (2010a); Mang et al. (2012f) untersucht worden. Die Auswirkungen von Therapien können in Form eines negativen Terms ($-T(u)$) in das Modell aufgenommen werden. Dies wurde u. a. in Swanson et al. (2002); Rockne et al. (2008, 2009) diskutiert. Des Weiteren ist ein aktuelles Forschungsthema im Bereich makroskopischer Tumorwachstumsmodelle die Patientenindividualisierung, also die Schätzung patientenspezifischer Parameter oder die Vorhersage patientenindividueller Therapieergebnisse (Konukoglu et al. 2010; Rockne et al. 2010).

Modellierung auf der mikroskopischen Ebene Die Beschreibung des Tumors auf der makroskopischen Ebene in Form von Tumorzelldichten impliziert eine Durchschnittsbildung. Individuelle zelluläre Prozesse (Zell-Zell- und Zell-Umgebungs-Interaktionen) werden vernachlässigt und es besteht keine Möglichkeit, Abläufe mit einer kleineren räumlichen Auflösung zu betrachten (Byrne u. Drasdo 2009).

Dieses Problem umgehen Modelle, die Tumorwachstum auf der mikroskopischen Ebene abbilden. Solche Modelle beschränken sich auf ein kleineres räumliches Gebiet und modellieren z. B. nicht das gesamte Gehirn sondern nur einen kleinen Ausschnitt oder *In-vitro*-Experimente. Dafür berücksichtigen sie mehr Details. Zumeist sind Modelle auf der mikroskopischen Ebene individuenbasiert, d. h. das Verhalten individueller Zellen wird abgebildet und untersucht. Hierdurch ergibt sich eine *diskrete* Beschreibung des Problems. Außerdem integrieren viele Tumorwachstumsmodelle auf der mikroskopischen Ebene zusätzliche Informationen zur Umgebung in Form von Konzentrationen oder Dichten. Diese werden überwiegend mit *kontinuierlichen* Formulierungen (z. B. partiellen Differentialgleichungen) abgebildet. Die Kombination der beiden Modellierungsansätze wird deshalb als *hybrides* Modell bezeichnet.

Diskrete Modelle lassen sich im Wesentlichen in die Klasse der *gitterbasierten* oder die Klasse der *gitterfreien* Modelle einteilen (Rejniak u. Anderson 2011, vgl. Abbildung 1.3). In gitterbasierten Modellen wird das betrachtete Gebiet mit einem strukturierten Gitter (basierend auf Quadraten oder Hexagonen) diskretisiert. Je nach untersuchter Fragestellung übernimmt eine Gitterzelle unterschiedliche Funktionen. So kann eine Gitterzelle mehrere Zellen beinhalten (Basanta et al. 2008; Piotrowska u. Angus 2009), was jedoch erneut mit einer Durchschnittsbildung einhergeht. Am häufigsten vertreten sind Modelle mit einer Eins-zu-Eins-Korrespondenz von Gitterzellen und biologischen Zellen, d. h. eine Gitterzelle ist leer oder aber enthält

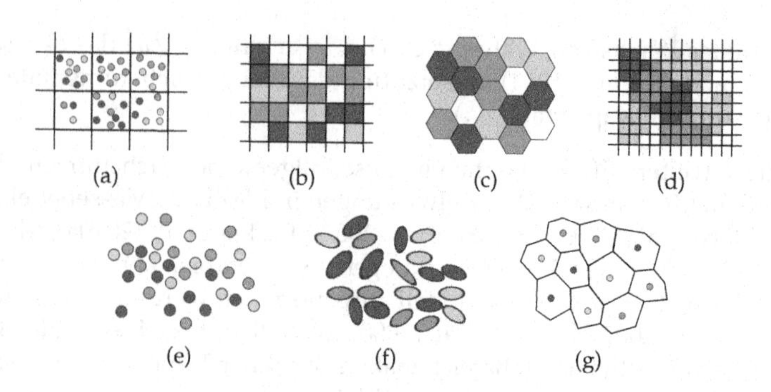

Abbildung 1.3.: Diskretisierung von Modellen der mikroskopischen Ebene. (a) - (d) stellen gitterbasierte Modellierungsansätze dar, (e)-(g) gitterfreie. In (a) befinden sich mehrere biologische Zellen in einer Gitterzelle, in (b) und (c) ist eine Eins-zu-Eins-Beziehung von biologischen Zellen und Gitterzellen für quadratische und hexagonale Gitter dargestellt. (d) zeigt ein zelluläres Potts-Modell, (e) und (f) kreis- und ellipsenförmige Zellen und (g) eine zellzentrierte Voronoi-Diskretisierung.

genau eine biologische Zelle (Dormann u. Deutsch 2002; Anderson 2005; Anderson et al. 2009; Bankhead et al. 2007; Gevertz u. Torquato 2009). Diese beiden Formen der gitterbasierten Modellierung werden meist durch zelluläre Automaten oder agentenbasierte Modelle umgesetzt. Soll die Form der Zelle zumindest annähernd abgebildet werden, so kommen zelluläre Potts-Modelle zum Einsatz, in denen eine biologische Zelle sich über mehrere Gitterzellen erstreckt (Stott et al. 1999; Rubenstein u. Kaufman 2008; Shirinifard et al. 2009; Poplawski et al. 2010).

Neben der Vernachlässigung der äußeren Form der biologischen Zellen sind in gitterbasierten Modellen auch die Bewegungs- und Kommunikationsmöglichkeiten der biologischen Zellen durch die beschränkte Anzahl der Nachbarn sehr eingeschränkt. Dieses Problem versuchen gitterfreie Modelle zu umgehen (Drasdo u. Hoehme 2005; Galle et al. 2005, 2006; Schaller u. Meyer-Hermann 2005; Ramis-Conde et al. 2009). In diesen Modellen werden Zellen durch Kreise, Ellipsen oder Polygone (bzw. deren dreidimensionale Repräsentanten) verkörpert. Für alle Zellen werden der Abstand zu den nächsten Nachbarn und einige biologische und biophysikalische Eigenschaften definiert. Dies erlaubt eine variablere Gestaltung der Zellformen und -eigenschaften sowie eine realistischere Abbildung der Nachbarschaft.

Der Hauptschwerpunkt von Modellen auf der mikroskopischen Ebene liegt in der Untersuchung des Einflusses der Mikroumgebung (Nährstoffkonzentrationen, extrazelluläre Matrix, ...) auf das Tumorwachstum (Anderson et al. 2006; Gerlee u. Anderson 2009; Andasari et al. 2011; Jiao u. Torquato 2011). Ein weiterer Fokus liegt auf der Modellierung von Angiogenese, also dem Wachstum neuer Blutgefäße, die den Tumor mit Nährstoffen versorgen (Anderson u. Chaplain 1998; Owen et al. 2009; Perfahl et al. 2011), und den Interaktionen der Tumorzellen mit dem Immunsystem (Lollini et al. 2006; Mallet u. De Pillis 2006; Kim u. Lee 2012). Außerdem werden die Auswirkungen von Therapien modelliert (Ribba et al. 2004; Enderling et al. 2009; Reis et al. 2009). Des Weiteren berücksichtigen einige Modelle die Krebsstammzellhypothese, derzufolge nur ein Teil aller Tumorzellen über ein unbeschränktes Replikationspotenzial verfügt (Sottoriva et al. 2010, 2013; Enderling u. Hahnfeldt 2011; Enderling et al. 2013).

Modellierung auf der molekularen Ebene Zelluläre Prozesse wie Migration und Proliferation werden zwar von der Mikroumgebung der Tumorzellen beeinflusst, doch findet die eigentliche Steuerung dieser Prozesse auf der Ebene von Genen und Proteinen statt. Modelle auf der mikroskopischen Ebene vereinfachen das Zellverhalten, indem der intrazelluläre Zustand ignoriert oder sehr stark abstrahiert wird. Demgegenüber wird mittels der Modellierung auf der molekularen Ebene anhand einer einzelnen Zelle versucht, krebsrelevante Gene zu identifizieren oder intrazelluläre Signalweiterleitungen zu untersuchen.

Interaktionen von Molekülen resultieren in Konzentrationsänderungen der beteiligten Moleküle, was innerhalb einer Zelle als Signal interpretiert wird. Diese Interaktionen werden in der Regel in Form von *molekularen Netzwerken* dargestellt, die z. B. beschreiben, welche Auswirkungen das Bilden von Proteinkomplexen oder die Phosphorylierung einzelner Proteine hat. Mithilfe der (verallgemeinerten) Massenwirkungskinetik (Schauer u. Heinrich 1983; Heinrich u. Schuster 1996) lassen sich diese Interaktionen in Form von gewöhnlichen Differentialgleichungen beschreiben: Bezeichnen x_1 und x_2 die Konzentrationen zweier verschiedener Moleküle, so ist eine typische Form der Gleichung für die zeitliche Änderung der Konzentration x_1

$$\frac{\mathrm{d}x_1}{\mathrm{d}t} = k^+ \cdot x_2 - k^- \cdot x_1$$

mit den Reaktionskonstanten k^+ und k^-. Ein vollständiges Netzwerk wird insgesamt durch ein gekoppeltes System (zum Teil nichtlinearer) gewöhnlicher Differentialgleichungen beschrieben.

Anhand molekularer Netzwerke wird meist untersucht, welche Auswirkungen die Veränderung eines oder mehrerer Parameter hat. So wurden in Alarcón et al. (2004) zwei einfache Signalnetzwerke zur Beschreibung des Zellzyklus von gesunden und Tumorzellen vorgestellt, die jeweils mit Hilfe von fünf nichtlinearen gekoppelten Differentialgleichungen beschrieben werden. Basierend auf diesen Netzwerken wurde untersucht, welche Auswirkungen Hypoxie (also eine Mangelversorgung mit Sauerstoff) auf den Zellzyklus der beiden Zelltypen hat. Araujo et al. (2005) haben ein Netzwerk ausgehend von den Signalen des EGF-Rezeptors, der in vielen Tumorentitäten überexprimiert und in das Zellwachstum involviert ist, in Form von 23 gewöhnlichen Differentialgleichungen repräsentiert. Mithilfe dieser Gleichungen wurde simuliert, welche Folgen die Hemmung dreier beteiligter Phosphorylierungsreaktionen hat, die mittels Kinase-Inhibitoren erreicht werden könnte. Es existieren viele weitere Modelle für Tumorzellen, die auf molekularen Interaktionsnetzwerken basieren und unterschiedliche Aspekte untersuchen. Die Anzahl der beteiligten Moleküle kann hierbei sehr groß werden, so dass Modelle mit mehreren hundert Gleichungen existieren (vgl. u. a. Chen et al. 2009).

Liegt der Fokus der Modellierung auf Gen-Netzwerken, so werden Boole'sche Netzwerke vorgezogen, die keine Konzentrationen, sondern den Status eines Gens als *an-* oder *aus*geschaltet beschreiben. Eine Anwendung liegt in der Identifizierung von Genen, bzw. deren Mutationen, die für die Entstehung eines Tumors verantwortlich gemacht werden können (Nagaraj u. Reverter 2011; Kumar et al. 2013). Zudem werden mittels Boole'scher Netzwerke krebsrelevante Gen-Interaktionen (Layek et al. 2011; Lin u. Khatri 2012) und microRNA-Netzwerke (Zhao u. Dong 2013) untersucht.

Einen weiteren Ansatz zur Identifikation von Genmutationen, die an der Entstehung von Tumoren beteiligt sind, stellen Monte-Carlo-Simulationen basierend auf Markov-Ketten dar (Tran et al. 2011; Vandin et al. 2012). Mit Hilfe von Monte-Carlo-Simulationen wurde außerdem beispielsweise in Mayawala et al. (2005) die Bindung des Wachstumsfaktors EGF an den Rezeptor EGFR untersucht.

Multiskalenmodellierung Die verschiedenen bisher vorgestellten Modelle bilden unterschiedliche Aspekte ab, die relevant für das Wachstum von Tumoren sind. Sie beschränken sich dabei allerdings jeweils auf eine einzelne Modellierungsebene. Tumorwachstum ist jedoch ein Prozess, der sich – wie bereits gesehen – über mehrere Skalen erstreckt. Um eine umfassende Beschreibung des Wachstums von Tumoren zu erhalten, reicht es deshalb nicht aus, sich auf eine Modellierungsebene zu beschränken. Ein wesentlicher Schritt in Richtung einer vollständigeren Abbildung von Tumorwachstum liegt deshalb in der Multiskalenmodellierung. Modelle dieser Klasse decken zwei oder mehr Ebenen ab. Für gewöhnlich wird dabei jede Ebene durch ein einzelnes Modell beschrieben, wobei die einzelnen Modelle Informationen untereinander austauschen. Gute Übersichten zu Multiskalenmodellen zur Beschreibung von Tumorwachstum finden sich u. a. in Deisboeck et al. (2011) und Deisboeck u. Stamatakos (2011).

Die meisten Multiskalenansätze stellen eine Verknüpfung zwischen Modellen auf der molekularen Ebene und solchen auf der mikroskopischen Ebene her. Hierbei wird für jede einzelne Zelle ein molekulares Netzwerk (in Form eines Systems von

Differentialgleichungen oder eines Boole'schen Netzwerks) evaluiert, das Daten an die mikroskopische Ebene weiterreicht. Die Zellen selbst sind Teil eines diskreten oder hybriden Modells, das Prozesse wie z. B. Migration und Proliferation abbildet.

Ein solcher Ansatz wurde beispielsweise von Athale et al. (2005) für ein zweidimensionales Glioblastom-Wachstumsmodell vorgestellt. Auf der molekularen Ebene repräsentiert in diesem Modell ein System gewöhnlicher Differentialgleichungen ein Gen-Protein-Interaktionsnetzwerk, das die Bindung des Proteins TGFα an den Rezeptor EGFR abbildet. Anhand ausgewählter Proteinkonzentrationen und Konzentrationsgradienten wird für jeweils eine Zelle bestimmt, ob sie einen migrierenden oder proliferierenden Phänotyp annimmt. Die Information wird auf der mikroskopischen Ebene verarbeitet, indem mittels eines agentenbasierten Modells die entsprechende Zell-Aktion umgesetzt wird. Glukose und das Protein TGFα agieren als Nähr- und Botenstoffe, deren Diffusion mittels partieller Differentialgleichungen kontinuierlich beschrieben wird.

In Zhang et al. (2007) wurde dieses Multiskalenmodell um ein vereinfachtes Zellzyklus-Modell auf der molekularen Ebene ergänzt und auf die Modellierung im dreidimensionalen Raum erweitert. Zhang et al. (2009) haben außerdem die Möglichkeit hinzugefügt, dass Tumorzellen mittels Mutation ein aggressiveres Verhalten annehmen, was durch die Variation ausgewählter Modellparameter realisiert wurde. Parallel wurde der Ansatz auf die Modellierung des Wachstums von Lungenkrebs übertragen (Wang et al. 2007).

Multiskalenmodelle, die eine ähnliche Vorgehensweise verfolgen, sind außerdem zur Abbildung von Angiogenese (Alarcón et al. 2005) und Zelladhäsion, d. h. Zellen heften aneinander und an der extrazellulären Matri, (Ramis-Conde et al. 2008) entwickelt worden. Statt eines Systems gewöhnlicher Differentialgleichungen wurde in Jiang et al. (2005) ein Boole'sches Netzwerk zur Beschreibung des Zellzyklus auf der molekularen Ebene mit einem Potts-Modell zur Abbildung von Migration, Adhäsion und Nekrose verknüpft. Die Kombination eines molekularen Netzwerkes mit einer kontinuierlichen Beschreibung von Tumorzelldichten auf der makroskopischen Ebene wurde unter dem Aspekt der Radiotherapiesimulation in Ribba et al. (2006) vorgestellt. Billy et al. (2009) haben diesen Ansatz um die Modellierung von Angiogenese und die Effekte einer Gentherapie erweitert.

In Shih et al. (2008) und Purvis et al. (2011) wurde ein Multiskalenansatz vorgestellt, der ein molekulares Netzwerk mit Modellen zur Bildung von Molekülkomplexen und zur Struktur von Proteinen kombiniert. Deroulers et al. (2009) stellen hingegen einen Zusammenhang zwischen der mikroskopischen und makroskopischen Modellierungsebene her. Hierzu wird ausgehend von einem zellulären Automaten eine kontinuierliche Beschreibung der Tumorzelldichte in Form einer nichtlinearen partiellen Differentialgleichung hergeleitet.

Wie an den oben vorgestellten Beispielen der Multiskalenmodellierung zu erkennen ist, fokussieren sich auch Modelle, die sich über mehrere Ebenen erstrecken, auf einige ausgewählte Prozesse. Im Vergleich zu Modellen, die nur Vorgänge einer einzelnen Ebene abbilden, sind sie jedoch in der Lage, ein umfassenderes Bild darzustellen.

1.2. Das Glioblastom-Multiskalenmodell dieser Arbeit

In dieser Arbeit wird ein Multiskalenmodell zur Beschreibung der initialen Phase des Wachstums von Glioblastomen vorgestellt und diskutiert. Ein besonderer Fokus wird auf der Abhängigkeit des Tumorwachstums von verfügbaren Nährstoffen liegen. Auch der Einfluss einzelner Parameteränderungen wird analysiert. Der verwendete Multiskalenansatz basiert auf der in Athale et al. (2005) vorgestellten Idee, Modelle der molekularen und mikroskopischen Ebene miteinander zu verknüpfen.

Godlewski et al. (2010) haben anhand von *In-vitro*-Experimenten ein molekulares Interaktionsnetzwerk hergeleitet, das das Migrations- und Proliferationsverhalten einer Zelle in Abhängigkeit der verfügbaren Glukose steuert. Ein wesentlicher Bestandteil dieses Netzwerkes ist die Regulierung der Expression des Proteins MO25 durch die microRNA-451.

Mittels Reaktionskinetik wird das molekulare Netzwerk in dieser Arbeit in Form eines Systems nichtlinearer gewöhnlicher Differentialgleichungen abgebildet. In einer ersten Version ergeben sich 14 Differentialgleichungen $\mathrm{d}m_i/\mathrm{d}t = g_i(\boldsymbol{m})$, $i \in \{1, \ldots, 14\}$, zur Beschreibung von Konzentrationsänderungen von 14 Molekülen m_i mit nichtlinearen Funktionen g_i. Die Variablen m_i werden entdimensionalisiert und mittels der Eliminierung von fünf Gleichungen, die ausschließlich redundante Informationen enthalten, lässt sich das System auf neun Gleichungen $\mathrm{d}w_i/\mathrm{d}t = f_i(\boldsymbol{w})$, $i \in \{1, \ldots, 9\}$, reduzieren. Hierbei stellen die w_i und f_i die entdimensionalisierte und reduzierte Form der Variablen bzw. Funktionen dar.

Zwei der am molekularen Netzwerk beteiligten Proteine (mTORC1 und AMPK) sind in die zellulären Prozesse Migration und Proliferation involviert. Im Modell wird dies umgesetzt, indem die Konzentration von mTORC1 mit der Wahrscheinlichkeit korreliert, dass eine Zelle proliferiert. Die Wahrscheinlichkeit, dass eine Zelle migriert, wird hingegen von der AMPK-Konzentration beeinflusst.

Auf der mikroskopischen Ebene werden in einem zweidimensionalen Gebiet der Größe 3 mm × 3 mm die Tumorzellen und ihr Verhalten diskret mittels eines agentenbasierten Modells repräsentiert. Jede Tumorzelle wird intern durch das obige

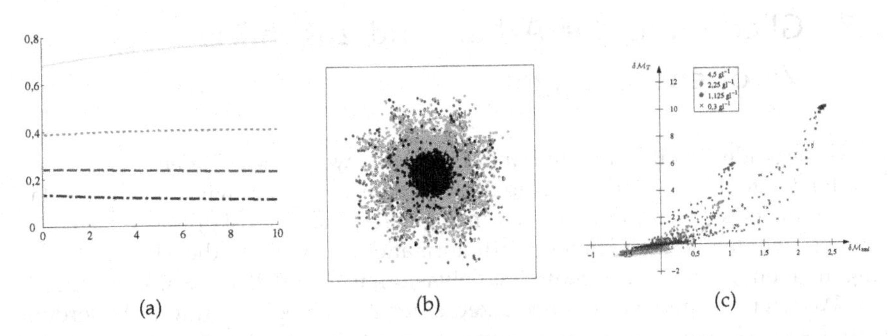

(a) (b) (c)

Abbildung 1.4.: Ergebnisse und Analyse des Multiskalenmodells. (a) zeigt den zeitabhängigen Verlauf der intrazellulären Konzentration von microRNA-451 und bezieht sich auf die Auswertung des Modells auf der molekularen Ebene. In (b) ist ein Tumor zu einem festen Zeitpunkt zu sehen, wie er sich durch Simulation des Multiskalenmodells ergibt. In (c) sind Ergebnisse einer Sensitivitätsanalyse dargestellt, die die Abhängigkeit des modellierten Systems von den Modellparametern untersucht.

molekulare Netzwerk und den sich daraus ergebenden Wahrscheinlichkeiten für Migration und Proliferation gesteuert. Zusätzlich wird auf dem Gebiet die Verteilung der Glukosekonzentration g betrachtet. Glukose beeinflusst das molekulare Interaktionsnetzwerk und dient den Tumorzellen als primärer Nährstoff (Kim u. Dang 2006), weshalb die Glukosekonzentration dort abnimmt, wo sich eine Tumorzelle befindet. Außerdem verteilt sich Glukose mittels Diffusion, was im Modell durch eine partielle Differentialgleichung abgebildet wird. Insgesamt ergibt sich damit die Kopplung eines hybriden, gitterbasierten Modells auf der mikroskopischen Ebene mit einem kontinuierlichen, raum-unabhängigen Modell auf der molekularen Ebene.

Da in dieser Arbeit nur die initiale Phase des Wachstums eines Glioblastoms betrachtet wird, werden im Multiskalenmodell viele weitere Prozesse (wie etwa Angiogenese oder Zellsterben durch Nekrose oder Apoptose) vernachlässigt. Auch werden weder Interaktionen mit dem Immunsystem oder der extrazellulären Matrix noch der Einfluss von Adhäsion oder Hypoxie berücksichtigt.

Eine wesentliche Frage in Bezug auf das vorgestellte Multiskalenmodell ist, ob es trotz der vielen Vereinfachungen die Realität gut abbilden kann. Ist das Modell hierzu in der Lage, so ist von weiterem Interesse, ob sich mittels des Modells offene Fragestellungen der Biologie oder Medizin beantworten lassen. In dieser Arbeit wird ein besonderer Fokus darauf liegen, ob das Modell Indizien für neue Therapieziele liefern kann. Einige beispielhafte Ergebnisse von Simulationen, die darauf zielen, die obigen Fragen zu beantworten, sind in Abbildung 1.4 dargestellt.

1.3. Gliederung der Arbeit und zugehörige Veröffentlichungen

Die vorliegende Arbeit ist in acht Kapitel unterteilt, wobei diese Einleitung das erste Kapitel darstellt. Das Modell, das in dieser Arbeit vorgestellt wird, beschreibt das Wachstum eines Glioblastoms auf der molekularen und mikroskopischen Ebene. In Kapitel 2 werden deshalb Hintergrundinformationen zum Krankheitsbild Krebs im Allgemeinen und zur Tumorentität Glioblastom im Speziellen zusammengefasst. Des Weiteren werden relevante Konzepte der Zellbiologie erläutert. Außerdem wird das molekulare Interaktionsnetzwerk vorgestellt, das auf der Veröffentlichung von Godlewski et al. (2010) basiert und die Grundlage des Multiskalenmodells darstellt.

In Kapitel 3 werden zwei Werkzeuge der Modellierung präsentiert. Zum einen wird beschrieben, wie mittels der Reaktionskinetik die zeitliche Änderung von Molekülkonzentrationen in Form gewöhnlicher Differentialgleichungen beschrieben werden kann. Hierbei werden verschiedene Reaktionsformen betrachtet, die für das Modell auf der molekularen Ebene benötigt werden. Zum anderen wird eine kurze Einführung in die rechnergestützte Modellierung und insbesondere in die agentenbasierte Modellierung gegeben. Diese stellt die Grundlage des diskreten Modells auf der mikroskopischen Ebene dar.

Kapitel 4 ist der Herleitung des Multiskalenmodells gewidmet. Zunächst wird erläutert, wie sich aus dem molekularen Interaktionsnetzwerk, das Godlewski et al. (2010) vorgestellt haben, ein System bestehend aus neun nichtlinearen gewöhnlichen Differentialgleichungen herleiten lässt. Im Folgenden wird das agentenbasierte Modell vorgestellt, das auf der mikroskopischen Ebene Zellaktionen wie Migration und Proliferation abbildet. Hierbei wird auch auf die Modellierung der Glukosekonzentration und die Wahl der Bewegungsrichtung der Zellen mittels Chemotaxis eingegangen. Darauf aufbauend wird gezeigt, wie die beiden Modelle der molekularen und mikroskopischen Ebene miteinander kombiniert werden können, um ein Multiskalenmodell zu bilden. Abschließend wird darauf eingegangen, wie sich die Krebsstammzellhypothese im vorgestellten Modell umsetzen lässt. Teile dieses Kapitels sind bereits in einem begutachteten Artikel in der internationalen Fachzeitschrift „Mathematical and Computer Modelling of Dynamical Systems" (Schuetz et al. 2013) und in zwei Konferenzbeiträgen (Schuetz et al. 2012a, b) veröffentlicht worden.

Eine theoretische Analyse des Systems nichtlinearer Differentialgleichungen erfolgt in Kapitel 5. Es wird untersucht, ob das System eine Lösung besitzt und diese eindeutig ist, sowie, welche Aussagen zum Stabilitätsverhalten des Systems getroffen werden können. Hierzu werden zunächst einige Grundbegriffe und relevante Aussagen aus der Theorie gewöhnlicher Differentialgleichungen zusammengefasst, bevor diese auf das molekulare Modell übertragen werden. Auch die Abhängigkeit von der Wahl der Parameter wird hierbei berücksichtigt. Ausführliche Berechnungen, die für die Stabilitätsanalyse benötigt werden, werden ergänzend in Anhang A präsentiert.

In Kapitel 6 werden Simulationsergebnisse analysiert, die auf dem Multiskalenmodell basieren. Als Erstes wird der zeitliche Verlauf der Molekülkonzentrationen in Abhängigkeit der verfügbaren Glukosekonzentration untersucht. Das Modell auf der molekularen Ebene wird somit zunächst separat betrachtet. Anschließend wird das Tumorwachstum auf der mikroskopischen Ebene, wie es durch das Multiskalenmodell beschrieben wird, ausgewertet. Hierbei steht im Vordergrund, wie sich die räumliche Ausbreitung des Tumors im zeitlichen Verlauf entwickelt und welchen Einfluss die initiale Glukosekonzentration in den Simulationsexperimenten hat. Dies wird getrennt für zwei verschiedene Modellannahmen betrachtet: zunächst ohne Berücksichtigung der Krebsstammzellhypothese, d. h. unter der Voraussetzung, dass alle Tumorzellen über die gleichen Fähigkeiten verfügen, und im Anschluss daran unter Beachtung der Krebsstammzellhypothese, d. h. unter der Annahme, dass es verschiedene Formen von Tumorzellen gibt. Die Teile des Kapitels, in denen die Krebsstammzellhypothese nicht berücksichtigt wird, sind bereits in den oben erwähnten Veröffentlichungen (Schuetz et al. 2012a, b, 2013) publiziert worden.

Die Abhängigkeit des Modells – insbesondere der raumzeitlichen Ausbreitung des simulierten Tumors – von der Wahl der Reaktionsparameter auf der molekularen Ebene wird in Kapitel 7 mithilfe einer Sensitivitätsanalyse untersucht. Nach der Vorstellung der zugrundeliegenden Idee und des allgemeinen Konzeptes von Sensitivitätsanalysen, wird eine Multiskalen-Sensitivitätsanalyse des Multiskalenmodells präsentiert. Diese Analyse berücksichtigt die Abhängigkeit des Systems von der verfügbaren Glukosekonzentration und zeigt die Auswirkungen der Variation von Parametern auf der molekularen Ebene auf das Verhalten des Systems auf der mikroskopischen Ebene. Ziel dieser Untersuchungen ist es, Parameter zu identifizieren, die in einem kleineren, langsamer wachsenden Tumor resultieren und somit Hinweise auf potenzielle Therapieziele liefern. Ein Artikel, der diese Multiskalen-Sensitivitätsanalyse vorstellt, ist in einer internationalen Fachzeitschrift veröffentlicht worden (Schuetz et al. 2014).

In Kapitel 8 werden die Ergebnisse der vorliegenden Arbeit zusammengefasst. Weiterhin wird ein Ausblick auf potenzielle Modellerweiterungen gegeben. Hierbei wird zunächst auf biologische Prozesse Bezug genommen, deren Integration in das Multiskalenmodell es ermöglichen wird, weitere Fragestellungen zu bearbeiten. Außerdem werden Möglichkeiten aufgezeigt, das Modell in Hinblick auf Genauigkeit und Rechenaufwand zu optimieren.

Neben den bereits erwähnten Veröffentlichungen sind im Zusammenhang mit der Entstehung dieser Arbeit Zwischenergebnisse auf drei Konferenzen (Schuetz et al. 2010, 2011, 2012c) präsentiert worden. Darüber hinaus konnten unter

Mitwirkung der Autorin weitere begutachtete Zeitschriftenartikel (Becker et al. 2010a; Mang et al. 2012f, g; Toma et al. 2012d, 2013) und Konferenzbeiträge (Becker et al. 2010b, 2011d, a, b, c, 2012; Heye et al. 2011a, b; Mang et al. 2011a, b, d, c, 2012a, e, c, d, b, 2013; Schroeder et al. 2011a, b; Toma et al. 2010, 2011a, c, e, d, b, f, 2012e, c, f, b, a) veröffentlicht werden.

KAPITEL 2

Medizinische und biologische Modellgrundlagen

Das aktuelle Kapitel beleuchtet den medizinischen und biologischen Hintergrund eines Modells, das das initiale Wachstum eines bösartigen Hirntumors auf inter- und intrazellulärer Ebene beschreibt. Dieses mathematische und rechnergestützte Modell wird in Kapitel 4 vorgestellt werden.

In Abschnitt 2.1 wird zunächst das Krankheitsbild Krebs beschrieben und dessen wesentliche Merkmale definiert. Insbesondere wird im Unterabschnitt 2.1.1 auf die Entität des Hirntumors Glioblastom eingegangen. Darauffolgend werden in Abschnitt 2.2 die wesentlichen Grundbegriffe und Prozesse der Zellbiologie erläutert. Abschließend wird in Abschnitt 2.3 der intrazelluläre Signalweg vorgestellt, der die Grundlage des in Kapitel 4 vorgestellten Modells bildet.

2.1. Maligne Tumore

In diesem Abschnitt werden Hintergrundinformationen zu malignen Tumoren zusammengefasst. Soweit nicht anders angegeben orientiert sich diese Darstellung an Weinberg (2007).

Tumore unterscheiden sich von gesundem Gewebe dadurch, dass sie aus Zellen bestehen, die die Fähigkeit verloren haben, normal geformtes und normal funktionierendes Gewebe zu bilden. Die Steuerung und Funktion dieser Tumorzellen ist fehlerhaft. Beim Menschen sind die meisten Tumore gutartig (*benigne Tumore*), d. h. sie wachsen nur lokal, ohne die Umgebung zu infiltrieren. Benigne Tumore sind – von wenigen Ausnahmen abgesehen – für den betroffenen Patienten nicht schädlich. *Maligne Tumore* hingegen zeichnen sich dadurch aus, dass ihr Wachstum nicht lokal begrenzt ist. Sie dringen auch in umgebendes Gewebe ein und bilden Metastasen. Insbesondere Letzteres erklärt die schädigende, bösartige Wirkung, die von vielen Tumorentitäten ausgeht. Maligne Tumore werden oft auch als *Krebs* bezeichnet.

Je nachdem, in welchem Gewebe der Ursprung eines Tumors liegt, unterscheidet man die folgenden vier Arten:

1. *Karzinome* haben ihren Ursprung im Epithel, dem Deck- und Drüsengewebe,
2. *Sarkome* stammen von mesenchymalen Zellen ab (diese bilden das embryonale Bindegewebe),
3. *Neuroektodermale Tumore* gehen aus Zellen des zentralen und peripheren Nervensystems hervor und
4. *Lymphome und Leukämien* gehen zurück auf das Lymph- und Blutsystem.

Fehlfunktionen der Tumorzellen gehen auf Fehler im genetischen Code (*Mutationen*) zurück. Diese Mutationen können vererbt oder spontan erworben sein. Bei jeder Zellteilung existiert ein natürliches Risiko für Mutationen, die nicht repariert werden. Das Risiko, einen Tumor zu entwickeln, steigt deshalb mit zunehmendem Alter. Außerdem können Umweltfaktoren (Rauchen, Alkohol, Art der Nahrung, Strahlung, Kontakt zu bestimmten Chemikalien oder Viren) Mutationen verursachen und damit das Risiko erhöhen, an Krebs zu erkranken.

Merkmale maligner Tumore Die wesentlichen zehn Merkmale, die die Eigenschaften eines malignen Tumors beschreiben, wurden von Hanahan und Weinberg in zwei vielzitierten Übersichtsartikeln (Hanahan u. Weinberg 2000, 2011) beschrieben und sollen hier kurz zusammengefasst werden. Die ersten sechs Charakteristiken finden sich bereits in der Arbeit aus dem Jahr 2000, die letzten vier wurden 2011 ergänzt. Ein maligner Tumor zeichnet sich demnach aus durch

1. eine *eigenständige Versorgung mit Wachstumsfaktoren*: Normale Zellen, die sich in der Ruhephase befinden, werden erst durch stimulierende Signale von extrazellulären Wachstumsfaktoren zur Zellteilung (*Proliferation*) angeregt. In Tumorzellen entfällt die Notwendigkeit einer extrazellulären Stimulation, da die Zellen die alternative Fähigkeit erworben haben, Proliferation durch intrazelluläre Signale zu initiieren.

2. eine *fehlende Sensitivität gegenüber wachstumsinhibierenden Signalen*: Der Verbleib normaler Zellen in der Ruhephase wird durch extrazelluläre wachstumsinhibierende Signale reguliert. Bei Tumorzellen ist die entsprechende Signalübertragung gestört, weshalb keine Hemmung der Proliferation erfolgt.

3. die *Vermeidung des programmierten Zelltodes*: Mittels des programmierten Zelltodes (sogenannte *Apoptose*) wird als Kontrolle der Proliferation in normalem Gewebe ein Gleichgewicht bezüglich der Anzahl korrekt funktionierender Zellen hergestellt. Tumorzellen hingegen haben einen Mechanismus entwickelt, der Apoptose zu entgehen. Entsprechende intra- und extrazelluläre Signale werden nicht (oder nicht richtig) verarbeitet und/oder Mechanismen zur Durchführung des programmierten Zelltodes sind gestört.

4. ein *unbegrenztes Replikationspotenzial*: Normale Zellen besitzen nur ein endliches Potenzial der Zellteilung. Nach einer bestimmten Anzahl an Teilungen, gehen normale Zellen deshalb in den Zustand der Seneszenz über, in welchem sie nicht weiter wachsen oder sich teilen. Viele Arten von Tumorzellen hingegen besitzen die Fähigkeit, sich unbegrenzt oft zu teilen.

5. eine *fortwährende Angiogenese*: Für alle Zellen (normale sowie Tumorzellen) ist eine ausreichende Versorgung mit Nährstoffen und somit eine hinreichende Nähe zu einem Blutgefäß zwingend notwendig. In Tumoren stellt das Wachstum neuer Gefäße (sogenannte *Angiogenese*) die Nährstoffzufuhr sicher. Diese basiert auf einem gestörten Verhältnis von Angiogenese-begünstigenden Faktoren und Angiogenese-inhibierenden Faktoren zu Gunsten der ersteren.

6. eine *Invasion des normalen Gewebes* und *Metastasenbildung*: Einzelne Zellen maligner Tumore können sich vom ursprünglichen Zellhaufen entfernen. Sie infiltrieren normales Gewebe und/oder bilden Metastasen. Hierdurch steht den Tumorzellen mehr Platz zur Ausbreitung und eine bessere Nährstoffversorgung zur Verfügung.

7. einen *veränderten Energie- und Stoffwechsel*: Normale Zellen verarbeiten zur Energiegewinnung Sauerstoff. Bei den meisten Tumorzellen ist hingegen der Stoffwechsel so verändert, dass auch im Falle des Vorhandenseins von Sauerstoff Energie vornehmlich mittels Glykolyse (Nutzung von Glukose) erzeugt wird. Diese Verhalten ist auch als *Warburg-Effekt* bekannt (vgl. Kim u. Dang 2006). Deshalb sind Tumore meist durch einen erhöhten Glukoseverbrauch gekennzeichnet und verfügen über einen Wachstums- und Überlebensvorteil unter hypoxischen Bedingungen, d. h. bei verminderter Sauerstoffverfügbarkeit.

8. das *Verhindern der Zerstörung durch das Immunsystem*: Das Immunsystem stellt eine Barriere für die Entstehung von Tumoren dar, da es die meisten Tumorzellen erkennt und zerstört. So werden Tumore im Anfangsstadium oder

Mikrometastasen fast immer vom Immunsystem an der weiteren Ausbreitung gehindert. Bei malignen Tumoren hat das Immunsystem jedoch bei der Erkennung und/oder der Beseitigung der bösartigen Zellen versagt. Es wird vermutet, dass solche Tumore die Fähigkeit haben, dem Immunsystem gewissermaßen auszuweichen.

9. eine *Instabilität des Genoms und Mutationen*: Normalerweise werden Fehler im genetischen Code mittels verschiedener zellulärer Mechanismen identifiziert. Wenn möglich werden die Fehler korrigiert oder der Zelltod eingeleitet, um eine weitere Verbreitung des Fehlers zu verhindern. Bei Tumorzellen liegt ein Defekt im Erkennungs- und/oder Reparatursystem vor, der diesen Mechanismus verhindert. Hierdurch steigt das Risiko für weitere Fehler an. Dieses Risiko wird weiterhin durch eine gesteigerte Sensitivität gegenüber Mutagenen, die Fehler im Genom verursachen, beeinflusst.

10. *tumorwachstumsbegünstigende Entzündungen*: Insbesondere in den frühen Entstehungsstadien findet man häufig Immunzellen (zum Teil in hoher Anzahl), die als Teil der Immunantwort das Tumorgewebe infiltrieren. Diese entzündungsartige Reaktion des Immunsystem auf das Auftreten von Tumorzellen, hat jedoch häufig einen paradoxen Effekt. Die Immunzellen schütten Signale und Faktoren aus, die das Wachstum und Überleben von Tumorzellen begünstigen. Diese wachstumsbegünstigende Wirkung auf den Tumor ist der zerstörerischen Wirkung des Immunsystems überlegen.

Krebsstammzellhypothese In ihrem Aufbau ähneln Tumore Organen, da sie aus verschiedenen Zelltypen bestehen. Lange hat man angenommen, dass Tumore in der Entstehung relativ homogen aufgebaut sind und sich erst in einem relativ späten Entwicklungsstadium verschiedene klonale Subpopulationen (die auf unterschiedlichen Mutationen basieren) herausbilden. In den letzten Jahren ist man jedoch immer mehr zu der Auffassung gekommen, dass Tumore stark heterogen sind. Als Erklärung hierfür wird zunehmend die *Krebsstammzellhypothese* diskutiert (Hanahan u. Weinberg 2011; Greaves u. Maley 2012).

Demnach zeichnet sich eine Subpopulation aller Tumorzellen, die sogenannten *Krebsstammzellen*, durch eine besondere Eigenschaft aus: Sie verfügen über ein unbeschränktes Potenzial zur Selbsterneuerung und Replikation (vgl. Punkt 4 aus der Liste der zehn Merkmale eines Tumors). Aufgrund dieser Eigenschaft können aus Krebsstammzellen neue Tumore entstehen. Die Existenz von Krebsstammzellen wurde erstmals 1997 für Leukämie nachgewiesen (Bonnet u. Dick 1997). Seither wurden auch für solide Tumore Zellen mit dieser entscheidenden Eigenschaft identifiziert (z. B. für Brustkrebs (Al-Hajj et al. 2003), Darmkrebs (O'Brien et al. 2007), Hirntumore (vgl. Abschnitt 2.1.1) und weitere Tumorentitäten (Greaves u. Maley 2012)).

Im Vergleich zu anderen Tumorzellen ist bei Krebsstammzellen das Potenzial, neue Tumore entstehen zu lassen, signifikant erhöht. Dies wird experimentell durch Transplantation der Tumorzellen in Mäuse überprüft. Die Tumor-generierende Eigenschaft basiert auf der Fähigkeit der Krebsstammzellen zur Selbsterneuerung. Aufgrund von Mutationen, die im Zuge der Zellteilung der Krebsstammzellen auftreten, entwickeln sich aus den Krebsstammzellen normale Tumorzellen mit verschiedenen Geno- und Phänotypen. Insgesamt entsteht durch diesen Prozess eine hohe Heterogenität des Tumorgewebes.

Da Krebsstammzellen eine entscheidende Rolle in der Entstehung von Tumoren zukommt, sind sie auch in therapeutischer Hinsicht von großer Bedeutung. Tatsächlich sind insbesondere Krebsstammzellen resistent gegenüber Chemo- und Radiotherapie (Frank et al. 2010), was eine mögliche Ursache für die Bildung von Rezidiven nach einer Resektion und die Resistenz eines Tumors gegenüber Chemo- und Radiotherapie darstellt.

2.1.1. Glioblastoma multiforme

Glioblastome (lateinischer Fachbegriff: Glioblastoma multiforme) stellen die aggressivste Form des Hirntumors beim Menschen dar und zählen zu den neuroektodermalen Tumoren. Sie bilden eine Untergruppe der diffusiv infiltrierenden astrozytotischen Gliome, einer Gruppe von Tumoren die von Gliazellen (speziell Astrozyten) abstammen (Tonn et al. 2006; Weinberg 2007). Die Zusammenfassung zum Thema Glioblastom in diesem Abschnitt orientiert sich – soweit nicht anders angegeben – an Weingart et al. (2006) und Reifenberger et al. (2006).

Glioblastome sind die am häufigsten auftretenden primären Hirntumore. Sie stellen 80 % aller malignen Gliome dar und damit 10 % aller Hirntumore insgesamt (Dubuc et al. 2012). Auf 100 000 Menschen kommen pro Jahr etwa 2-3 neue Fälle, die mit einem Glioblastom diagnostiziert werden. Tendenziell erkranken mehr Männer als Frauen an einem Glioblastom (Verhältnis 1,6:1) und eher Menschen in der zweiten Lebenshälfte (am häufigsten mit einem Alter zwischen 50-70 Jahren). Nur äußerst selten erkranken Kinder oder Jugendliche, die jünger als 14 sind, an einem Glioblastom. Bisher gibt es keinerlei Anzeichen, dass Glioblastome vererbbar sind, jedoch gibt es einige Syndrome (z. B. das Turcot-Syndrom), bei denen eine erhöhte Rate an Glioblastomerkrankungen beobachtet werden kann. Allerdings konnte noch keine eindeutige genetische Veranlagung identifiziert werden.

Laut WHO-Klassifikation der Tumore des zentralen Nervensystems werden Glioblastome als zur Klasse Grad IV gehörend eingestuft. Diese Klasse umfasst die bösartigsten Formen von Hirntumoren. Glioblastome zeichnen sich durch eine hohe Dichte von Tumorzellen und eine große Variabilität bezüglich der Zellform und -größe aus. Des Weiteren ist bei Glioblastomen die Zellteilungsaktivität deutlich erhöht, ebenso wie die Neubildung von Blutgefäßen (Angiogenese). Kennzeichnend ist außerdem das Auftreten von Nekrose (dem pathologischen Absterben von Zellen). Insbesondere das Vorhandensein von Nekrose und die erhöhte Angiogenese-Rate sind für eine eindeutige Glioblastomdiagnose maßgeblich. Glioblastome zeichnen sich weiterhin durch ein starkes lokales invasives Wachstum aus (Claes et al. 2007), bilden aber nur äußerst selten Metastasen (vgl. Punkt 6 in der Liste der Charakteristika maligner Tumore). Auch konnte bei Glioblastomen das sogenannte *Go or Grow* Prinzip beobachtet werden (Giese et al. 1996). Demnach können Glioblastomzellen nicht zeitgleich migrieren und proliferieren, sondern nur eines von beidem auf Kosten des anderen.

Grundsätzlich unterscheidet man zwischen zwei verschiedenen Formen des Glioblastoms: dem *primären* und *sekundären* Glioblastom. Die größere Gruppe der primären Glioblastome entsteht *de novo*, d. h. ohne dass zuvor Anzeichen einer Läsion oder Gewebeveränderung sichtbar gewesen sind. Sekundäre Glioblastome hingegen entwickeln sich aus niedergradigen Tumoren und sind häufiger bei jüngeren Patienten (jünger als 45 Jahre) zu finden. Beide Formen des Glioblastoms bilden – bezogen auf die oben beschriebenen Merkmale – einen ähnlichen Phänotyp aus. Dieser basiert jedoch auf sehr unterschiedlichen Genotypen.

Genetische Veränderungen bei Glioblastomen Es gibt zahlreiche genetische Veränderungen, die bei primären und sekundären Glioblastomen beobachtet werden können. Diese unterscheiden sich jedoch nicht nur von Patient zu Patient, sondern auch lokal innerhalb eines Tumors, wodurch eine starke Heterogenität verursacht wird. Bei primären Hirntumoren zählen Mutationen des EGFR (epidermal growth factor receptor) Gens zu den häufigsten molekularen pathologischen Veränderungen. Diese Mutationen führen zu einer Erhöhung der Aktivität des EGF-Rezeptors (mittels Überexpression oder Konformationsänderung des Rezeptors). Dies lässt wiederum die Proliferationsrate ansteigen und senkt das Risiko für Apoptose. Bei sekundären Glioblastomen ist eine solche Mutation jedoch nur selten zu finden (Furnari et al. 2007; Reifenberger et al. 2006).

In der Gruppe der sekundären Glioblastome zählt eine Mutation des *p53* Gens zu den häufigsten genetischen Veränderungen, die bei primären Glioblastomen jedoch seltener zu finden ist. p53 fungiert als sogenannter Tumorsuppressor, indem es als Transkriptionsfaktor Zellen mit instabilem Genom an der Zellteilung hindert und bei Bedarf die Apoptose einleitet. Deshalb wird p53 auch als *Wächter des Genoms* bezeichnet. Die Mutation von p53 führt zu einem Verlust der Funktion (*loss-of-function* Mutation) und damit zu einer gestörten Steuerung der Proliferation und Apoptose (Bodey et al. 2004, Kapitel 1).

Weitere häufige genetische Veränderungen bei Glioblastomen umfassen unter anderem

- den Verlust der Heterozygotie beim Chromosom 10 (sowohl primäre als auch sekundäre Glioblastome),
- die Inaktivierung des PTEN (phosphatase and tensin homolog) Proteins, das als Tumorsuppressor wirkt (häufiger bei primären Glioblastomen als bei sekundären Glioblastomen),
- die Inaktivierung des Rb (retinoblastom) Proteins, welches in die Steuerung des Zellzyklus involviert ist (vor allem bei sekundären Glioblastomen),
- die gleichzeitige Exprimierung von PDGF (platelet-derived growth factors) und des PDGF-Rezeptors (vor allem bei sekundären Glioblastomen) und
- die Amplifikation oder Überexpression der Onkogene MDM2 und MDM4 (murine double minute) (hauptsächlich bei primären Glioblastomen).

Therapien und Prognose Der erste Schritt der Therapie primärer und sekundärer Glioblastome besteht in einem chirurgischen Eingriff. Je nach Lage des Tumors wird nur biopsiert oder eine möglichst vollständige Resektion vorgenommen. Ziel ist die Sicherung der Diagnose mittels Untersuchung des entnommenen Gewebes und eine Reduzierung der Größe des Tumors. Hierauf folgt eine fraktionierte Strahlentherapie, die oft mit einer Chemotherapie (für gewöhnlich dem Zytostatikum Temozolomid) kombiniert wird.

Nahezu alle Patienten entwickeln nach einer gewissen Zeit ein Rezidiv nahe der ursprünglichen Tumorposition. Auch diese wiederkehrenden Tumore werden, wenn möglich, operativ entfernt. Weiterhin werden Rezidive mit Chemotherapien (lokal mittels einer Implantation, oral oder intravenös), Brachytherapie (lokale, implantierte Strahlentherapie) oder Kombinationen mehrerer Therapieoptionen behandelt.

Bei Therapie eines Glioblastoms mit Resektion und Radiotherapie liegt die mediane Überlebenszeit bei ungefähr 12 Monaten (Krex et al. 2007). Nur 4,7 % aller Patienten überleben 5 Jahre und länger (Dolecek et al. 2012). Deshalb ist die Suche nach neuen Behandlungsmöglichkeiten ein wesentlicher Bestandteil der aktuellen Forschung. Hierbei gewinnt die molekulare Pathologie eines Tumors zunehmend an Bedeutung. Schon heute können molekulare Profile Therapie-Erfolge zum Teil vorhersagen. Liegt zum Beispiel das MGMT (O6-methylguanine-DNA methyltransferase) Gen methyliert vor (d. h. das Protein wird nicht synthetisiert), so ist eine Kombinationstherapie bestehend aus Radiotherapie und oraler Gabe von Temozolomid erfolgreich: Eine mediane Überlebensrate von etwa zwei Jahren kann erreicht werden. Wenn das MGMT Gen jedoch nicht methyliert ist, so hat eine zusätzliche

Gabe von Temozolomid zur Radiotherapie kaum einen positiven Effekt (Hegi et al. 2005).

Weiterhin wird an Proteinkinase-Inhibitoren geforscht. Diese sollen die Fehlsteuerungen der Signalwege für Proliferation, Apoptose und Angiogenese korrigieren (Furnari et al. 2007; McDermott u. Settleman 2009; Joshi et al. 2012; Plate et al. 2012). Der monoklonale Antikörper Bevacizumab agiert beispielsweise als Angiogenesehemmer. Er verhindert die Aussendung von Angiogenese-Signalen, so dass keine neuen Gefäße gebildet werden. Verabreicht als alleinige Therapie zur Behandlung von Glioblastomen, konnte Bevacizumab keine positiven Effekte zeigen. Die Kombination mit Radio- und Chemotherapie zeigt allerdings in einer Studie erste Erfolge (Furnari et al. 2007; Vredenburgh et al. 2007). Der Tyrosinkinase-Inhibitor Erlotinib zielt hingegen auf den Signalweg des Wachstumsfaktors EGF ab. Erlotinib blockiert die Tyrosinkinase-Domäne des EGF-Rezeptors und stört somit die Übertragung von Wachstumssignalen. Auch Erlotinib war als alleinige Therapie nicht erfolgreich. Die Kombination mit anderen Inhibitoren und/oder Radio-/Chemotherapie wird zur Zeit in klinischen Studien untersucht.

Krebsstammzellhypothese für Glioblastome Auch für Glioblastome konnte im Zuge der Krebsstammzellhypothese in Experimenten gezeigt werden, dass nicht alle Glioblastomzellen das Potenzial zu einer erhöhten Proliferation und zur Generierung neuer Tumoren haben (Singh et al. 2004; Yuan et al. 2004). Wie bei vielen anderen Tumorentitäten verfügt auch nur eine Untergruppe aller Glioblastomzellen, die *Krebsstammzellen*, über die Eigenschaften, die relevant für die Entstehung von Tumoren sind. Insbesondere bezogen auf Hirntumore lassen sich folgende Merkmale von Krebsstammzellen definieren: Krebsstammzellen verfügen über ein hohes Proliferationspotenzial, sind multipotent und verfügen über die Fähigkeit zur Selbstreproduktion. Weiterhin haben sie das Potenzial, neue Tumore entstehen zu lassen (was in Experimenten nachgewiesen wird, indem Zellen in ein gesundes Mäusegehirn transplantiert werden). Außerdem zeichnen sich die aus Krebsstammzellen entwickelten Tumore dadurch aus, dass herausgelöste Teile solcher Tumore wieder zu neuen Tumoren (*in vitro* oder *in vivo*) heranwachsen (Das et al. 2008). Auch wenn bis jetzt von der Krebsstammzell*hypothese* gesprochen wird, konnten verschiedene Experimente für Hirntumore nachweisen, dass ein Teil der Tumorzellen über die obigen Eigenschaften verfügt (Galli et al. 2004; Singh et al. 2004; Yuan et al. 2004). Diese Glioblastom-Krebsstammzellen werden auch mit der Resistenz von Glioblastomen gegenüber den meisten Therapien in Verbindung gebracht (vgl. Huang et al. 2010).

2.2. Gene, Proteine und Zellsignale

In einer Zelle enthalten Gene die Informationen für den Aufbau von Proteinen, die wiederum Struktur, Funktion, Stoffwechsel und Interaktion von Zellen bestimmen. Dieser Zusammenhang stellt die Grundlage des in Kapitel 4 vorgestellten Modells dar und soll deshalb im Folgenden genauer erläutert werden. Hierbei wird der Fokus allerdings auf die Zellbestandteile und -vorgänge gelegt, die für das Modell besonders relevant sind. Es wird zunächst auf die involvierten Moleküle (Proteine, DNA, RNA) eingegangen, bevor die Prozesse Transkription und Translation in Unterabschnitt 2.2.1 und das Prinzip der microRNAs in Unterabschnitt 2.2.2 beschrieben werden. Die Darstellung orientiert sich, soweit nicht anders angegeben, an den Büchern von Campbell et al. (2008); Alberts et al. (2008) und Sadava et al. (2011).

Lebende Systeme zeichnen sich durch sieben wesentliche Eigenschaften aus:

1. *Rückkopplung und Regulierung* (z. B. Anpassung der Herzfrequenz bei körperlicher Anstrengung)
2. *Organisation* (Aufbau aus mehreren kleineren Einheiten, z. B. Kompartimenten oder Zellen)
3. *Stoffwechsel* (Energiegewinnung)
4. *Wachstum*
5. *Anpassung* (z. B. Evolution zur Anpassung an die Umgebung)
6. *Reizbarkeit und Motilität* (Reaktion auf Umweltreize)
7. *Fortpflanzung* (Vermehrung und Vererbung)

Das kleinste System, das alle obigen Kriterien erfüllt, ist eine Zelle. Größere Systeme bestehen aus mehreren Zellen (der menschliche Körper beispielsweise aus mehr als 10^{13}), die im Zusammenspiel die obigen Charakteristiken aufweisen. Für das vorzustellende Modell von besonderem Interesse sind zunächst die Punkte 4 und 7. Damit eine Zelle wachsen und sich fortpflanzen kann, braucht sie Informationen darüber, wie sie beispielsweise Proteine produzieren kann. Diese Informationen müssen vererbbar sein und sind in Zellen in der *Desoxyriboynukleinsäure* (englisch *deoxyribonucleic acid*, kurz *DNA*) gespeichert. Die DNA übernimmt im Wesentlichen zwei Funktionen: Replikation und Realisierung der Erbinformation.

Strukturell ist die DNA eine Polymerkette ohne Verzweigungen, die aus der Abfolge von vier verschiedenen Nukleotiden (mit den Kurzbezeichnungen A, C, G, T) besteht. Die Nukleotide setzen sich zusammen aus einem Zucker-Molekül (dem Monosaccharid Desoxyribose) mit einer Phosphatgruppe und einer von vier Stickstoffbasen (Adenin, Cytosin, Guanin oder Thymin). Über die Phosphatgruppen

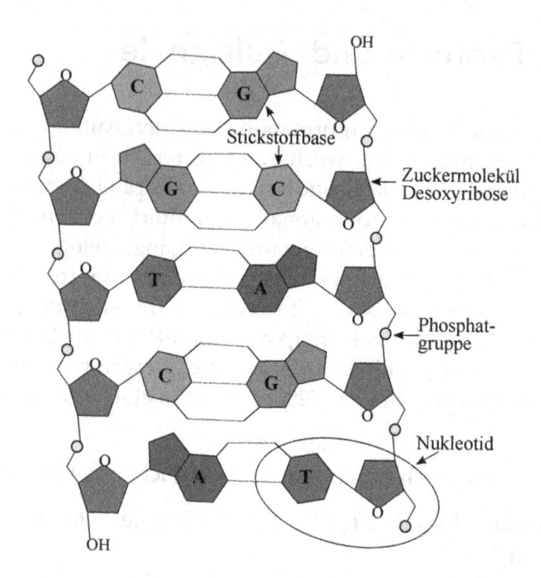

Abbildung 2.1.: Schematische Darstellung eines DNA-Doppelstrangs.

sind die Zucker-Moleküle (mittels Phosphodiesterbindungen) miteinander verbunden und ein einfacher DNA-Strang wird geformt. Weiterhin sind je zwei Stickstoffbasen derart gebaut, dass sie mittels Wasserstoffbrücken aneinander binden können (es ist jeweils eine Paarung zwischen Adenin und Thymin sowie Cytosin und Guanin möglich). Somit existiert zu jedem DNA-Strang ein komplementärer DNA-Strang. Besteht beispielsweise ein Abschnitt des ersten DNA-Stranges aus der Stickstoffbasen-Abfolge C-G-T-C-A, so enthält der komplementäre DNA-Strang die Basen in der Reihenfolge G-C-A-G-T. Ein DNA-Strang und sein komplementärer Strang binden aneinander und formen somit einen Doppelstrang, der – bedingt durch den Aufbau aus aneinander gebundenen Zucker-Phosphatgruppen – die Form einer Doppelhelix annimmt. Eine schematische Darstellung eines DNA-Doppelstrangs zeigt Abbildung 2.1.

Als *Gene* werden DNA-Bereiche bezeichnet, die in eine *Ribonukleinsäure* (englisch: *ribonucleic acid*, kurz *RNA*) übertragen (*transkribiert*) werden. Das finale Genprodukt kann dabei entweder ein Protein oder eine RNA sein. Ähnlich zur DNA ist der Aufbau der RNA, die u. a. für die Herstellung von Proteinen benötigt wird. Im Gegensatz zur DNA besteht hier das Phosphat-Zucker-Gerüst jedoch aus dem Monosaccharid Ribose mit einer Phosphatgruppe. Außerdem wird statt der Stickstoffbase Thymin die Base Uracil, die ebenfalls mit Adenin paaren kann, eingebaut. RNA ist meist einzelsträngig und kürzer als DNA. Somit bildet sie in der Regel nur einen Teil der DNA-Informationen ab. Je nach Funktion der RNA unterscheidet man zwischen mRNA (messenger RNA), rRNA (ribosomal RNA), tRNA (transfer RNA), miRNA (microRNA) und weiteren Formen.

Proteine sind Makromoleküle, die aus Aminosäuren bestehen, welche über Peptidbindungen miteinander verknüpft sind. Eine Abfolge solcher Aminosäuren (ein sogenanntes Polypeptid) faltet sich in eine spezifische dreidimensionale Struktur, die die Funktion des Proteins bestimmt. So bietet die Oberfläche eines Proteins ausgewählten anderen Molekülen die Möglichkeit, an das Protein zu binden. Auch ist die Formung größerer Proteinkomplexe, die sich aus mehreren eigenständigen Proteinen zusammensetzen, möglich. Eine Änderung der Struktur eines einzelnen Proteins oder eine Änderung der Zusammensetzung eines Proteinkomplexes führt zu einer Funktionsänderung. Struktur, Funktion und Spezifizität von Zellen und Zellkompartimenten basieren auf spezifischen Proteinausstattungen.

Proteine spielen eine wesentliche Rolle für *Signalübertragungen*. So wandelt eine Kaskade von Enzymaktivierungen (z. B. eine Phosphorylierungskaskade) ein Signal in ein anderes oder in eine Signalantwort um. Hierbei ist es an vielen Stellen möglich, weitere Informationen (etwa in Form weiterer Enzymaktivierungen) zu integrieren, was insgesamt eine sehr gute Regulierung ermöglicht. Eine alternative Form der Übertragung wird durch sekundäre Botenstoffe zur Verfügung gestellt. Beide Formen erfüllen die folgenden Grundprinzipien:

- *Spezifizität* (z. B. erkennen Rezeptoren nur bestimmte Signale und nicht jede Zelle verfügt über jeden Rezeptor),
- *Amplifikation* (Verstärkung des Signals, indem z. B. Enzym A mehrere Enzyme vom Typ B katalysiert),
- *Integration und Verzweigung* (Signale werden aufaddiert und können sich in mehrere Signale aufteilen) und
- *Desensibilisierung und Adaption* (durch negative Rückkopplung werden Signale herunterreguliert).

Diese Prinzipien sind entscheidend für die korrekte Verarbeitung intrazellulärer Signale und werden sich auch in dem Modell widerspiegeln, das in Kapitel 4 vorgestellt wird.

Innerhalb einer Zelle speichert die DNA alle nötigen Informationen zum Bau der Proteine. Eine veränderte Basensequenz innerhalb eines Gens kann zu fehlerhaften Proteinen führen. Dies wiederum kann in einer fehlerhaften Signalübertragung und somit in einer Fehlfunktion der gesamten Zelle resultieren. Diese Kette sich fortpflanzender Fehler ist, wie in Abschnitt 2.1 bereits erwähnt, die Grundlage für die Entstehung von Tumorzellen.

2.2.1. Transkription und Translation

Der Code der DNA wird in einen RNA-Code umgeschrieben. Dieser wird dann in eine Aminosäure-Sequenz übersetzt, die zu einem Protein gefaltet wird. Entsprechend werden die beiden Prozesse als *Transkription* und *Translation* bezeichnet. Etwas ausführlicher betrachtet wird im Zellkern ein Teil der DNA in so genannte prä-mRNA transkribiert, welche dann zur mRNA weiterverarbeitet wird. Diese mRNA wird aus dem Zellkern ins Zytoplasma transportiert und an den Ribosomen in Proteine translatiert (siehe Abbildung 2.2).

Um die Transkription zu initiieren, muss die DNA am Transkriptionsstart lokal entwunden werden. Ein Transkriptionskomplex bindet an den zu transkribierenden DNA-Strang. Die Bindung erfolgt einige Nukleotide vor dem zu transkribierenden Gen. Dieser DNA-Strang dient im Folgenden als Template für die RNA-Synthese. Daraufhin kann die RNA-Polymerase an den Transkriptionskomplex binden. Diese RNA-Polymerase liest das Gen ab, paart freie komplementäre Ribonukleotide mit dem DNA-Template-Strang und bindet diese Nukleotide an das Ende des bis dahin erzeugten RNA-Moleküls. Anschließend werden die Nukleotide, die nun Teil des neu synthetisierten RNA-Strangs sind, wieder vom DNA-Strang gelöst. Die RNA-Polymerase bewegt sich entlang des Gens. Sobald die RNA-Polymerase am Ende des zu transkribierenden Gens eine gesondert gekennzeichnete Terminationsstelle erreicht, löst sich das RNA-Transkript vollständig von der DNA. Der resultierende RNA-Strang wird als prä-mRNA bezeichnet und muss vor der Translation noch weiter verarbeitet werden. Dieser Verarbeitungsschritt wird mRNA-Prozessierung genannt und führt zur reifen mRNA.

Nicht alle Nukleotide eines Gens kodieren einen Teil des zu synthetisierenden Proteins. Tatsächlich enthalten (zum Teil große) Regionen eines Gens, die *Introns*, keine Protein-kodierenden Informationen, sondern nur die als *Exon* bezeichneten Abschnitte kodieren das jeweilige Protein. Deshalb werden im Zuge des *Spleißens* die Introns aus der prä-mRNA entfernt und die Exons direkt miteinander verknüpft. In jedem Exon werden jeweils drei aufeinanderfolgende Nukleotide als ein *Codon* bezeichnet, wobei jeweils ein Codon eine spezifische Aminosäure kodiert. Im Zuge der *Polyadenylierung* wird parallel an das letzte Nukleotid des RNA-Stranges ein *Poly-A-Schwanz* angehängt, der aus etwa 200 Adenin-Nukleotiden besteht. Dieser Poly-A-Schwanz wird für den Transport der mRNA aus dem Zellkern und zum Schutz vor dem Abbau der mRNA benötigt.

Zur Translation wird neben der mRNA auch *tRNA* benötigt. Diese besteht aus etwa 75 bis 90 Nukleotiden, die eine kleeblattförmige Sekundärstruktur bilden und deren Basen im Vergleich zu DNA und RNA leicht modifiziert sind. An das 3′-Ende der tRNA kann eine Aminosäure kovalent binden, die spezifisch für das sogenannte *Anticodon* ist, das sich etwa mittig in der Nukleotidkette befindet. Das Anticodon

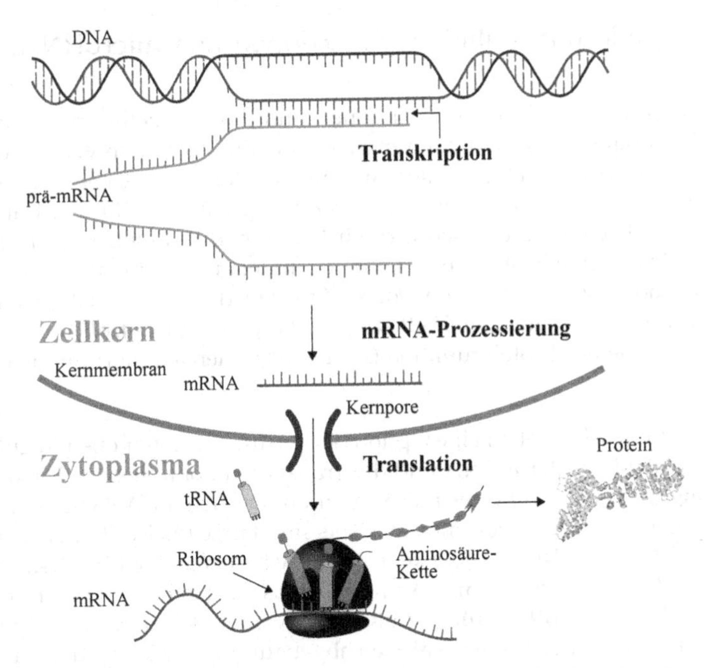

Abbildung 2.2.: Schematische Beschreibung des genetischen Informationsflusses. DNA wird im Zellkern in mRNA transkribiert, welche prozessiert und im Folgenden im Zytoplasma in Proteine translatiert wird.

fasst drei aufeinanderfolgende Nukleotide zusammen, die komplementär zum Codon der zu translatierenden mRNA sind.

Im Zuge der Translation wird zunächst ein Initiationskomplex an der mRNA am Startcodon aufgebaut, der zur Bindung der kleinen und großen Untereinheit eines Ribosoms an die mRNA führt. Nun setzt sich das Ribosom über ein neues Codon und bindet eine passende, mit einer Aminosäure beladene tRNA. Die bereits synthetisierte Peptidkette löst sich von der zuletzt verwendeten tRNA, die wieder freigegeben wird, und bindet an die Aminosäure der neu gebundenen tRNA. Hiermit wird solange fortgefahren, bis ein Stopp-Codon erreicht wird, zu dem es keine tRNA mit komplementärem Anti-Codon gibt, und die komplette Peptidkette freigegeben wird. Daraufhin löst sich das Ribosom wieder in zwei Untereinheiten auf und das Protein faltet sich zu seiner dreidimensionalen Struktur. Die mRNA wird wieder freigegeben und kann zur Synthese weiterer Proteine erneut abgelesen werden.

2.2.2. Regulierung zellulärer Funktionen und microRNAs

Die Regulierung der zellulären Funktionen und der intrazellulären Signalübertragung ist entlang des genetischen Informationsflusses an den verschiedensten Ansatzpunkten möglich. Dazu zählen Änderungen von DNA-Sequenzen, An- und Abschalten einzelner Gene (indem z. B. der Zugang zum Gen für den Transkriptionskomplex erleichtert oder erschwert wird), alternatives Spleißen (ein einzelnes Gen kann für verschiedene Proteine kodieren, indem unterschiedliche Abschnitte als Introns und Exons verwendet werden), Kontrolle der mRNA-Stabilität und des Transports der mRNA aus dem Zellkern ins Zytoplasma, Kontrolle der Translation und Kontrolle der Proteinfunktion (Proteine können aktiviert und inaktiviert werden).

MicroRNAs (*miRNAs*) stellen eine Option der posttranskriptionellen Regulierung dar, die die Stabilität der mRNA und die Translation kontrollieren. Die folgende Einführung in das Konzept der miRNAs orientiert sich an Watson et al. (2011), soweit nicht anders gekennzeichnet. miRNAs sind kurze (meist 21 oder 22 Nukleotide lange) RNA-Einzelstränge, die keine Proteine kodieren. Im Zytoplasma binden miRNAs an komplementäre mRNA-Stränge, was zur Hemmung der Translation oder zum Abbau der mRNA führt. Außerdem werden derartige doppelsträngige RNA-Bereiche von spezifischen RNAsen abgebaut, so dass keine Translation der mRNA-Spezies stattfinden kann. Da miRNAs sehr kurz sind und die Bindung an die mRNA nicht perfekt komplementär sein muss, kann eine einzelne miRNA hunderte verschiedene Genprodukte regulieren (Esquela-Kerscher 2011). Für das menschliche Genom sind bis jetzt mehr als 2000 verschiedene miRNAs bekannt (Kozomara u. Griffiths-Jones 2011) und man geht davon aus, dass ungefähr 60 % aller Gene mittels miRNAs reguliert werden (Friedman et al. 2009).

Auch miRNAs sind in der DNA kodiert. Ähnlich zur mRNA sind die zugehörigen Gene länger als die transkribierten und verarbeiteten Endprodukte. Im Falle der miRNA wird das Ergebnis der Transkription als primäre miRNA (pri-miRNA) bezeichnet. Die pri-miRNA formt im Anschluss an die Transkription (unter anderem aus Stabilitätsgründen) eine Haarnadel. Von dieser Haarnadel werden zunächst die Enden (mittels des Enzyms Drosha) abgespalten, was in der etwa 65 bis 70 Nukleotide langen pre-miRNA resultiert. Diese pre-miRNA wird ins Zytoplasma transportiert, wo das Enzym Dicer aus dieser Haarnadel ein oder zwei miRNA-Einzelstränge heraustrennt, die die reife miRNA (vgl. Abbildung 2.3) darstellen.

Diese reife miRNA bindet im Zytoplasma an den Proteinkomplex RISC (RNA induced silencing complex). Mit Hilfe des Argonaut-Proteins, welches Teil von RISC ist, werden mRNA-Stränge nach komplementären Strukturen zur miRNA abgesucht. Die Sequenzübereinstimmung zwischen miRNA und mRNA ist meist nicht vollkommen, dennoch bindet RISC, wenn möglich an Stellen mit einer ausreichenden

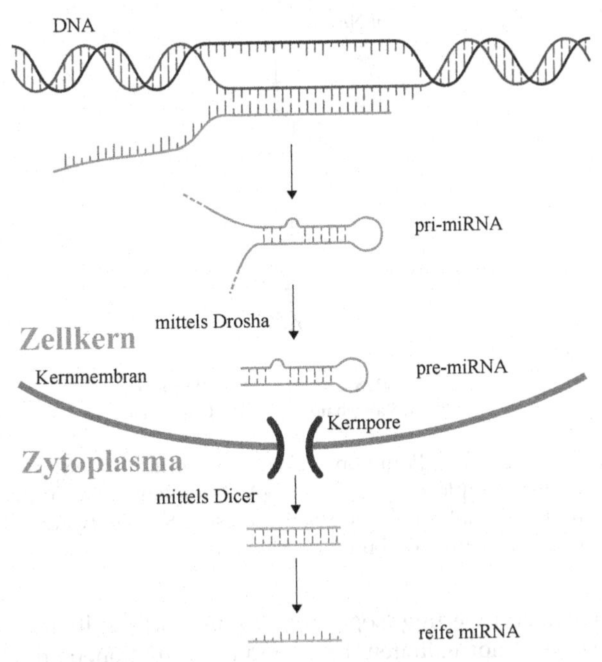

Abbildung 2.3.: Schematische Beschreibung der Herstellung von miRNAs. DNA wird in pri-miRNA transkribiert, welche mittels der Proteine Drosha und Dicer in reife miRNA weiter verarbeitet wird.

Komplementarität. Darauffolgend gibt es nach dem aktuellen Stand der Forschung zwei Möglichkeiten des weiteren Ablaufes:

1. Bei einer hohen Übereinstimmung spaltet RISC den Poly-A-Schwanz der mRNA ab. Hierdurch wird die mRNA instabil und in der Folge abgebaut.

2. Bei einer geringen Übereinstimmung wird die Translation unterdrückt, wobei die genaue Funktionsweise jedoch noch nicht geklärt ist.

In beiden Fällen jedoch resultiert das Vorhandensein von miRNA in einer Regulierung der korrespondierenden Proteinexpression. Abbildung 2.4 stellt die Funktionsweise von miRNA zusammenfassend schematisch dar.

Auf ihrer regulatorischen Funktion basiert auch die zunehmend untersuchte Bedeutung der miRNAs für die Entstehung und das Wachstum von Tumoren (vgl. Esquela-Kerscher 2011). Mutationen in einem miRNA-codierenden Gen können zu einem Verlust der Funktion der miRNA (sogenanntes *Tumorsuppressor-Gen*) oder

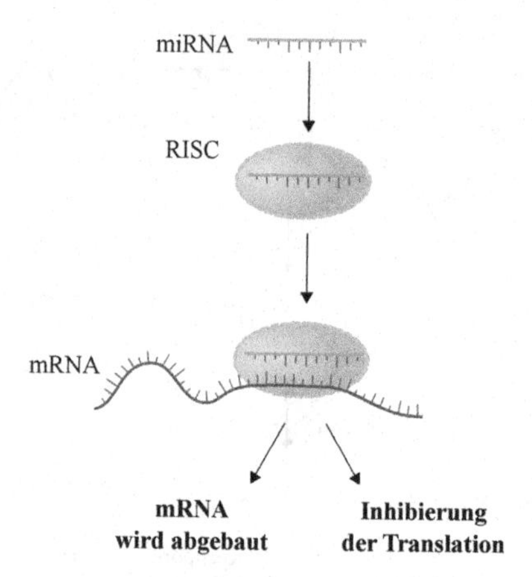

Abbildung 2.4.: Epigenetische Funktionsweise von miRNAs. Mittels des RISC-Proteinkomplexes kann miRNA komplementäre mRNA erkennen und binden. Im Folgenden wird diese mRNA entweder abgebaut oder ihre Translation wird unterdrückt.

in einer anormalen Aktivierung (sogenanntes *Onkogen*) resultieren. Ebenso können beispielsweise Abnormalitäten (basierend auf Mutationen anderer Gene) in der miRNA-Transkription, miRNA-Reifung oder der miRNA-Ziel-Erkennung zu einer fehlerhaften Expression der miRNA oder einem Fehlverhalten führen. Da eine miRNA das Produkt vieler Gene kontrolliert, hat die Fehlregulierung einer einzelnen miRNA Auswirkungen auf zahlreiche Proteine und Signalwege.

Nur für einen Teil aller miRNAs konnten bisher die spezifischen Funktionen der regulierten Proteine identifiziert werden. Zumeist konnten Verbindungen zur Regulierung des Zellwachstums, der Zelldifferenzierung und der Apoptose hergestellt werden: Prozesse, die wesentlich in der Entstehung von Krebs involviert sind. Je nach Tumorentität können unterschiedliche miRNAs für die Fehlsteuerungen verantwortlich sein. In einigen Fällen ist es bereits möglich, anhand spezifischer miRNA-Level Vorhersagen über den Krankheitsverlauf und die Erfolgsaussichten bestimmter Therapien zu treffen.

Beispielsweise konnte im Fall von Eierstockkrebs gezeigt werden, dass ein geringes Level der Proteine Drosha und Dicer, das zu einer globalen Reduktion der miRNA-Spiegel führt, mit einem aggressiveren Krankheitsbild und einem schlechteren klinischen Verlauf einhergeht (Merritt et al. 2008). Die miR-26 hingegen übernimmt eine doppelte Funktion. Einerseits fungiert sie als Tumorsuppressor bei Leberkrebs, anaplastischen Schilddrüsenkrebs, kleinzellige Lungenkarzinome, Nieren- und Brustkrebs, indem sie die Zellproliferation reguliert. Ein reduziertes Level der miR-26 geht mit einer gesteigerten Proliferation und damit einem schnelleren Wachstum des Tumors einher und umgekehrt. Andererseits agiert die miR-26 in Gliom-Zellen als Onkogen: Ein erhöhtes Level führt bei diesem Zelltyp zu einem gesteigerten Tumorwachstum. Die Funktion der miRNA ist somit von Umgebung und Zelltyp abhängig.

Für den konkreten Fall des Glioblastoms wurden bereits viele miRNAs identifiziert, die an Tumorentstehung und Tumorwachstum beteiligt sind (Karsy et al. 2012). Diese sind vor allem in die folgenden Prozesse involviert: Proliferation, Apoptose, Angiogenese, Invasion/Migration, Etablierung und Regulierung von Stammzelllinien, Sensitivität gegenüber Radiotherapie und Resistenz gegenüber Chemotherapie. Basierend auf der Konzentration bestimmter miRNAs ist es auch im Fall des Glioblastoms möglich, Aussagen über den wahrscheinlichen Krankheitsverlauf zu treffen. So ist ein erhöhtes Level der miR-181 und der miR-21 mit einer schnellen Progression verknüpft. Ein erhöhtes Level der miR-195 und miR-196b hingegen geht mit einer gesteigerten Gesamtüberlebensrate einher (Lakomy et al. 2011).

Die bekannten Fehlregulierungen einzelner miRNAs werden als Ansatzpunkt zur Entwicklung neuer Therapien genutzt (Esquela-Kerscher 2011; Paranjape et al. 2011). Die grundsätzliche Idee ist hierbei, im Fall von miRNAs, die als Tumorsuppressor fungieren, das miRNA-Level zu erhöhen. Im Fall von Onkogen-miRNAs versucht man, die Transkription dieser miRNA zu verhindern. Trotz aller Fortschritte in der Medizin und Biologie ist es jedoch momentan noch eine große Herausforderung, Methoden zu entwickeln, mittels derer sich miRNA-Level regulieren lassen (Karsy et al. 2012). Für Lungenkrebszellen etwa, in denen die miRNA let-7 nur in geringerer Konzentration vorhanden ist, konnte mittels Transfektion der Zelle mit miRNA let-7 *in vitro* und im Mausmodell eine Reduzierung des Tumorvolumens erreicht werden (Esquela-Kerscher et al. 2008). In Neuroblastomazellen, in denen die 17-5p miRNA überexprimiert ist, konnte *in vitro* und im Mausmodell mittels Hinzufügen eines *Antagomirs* das 17-5p miRNA-Level gesenkt werde. Dies resultierte in einer gesteigerten Apoptoserate und der Beendigung des Tumor-Wachstums (Fontana et al. 2008).

2.3. Steuerung des Zellphänotyps mittels microRNA-451

Für den Fall des Glioblastoms konnten Godlewski et al. (2010) eine einzelne miRNA, die *microRNA-451* (miR-451), identifizieren, die in Abhängigkeit der verfügbaren Glukose Zellmigration und -proliferation kontrolliert. In einer Umgebung mit einem hohen Glukosegehalt ist die intrazelluläre miR-451-Konzentration relativ hoch und die Zelle wird zur Teilung angeregt. Bei niedrigem Glukosegehalt sinkt der miR-451-Spiegel ebenso wie die Wahrscheinlichkeit einer Zellteilung. Stattdessen wird die Migration der Zelle gefördert. Dieser Prozess realisiert somit das *Go or Grow* Prinzip der Glioblastomzellen und berücksichtigt die Bedeutung von Glukose für den Tumorzellstoffwechsel (vgl. Abschnitt 2.1.1).

Die folgenden Moleküle übernehmen die hierfür relevante Signalübertragung:

- miR-451 reguliert die Konzentration der mRNA des Proteins MO25 (mouse protein 25, das auch unter der Bezeichnung calcium-binding protein 39 (CAB39) bekannt ist). Bei Verfügbarkeit einer großen miR-451-Menge wird viel MO25 mRNA abgebaut und die Translation von MO25 verhindert (Godlewski et al. 2010).
- MO25 bildet einen Komplex mit den Proteinen LKB1 (liver kinase B1, auch bekannt als serine/threonine kinase 11 (STK11)) und STRAD (sterile-20-related adaptor) (Boudeau et al. 2003).
- Der LKB1-STRAD-MO25-Komplex phosphoryliert und aktiviert die Kinase AMPK (AMP activated protein kinase) (Hawley et al. 2003).
- Aktives AMPK übernimmt im Folgenden nun zwei Regulierungsaufgaben:
  - Zum einen phosphoryliert AMPK den Komplex TSC2 (tuberous sclerosis complex 2) (Inoki et al. 2006),
  - zum anderen phosphoryliert AMPK das Protein Raptor (Gwinn et al. 2008).
- Phosphoryliertes TSC2 inhibiert die Aktivierung von Rheb (Ras homologue enriched in brain) (Inoki et al. 2003).
- Die Aktivierung ist jedoch notwendig, damit Rheb den Komplex mTORC1 (mammalian target of rapamycin complex 1) aktivieren kann (Inoki et al. 2003).
- mTORC1 ist aktiv als Komplex mit Raptor. Allerdings inhibiert die Phosphorylierung von Raptor mittels AMPK diese Aktivität (Kim et al. 2002; Gwinn et al. 2008).

AMPK ist als Sensor für den Energie-Status von Zellen bekannt (Shaw 2009; Viollet et al. 2010; Alexander u. Walker 2011). Bei Nährstoffmangel und Hypoxie sinkt der intrazelluläre ATP-Spiegel, während das AMP-Level steigt. AMPK wird durch das allosterische Binden von AMP aktiviert (Hardie et al. 1999; Kahn et al. 2005). Aktives AMPK stoppt das Zellwachstum und passt den Energiestoffwechsel an, indem u. a. die Produktion von ATP angeregt wird (Shaw et al. 2004). Die Aktivierung von AMPK erfolgt außerdem mittels Phosphorylierung durch LKB1 an der *activation loop threonine* (Hawley et al. 2003; Lizcano et al. 2004). Diese Phosphorylierung

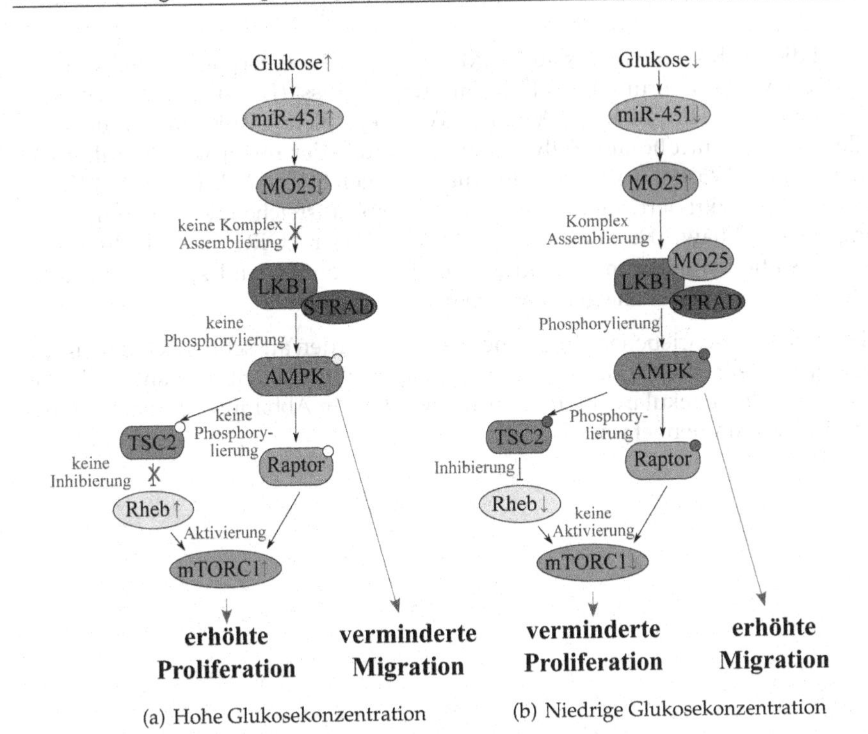

(a) Hohe Glukosekonzentration (b) Niedrige Glukosekonzentration

Abbildung 2.5.: Der Zusammenhang zwischen Glukosespiegel, Level der miR-451 und der Entscheidung für Proliferation oder Migration. In einer Umgebung mit einer hohen Glukosekonzentration (a) neigen Zellen eher zur Proliferation als zur Migration, während Zellen in einer Umgebung mit niedriger Glukosekonzentration (b) eher migrieren als sich teilen. Dieses Verhalten wird maßgeblich durch die miR-451 und die Proteine AMPK und mTORC1 beeinflusst.

vergrößert die Aktivität von AMPK um den Faktor 100 (Stein et al. 2000). Ist AMP allosterisch an AMPK gebunden, so verhindert dies eine Dephosphorylierung (Sanders et al. 2007).

Die AMPK-Kinase LKB1 ist vor allem als Komplex in Verbindung mit den Porteinen STRAD und MO25 aktiv. Gebundenes STRAD stimuliert die Kinaseaktivität von LKB1, während MO25 zu einer zusätzlichen Steigerung der LKB1-Aktivität um den Faktor 10 führt und den Komplex stabilisiert (Boudeau et al. 2003; Hawley et al. 2003). Aktives LKB1 phosphoyliert neben AMPK noch weitere 12 AMPK-verwandte Kinasen, zu denen u. a. die MARK (microtubule affinity-regulating kinase) Familie gehört (Lizcano et al. 2004).

Sowohl die MARK-Proteine als auch AMPK sind in die Steuerung der Zellpolarität involviert, was wiederum die Zellmigration beeinflusst (Lee et al. 2007; Williams u. Brenman 2008; Bright et al. 2009). Des Weiteren spielt AMPK eine wesentliche Rolle für die Kontrolle des Zellwachstums mittels der reziproken Regulierung von mTORC1. Während AMPK unter energetischen Stress-Bedingungen aktiv ist, wird mTORC1 aktiviert, wenn eine Zelle über eine ausreichende Nährstoffversorgung verfügt (Shaw 2009; Alexander u. Walker 2011). mTORC1 ist in die Initiation der Translation wachstumsrelevanter Proteine involviert und steuert somit die Zellproliferation (Wullschleger et al. 2006).

Bei den oben beschriebenen Zusammenhängen wurden ausschließlich die Signalwege dargestellt, die für das in Kapitel 4 vorgestellte Modell relevant sind. Das entsprechende molekulare Interaktionsnetzwerk ist in Abbildung 2.5 noch einmal graphisch zusammengefasst.

KAPITEL 3

Modellierungsgrundlagen

Ziel eines Modells ist es, die Realität oder Teile davon abzubilden. Je nach zugrundeliegender Problematik gibt es verschiedene Optionen der Modellierung, beispielsweise maßstabsgerecht verkleinerte Modellgebäude in der Architektur, verschiedene Atommodelle in der Chemie oder virtuelle Klimamodelle. Modelle der Biologie repräsentieren für gewöhnlich einen Prozess oder mehrere in Zusammenhang stehende Prozesse mit Hilfe mathematischer und rechnergestützter Methoden. Die Wahl des spezifischen Werkzeugs in der Modellierung biologischer Vorgänge hängt davon ab, welcher Prozess unter welcher Fragestellung untersucht werden soll.

Das Modell, das in dieser Arbeit vorgestellt und untersucht wird, beschreibt einerseits eine intrazelluläre Signalübertragung mittels variierender Molekülkonzentrationen. Andererseits wird die Interaktion von Zellen mit ihrer Umgebung betrachtet. Die zeitliche Änderung von Konzentrationen verschiedener Stoffe lässt sich mit Hilfe der Reaktionskinetik in Form von gewöhnlichen Differentialgleichungen mathematisch beschreiben. Dies wird in Abschnitt 3.1 erläutert. Um das Verhalten einzelner Zellen in einer definierten Umgebung abzubilden, ist es nötig auf rechnergestützte Modelle, wie die agentenbasierte Modellierung, zurückzugreifen. Eine Motivation für den Einsatz rechnergestützte Modelle und eine Einführung in die agentenbasierte Modellierung findet sich deshalb in Abschnitt 3.2.

3.1. Reaktionskinetik und gewöhnliche Differentialgleichungen

In diesem Abschnitt wird beschrieben, wie die zeitliche Änderung der Konzentration verschiedener Moleküle innerhalb einer Zelle (z. B. Proteine oder RNA) mathematisch formuliert werden kann. Die Darstellung folgt – soweit nicht anders angegeben – Palsson (2011). Auch in Bisswanger (2008) und Klipp et al. (2009) finden sich gute Einführungen in die Reaktionskinetik. Die grundlegende Idee ist, die intrazelluläre Konzentration der Moleküle durch mathematische Variablen zu repräsentieren, deren zeitliche Änderungen mittels gewöhnlicher Differentialgleichungen (gDGL) beschrieben werden. Mit Hilfe eines Systems von gDGLen (DGL-System) lässt sich auf diese Art ein kinetisches Modell für ein Netzwerk interagierender Moleküle aufstellen.

Um intrazelluläre Molekülkonzentrationen ausschließlich mittels gewöhnlicher Differentialgleichungen beschreiben zu können, ist es nötig, die folgenden fünf Verallgemeinerungen bzw. Vereinfachungen anzunehmen:

1. Es werden nicht einzelne Moleküle betrachtet, sondern die Menge aller Moleküle derselben Art wird zu einer zusammenhängenden Einheit zusammengefasst. Außerdem werden Unterschiede zwischen Zellen und ihrer Umgebung vernachlässigt und stattdessen die Bedingungen einer durchschnittlichen Zelle angenommen.

2. Die intrazelluläre räumliche Struktur wird nicht berücksichtigt. Es wird davon ausgegangen, dass alle Moleküle innerhalb einer Zelle homogen verteilt sind und keine räumlichen Unterschiede existieren. Um räumliche Unterschiede abbilden zu können, müsste auf partielle Differentialgleichungen zurückgegriffen werden.

3. Das Volumen einer Zelle wird als konstante Größe angenommen. Grundsätzlich ändert sich das Volumen einer Zelle im zeitlichen Verlauf (insbesondere im Verlauf des Zellzyklus). Dieser Effekt wird ignoriert, indem für das Volumen einer Zelle ein durchschnittlicher Wert verwendet wird.

4. Es wird von konstanten Temperaturverhältnissen ausgegangen, obwohl kinetische Eigenschaften temperaturabhängig sind. Vereinfacht wird deshalb mit kinetischen Konstanten gerechnet.

5. Der Ausgleich des osmotischen Drucks und die Einhaltung der Elektroneutralität werden vernachlässigt. Der zellinterne osmotische Druck und der osmotische Druck der Zellumgebung müssen sich ausgleichen. Ebenso müssen Zellen und Zellkompartimente Elektroneutratlität aufrechterhalten, auch wenn Stoffe die Zelle / das Zellkompartiment verlassen oder in die Zelle /

das Zellkompartiment eindringen. Dieser Aspekt wird ignoriert, indem davon ausgegangen wird, dass der osmotische Druck der Zelle sich im Gleichgewicht und die Zelle sich im Zustand der Elektroneutralität befindet.

Unter diesen fünf Annahmen können Reaktionsgleichungen basierend auf gDGLen für die zeitliche Änderung der intrazellulären Molekülkonzentrationen aufgestellt werden. Hierfür wird folgende Notation verwendet: Ein Großbuchstabe (eventuell um ein Subskript ergänzt) steht stellvertretend für den Namen des Moleküls, z. B. X, X_1, X_i oder Z. Mit einem Kleinbuchstaben wird die zugehörige Konzentration bezeichnet, also z. B. x, x_1, x_i oder z, die – soweit nicht anders angegeben – die Einheit $\text{mol}\,\text{l}^{-1}$ hat.

Allgemein basiert das Prinzip der Reaktionskinetik auf dem Massenwirkungsgesetz, wie folgendes Beispiel für das Molekül X_i demonstriert:

$$\begin{matrix} v_1 \searrow & & \nearrow v_4 \\ v_2 \rightarrow & X_i & \\ v_3 \nearrow & & \searrow v_5 \end{matrix} \quad \leftrightsquigarrow \quad \frac{dx_i}{dt} = v_1 + v_2 + v_3 - v_4 - v_5$$

$v_1, \ldots, v_5$ bezeichnen die *Reaktionsraten*, wobei v_1, v_2, v_3 die Formungsreaktions- und v_4, v_5 die Abbaureaktionsraten darstellen. Für eine biochemisch sinnvolle Interpretation wird vorausgesetzt, dass die Reaktionsraten und die Konzentrationen nicht negativ sind, also $x_i \geq 0,\ v_i \geq 0$.

Die grundlegende Annahme der Massenwirkungskinetik ist, dass eine Reaktionsrate proportional zur Häufigkeit der Kollisionen der in der Reaktion vorkommenden Moleküle ist. Da die Wahrscheinlichkeit für eine solche Kollision proportional zur Konzentration der beteiligten Moleküle ist, ergibt sich eine Proportionalität von Reaktionsrate und Molekülkonzentration. Basierend auf diesem Zusammenhang können die folgenden elementaren Reaktionen beschrieben werden:

Lineare Reaktion Die spontane Umwandlung von X_1 in X_2:

$$X_1 \xrightarrow{k_{lin}} X_2 \qquad \leftrightsquigarrow \qquad v = k_{lin} \cdot x_1 = -\frac{dx_1}{dt} = \frac{dx_2}{dt}$$

Die Reaktionsrate v ist proportional zur Konzentration x_1 des Stoffes X_1 und beschreibt die zeitliche Änderung der Konzentration von X_1 und X_2. Hierbei nimmt die Konzentration x_1 ab, während die Konzentration x_2 im gleichen Maße steigt. Die Reaktionskonstante k_{lin} hat konsequenterweise die Einheit s^{-1}.

Bilineare Reaktion Zwei Substrate X_1, X_2 reagieren miteinander und generieren das Produkt X_3:

$$X_1 + X_2 \xrightarrow{k_{bi}} X_3 \qquad \leftrightsquigarrow \qquad v = k_{bi} \cdot x_1 \cdot x_2 = -\frac{\mathrm{d}x_1}{\mathrm{d}t} = -\frac{\mathrm{d}x_2}{\mathrm{d}t} = \frac{\mathrm{d}x_3}{\mathrm{d}t}$$

Die Reaktionsrate v ist proportional zur Konzentration x_1 des Stoffes X_1 und zur Konzentration x_2 des Stoffes X_2. Somit ist v auch proportional zum Produkt $x_1 \cdot x_2$ der Konzentrationen x_1 und x_2. Die Zunahme der Konzentration x_3 des Produktes X_3 stimmt jeweils mit der Abnahme der Konzentrationen x_1 und x_2 der Stoffe X_1 und X_2 überein. Die Reaktionskonstante k_{bi} ist reziprok zu Zeit und Konzentration und hat somit die Einheit $\mathrm{s}^{-1}\,\mathrm{mol}^{-1}\,\mathrm{l}$.

Konstante Reaktion Eine Reaktion, die unabhängig von der Konzentration des Reaktanten ist:

$$\Psi \xrightarrow{k_{konst}} X_1 \qquad \leftrightsquigarrow \qquad v = k_{konst} = \frac{\mathrm{d}x_1}{\mathrm{d}t}$$

Die Reaktionsrate v ist konstant, also unabhängig von der Konzentration des Reaktanten Ψ. Die Konzentration x_1 des Produktes X_1 nimmt somit mit konstanter Rate zu. Die Einheit der Reaktionskonstanten k_{konst} ist $\mathrm{s}^{-1}\,\mathrm{mol}\,\mathrm{l}^{-1}$.

Diese drei elementaren Reaktionen lassen sich zu komplexeren Reaktionen kombinieren, wie z. B. in der folgenden reversiblen Reaktion:

$$X_1 + X_2 \underset{k^+}{\overset{k^-}{\leftrightharpoons}} X_3 \qquad \leftrightsquigarrow \qquad v_1 = k^+ \cdot x_1 \cdot x_2, \quad v_2 = k^- \cdot x_3,$$
$$v = v_1 - v_2 = -\frac{\mathrm{d}x_1}{\mathrm{d}t} = -\frac{\mathrm{d}x_2}{\mathrm{d}t} = \frac{\mathrm{d}x_3}{\mathrm{d}t}.$$

Über die zuvor beschriebenen elementaren Reaktionen hinaus, kann eine allgemeine und zusammenfassende Schreibweise für die Massenreaktionskinetik eingeführt werden (Heinrich u. Schuster 1996; Dräger et al. 2010). Bezeichne $\boldsymbol{X} = (x_1, x_2, \ldots, x_q)$ den Vektor der Konzentrationen aller q Spezies (Reaktanten und Produkte), die in die l Reaktionen $R_1, R_2, \ldots, R_l$ involviert sind ($q, l \in \mathbb{N}$). Die *Stöchiometrie-Matrix* $\mathbf{S} \in \mathbb{N}^{q \times l}$ mit den Elementen s_{ij}, $i \in \{1, \ldots, q\}$, $j \in \{1, \ldots, l\}$ gibt die Mengenverhältnisse der in den Reaktionen beteiligten Stoffe an. Die *Stöchiometrie-Koeffizienten* s_{ij} geben die Anzahl der Moleküle der Spezies X_i an, die durch Reaktion R_j produziert ($s_{ij} > 0$) oder verbraucht ($s_{ij} < 0$) werden. Ist eine Spezies X_i an Reaktion R_j nicht beteiligt, so gilt $s_{ij} = 0$. Definiert man nun

$$s_{ij}^+ = \begin{cases} s_{ij} & \text{falls } s_{ij} > 0, \\ 0 & \text{falls } s_{ij} \leq 0, \end{cases} \qquad \text{und} \qquad s_{ij}^- = \begin{cases} -s_{ij} & \text{falls } s_{ij} < 0, \\ 0 & \text{falls } s_{ij} \geq 0, \end{cases}$$

so lässt sich die Rate v_j der Reaktion R_j allgemein schreiben als

$$v_j(\mathbf{X}) = k_j^+ \cdot \prod_{i=1}^{q} x_i^{s_{ij}^-} - k_j^- \cdot \prod_{i=1}^{q} x_i^{s_{ij}^+} \tag{3.1}$$

mit den Reaktionskonstanten $k_j^+, k_j^- \geq 0$. Für den Fall irreversibler Reaktionen vereinfacht sich die Gleichung zu

$$v_j(\mathbf{X}) = k_j^+ \cdot \prod_{i=1}^{q} x_i^{s_{ij}^-}.$$

Fasst man die Reaktionsraten v_j zu einem Vektor $\boldsymbol{v}$ zusammen, so lässt sich die Änderung der Konzentration der einzelnen Spezies X_i schreiben als

$$\frac{\mathrm{d}x_i}{\mathrm{d}t} = \sum_{j=1}^{l} s_{ij} \cdot v_j = (\boldsymbol{S}\boldsymbol{v})_i.$$

Bemerkung 3.1 Gleichung (3.1) gewährleistet für alle Spezies, dass zu allen Zeitpunkten t die Molekülkonzentration x_i nicht negativ ist, also $x_i(t) \geq 0 \;\; \forall\, i \in \{1, \ldots, q\}, \;\; \forall\, t \in \mathbb{R}_0^+$.

Um dies zu zeigen, wird davon ausgegangen, dass als Anfangsbedingung für x_i nicht-negative Werte gewählt wurden ($x_i(0) \geq 0 \;\; \forall\, i \in \{1, \ldots, q\}$). Bevor x_i für ein i einen negativen Wert annehmen kann, gilt zu einem früheren Zeitpunkt $x_i = 0$, da der zeitliche Verlauf der Konzentration stetig ist. Für die zugehörigen Stöchiometrie-Koeffizienten s_{ij} der Reaktion R_j sind dann drei verschiedene Fälle möglich:

$$\begin{aligned}
1. \quad s_{ij} > 0 \quad &\Rightarrow \quad k_j^- \cdot \prod_{i=1}^{q} x_i^{s_{ij}^+} = 0 \\
&\Rightarrow \quad s_{ij} \cdot v_j = s_{ij} \cdot k_j^+ \cdot \prod_{i=1}^{q} x_i^{s_{ij}^-} \geq 0 \\
&\Rightarrow \quad \text{Zuwachs oder keine Veränderung der Konzentration } x_i, \\
2. \quad s_{ij} < 0 \quad &\Rightarrow \quad k_j^+ \cdot \prod_{i=1}^{q} x_i^{s_{ij}^-} = 0 \\
&\Rightarrow \quad s_{ij} \cdot v_j = s_{ij} \cdot (-k_j^- \cdot \prod_{i=1}^{q} x_i^{s_{ij}^+}) \geq 0 \\
&\Rightarrow \quad \text{Zuwachs oder keine Veränderung der Konzentration } x_i,
\end{aligned}$$

3. $s_{ij} = 0 \quad \Rightarrow \quad s_{ij} \cdot v_j = 0$
   $\Rightarrow$ keine Veränderung der Konzentration x_i.

Insgesamt folgt somit auf $x_i = 0$ entweder ein Anstieg der Konzentration x_i oder diese bleibt unverändert, kann aber insbesondere nicht negativ werden.

3.1.1. Reaktionen mit Modifikatoren

Nicht bei allen Stoffen genügt eine einfache Kollision, um eine Reaktion zu verursachen. So gibt es in manchen Fällen Einschränkungen an den Winkel des Zusammentreffens der kollidierenden Teilchen, damit die Kollision in einer Reaktion resultiert. In solchen Fällen fungieren *Enzyme* als Katalysatoren und erhöhen die Reaktionsrate. Alternativ kann eine Reaktion durch einen Modifikator reguliert werden, der eine inhibierende Wirkung hat. Diese Inhibition kann beispielsweise durch das Binden des Modifikators an einen Reaktanten verursacht werden.

Die einfachste Enzymreaktion wurde vor hundert Jahren (1913) von Michaelis und Menten beschrieben (Menten u. Michaelis 1913). Ein Enzym X_2 wandelt ein Substrat X_1 in ein Produkt X_3 um, indem in einer reversiblen Zwischenreaktion der Komplex Z bestehend aus dem Substrat X_1 gebunden an das Enzym X_2 gebildet wird. In der Folge wird der Komplex Z irreversibel aufgespalten in das Enzym X_2 und das Produkt X_3:

$$X_1 + X_2 \underset{k^+}{\overset{k^-}{\leftrightharpoons}} Z \xrightarrow{k^c} X_2 + X_3 \quad \leftrightsquigarrow \quad X_1 \xrightarrow{X_2} X_3 \quad \leftrightsquigarrow \quad v = -\frac{dx_1}{dt} = \frac{dx_3}{dt}.$$

Diese Enzymreaktion enthält vier veränderliche Größen (x_1, x_2, z, x_3). Folglich werden vier Gleichungen benötigt, um die Reaktion vollständig zu beschreiben:

$$\frac{dx_1}{dt} = -k^+ \cdot x_1 \cdot x_2 + k^- \cdot z, \tag{3.2}$$

$$\frac{dx_2}{dt} = -k^+ \cdot x_1 \cdot x_2 + k^- \cdot z + k^c \cdot z, \tag{3.3}$$

$$\frac{dz}{dt} = k^+ \cdot x_1 \cdot x_2 - k^- \cdot z - k^c \cdot z, \tag{3.4}$$

$$\frac{dx_3}{dt} = k^c \cdot z. \tag{3.5}$$

Dieses DGL-System besitzt keine analytische Lösung. Deshalb versucht man, es zu vereinfachen, indem man die Anzahl der veränderlichen Größen reduziert. Hierzu nutzt man die obigen Gleichungen (3.2) - (3.5) und fügt eine Annahme bezüglich der Konzentration z hinzu (Klipp et al. 2009):

Die Addition der Gleichungen (3.3) und (3.4) liefert:

$$\frac{dx_2}{dt} + \frac{dz}{dt} = 0.$$

Somit gilt für die Gesamtkonzentration des Enzyms x_2^{total} (bestehend aus der Konzentration des Enzyms in gebundener Form Z als auch als freies Enzym X_2):

$$x_2^{total} := x_2 + z = konstant. \tag{3.6}$$

Die Gesamtkonzentration x_2^{total} des Enzyms wird durch die Reaktionen nicht beeinflusst, sondern nur die Konzentration der beiden Zustände (gebunden oder frei).

Des Weiteren kann man davon ausgehen, dass nach einer kurzen Anfangsphase die Konzentration des Komplexes Z im Laufe der Reaktion konstant ist. Z befindet sich in einem sogenannten *quasi-stationären* Zustand (Briggs u. Haldane 1925) und es gilt:

$$\frac{dz}{dt} = 0. \tag{3.7}$$

Setzt man nun zunächst Gleichung (3.7) in Gleichung (3.4) ein und verwendet daraufhin den Zusammenhang aus Gleichung (3.6), so erhält man:

$$\begin{aligned}
& k^+ \cdot x_1 \cdot x_2 - (k^- + k^c) \cdot z = 0 \\
\Leftrightarrow \quad & k^+ \cdot x_1 \cdot (x_2^{total} - z) - (k^- + k^c) \cdot z = 0 \\
\Leftrightarrow \quad & k^+ \cdot x_1 \cdot z + (k^- + k^c) \cdot z = k^+ \cdot x_2^{total} \cdot x_1 \\
\Rightarrow \quad & z = \frac{k^+ \cdot x_2^{total} \cdot x_1}{k^+ \cdot x_1 + k^- + k^c} \\
\Rightarrow \quad & z = \frac{x_2^{total} \cdot x_1}{x_1 + \frac{k^- + k^c}{k^+}}.
\end{aligned}$$

Damit ergibt sich für die Reaktionsrate v

$$\begin{aligned} v &= -\frac{\mathrm{d}x_1}{\mathrm{d}t} = \frac{\mathrm{d}x_3}{\mathrm{d}t} \\ &= k^c \cdot z \\ &= \frac{k^c \cdot x_2^{total} \cdot x_1}{x_1 + \frac{k^- + k^c}{k^+}} \\ &= \frac{k^c \cdot x_2^{total} \cdot x_1}{x_1 + K_m} \end{aligned}$$

mit der Michaelis-Konstanten $K_m := \frac{k^- + k^c}{k^+}$. k^c hat die Einheit s^{-1} und die Michaelis-Konstante K_m die Einheit $\mathrm{mol\,l^{-1}}$. Die Gleichung der Reaktionsrate hängt nur noch von der zeitlich veränderlichen Größe x_1 und der durch die Reaktion unveränderte Gesamtkonzentration des Enzyms x_2^{total} ab. Eine genauere Kenntnis der Konzentrationen von X_2 und Z sind nicht nötig, um die Änderung der Substrat- und Produktkonzentration zu beschreiben.

Wird eine Reaktion, in der ein Stoff X_1 in einen anderen Stoff X_3 überführt wird, durch einen dritten Stoff X_2 gehemmt, so hat dies die umgekehrte Wirkung eines aktivierenden Enzyms. Es wird im Folgenden angenommen, dass die Reaktionsinhibierung durch eine reversible Bindung des Hemmstoffes X_2 an das Substrat X_1 erfolgt, wodurch der Komplex Z gebildet wird. Nur das frei verfügbare Substrat kann in das Produkt X_3 umgewandelt werden:

$$\begin{array}{c} X_1 \xrightarrow{k} X_3 \\ + \\ X_2 \\ k^+ \upharpoonleft\downharpoonright k^- \\ Z \end{array} \qquad \leftrightsquigarrow \qquad v = -\frac{dx_1}{dt} = \frac{dx_3}{dt}.$$

Diese parallel ablaufenden Reaktionen enthalten vier veränderliche Größen (x_1, x_2, z, x_3). Entsprechend werden vier Gleichungen benötigt, um diese Reaktionen vollständig zu beschreiben:

$$\frac{\mathrm{d}x_1}{\mathrm{d}t} = -k^- \cdot x_1 \cdot x_2 + k^+ \cdot z - k \cdot x_1, \tag{3.8}$$

$$\frac{\mathrm{d}x_2}{\mathrm{d}t} = -k^- \cdot x_1 \cdot x_2 + k^+ \cdot z, \tag{3.9}$$

$$\frac{\mathrm{d}z}{\mathrm{d}t} = k^- \cdot x_1 \cdot x_2 - k^+ \cdot z, \tag{3.10}$$

$$\frac{\mathrm{d}x_3}{\mathrm{d}t} = k \cdot x_1. \tag{3.11}$$

Das Substrat liegt sowohl in gebundener (Z) als auch freier (X_1) Form vor. Die Gesamtkonzentration x_1^{total} ist somit gegeben durch

$$x_1^{total} = x_1 + z. \tag{3.12}$$

Nimmt man nun – wie im Fall der Enzymreaktion – an, dass sich nach einer kurzen Zeit die Konzentration des Komplexes Z nicht mehr ändert, so folgt $\mathrm{d}z/\mathrm{d}t = 0$. Damit ergibt sich

$$k^- \cdot x_1 \cdot x_2 = k^+ \cdot z \quad \Longleftrightarrow \quad z = \frac{k^-}{k^+} \cdot x_1 \cdot x_2 = \frac{1}{k^i} \cdot x_1 \cdot x_2$$

mit der Inhibierungskonstanten $k^i := k^+/k^-$. Setzt man diesen Zusammenhang nun in Gleichung (3.12) ein, so ergibt sich

$$x_1^{total} = x_1 + \frac{1}{k^i} \cdot x_1 \cdot x_2 = \frac{k^i + x_2}{k^i} x_1$$

$$\Longrightarrow \quad x_1 = \frac{k^i}{k^i + x_2} \cdot x_1^{total}.$$

Unter Berücksichtigung von $\mathrm{d}z/\mathrm{d}t = 0$ gilt

$$\frac{\mathrm{d}x_1^{total}}{\mathrm{d}t} = \frac{\mathrm{d}x_1}{\mathrm{d}t} + \frac{\mathrm{d}z}{\mathrm{d}t} = \frac{\mathrm{d}x_1}{\mathrm{d}t} = -k^- \cdot x_1 \cdot x_2 + k^+ \cdot z - k \cdot x_1 = -k \cdot x_1 = -\frac{\mathrm{d}x_3}{\mathrm{d}t}$$

und somit

$$v = \frac{\mathrm{d}x_3}{\mathrm{d}t} = -\frac{\mathrm{d}x_1^{total}}{\mathrm{d}t} = k \cdot x_1 = \frac{k^i}{k^i + x_2} \cdot k \cdot x_1^{total}.$$

Zusammenfassend lässt sich eine lineare Reaktion, die von einem Modifikator gehemmt wird, darstellen als

$$X_1 \overset{X_2}{\overset{\perp}{\longrightarrow}} X_3 \qquad \leftrightsquigarrow \qquad v = \frac{k^i}{k^i + x_2} \cdot k \cdot x_1^{total} \tag{3.13}$$

mit der Reaktionskonstanten k mit der Einheit s^{-1} und der Inhibierungskonstanten k^i mit der Einheit $\mathrm{mol\,l^{-1}}$.

Als Verallgemeinerung der Massenreaktionskinetik haben Schauer und Heinrich 1983 eine verallgemeinerte Massenwirkungsgleichung der Form

$$v_j(\boldsymbol{X}, \boldsymbol{p}) = F_j(\boldsymbol{X}, \boldsymbol{p}) \cdot \left[k_j^+ \cdot \prod_{i=1}^{q} x_i^{s_{ij}^-} - k_j^- \cdot \prod_{i=1}^{q} x_i^{s_{ij}^+} \right] \tag{3.14}$$

eingeführt (Schauer u. Heinrich 1983; Heinrich u. Schuster 1996). Hierbei erlaubt die Funktion F_j, Modifikationen der Reaktion zu beschreiben. Mögliche Effekte, die durch F_j abgebildet werden können, sind etwa Sättigung oder Hemmung. Im Vektor $\boldsymbol{p}$ sind alle Parameter der Gleichung außer den Reaktionskonstanten k_j^+, k_j^- und den Stöchiometrie-Koeffizienten s_{ij}^+, s_{ij}^- zusammengefasst.

Bemerkung 3.2 Unter der Voraussetzung, dass $F_j(\boldsymbol{X}, \boldsymbol{p}) > 0$ gilt, lässt sich wie bei der ursprünglichen Massenwirkungsgleichung (3.1) zeigen, dass keine der Stoffkonzentrationen x_i einen negativen Wert annimmt ($x_i \geq 0 \;\; \forall\, i \in \{1, \ldots, q\}$).

Die ursprüngliche Massenwirkungsgleichung (3.1) ist ein Sonderfall der verallgemeinerten Gleichung (3.14) mit $F_j(\boldsymbol{X}, \boldsymbol{p}) = 1$. Insbesondere lassen sich auch die zuvor hergeleiteten Gleichungen der Michaelis-Menten-Kinetik und einer gehemmten linearen Funktion in Form der verallgemeinerten Massenwirkungsgleichung schreiben. Im Fall der Michaelis-Menten-Kinetik gilt $v = F_{MM}(x_1, x_2^{total}, K_m) \cdot k^c \cdot x_1$ mit

$$F_{MM}(x_1, x_2^{total}, K_m) = \frac{x_2^{total}}{x_1 + K_m}.$$

Nach Definition gilt $F_{MM} \to 0$ für $x_2^{total} \to 0$, d. h. je weniger Enzym vorhanden ist, um so mehr wird die Reaktion verlangsamt. Für die gehemmte lineare Gleichung erhält man unter Verwendung von

$$F_i(x_2, k^i) = \frac{k^i}{k^i + x_2}$$

die Reaktionsrate $v = F_i(x_2, k^i) \cdot k \cdot x_1^{total}$ (Dräger et al. 2008, 2010). Ist kein Hemmstoff X_2 vorhanden, also $x_2 = 0$, so vereinfacht sich die Gleichung zu $F_i = 1$ und somit $v = k \cdot x_1^{total}$. Dies entspricht einer unmodifizierten linearen Reaktion. Beide modifizierenden Funktionen F_{MM} und F_i sind außerdem nach Definition positiv, so dass Bemerkung 3.2 gilt.

3.2. Rechnergestützte Modellierung

Viele Systeme und Prozesse können mittels mathematischer Formulierungen modelliert und entsprechend mittels mathematischer Methoden analysiert werden, wie es beispielsweise im vorigen Abschnitt für den Fall chemischer Reaktionen hergeleitet wurde. Es gibt jedoch auch Vorgänge und Probleme, die nur schwierig mit zum Teil sehr großen Systemen mathematischer Gleichungen abgebildet werden können. Der Einsatz von Rechnern zu Modellierungszwecken kann in diesen Fällen zwei verschiedene Funktionen übernehmen:

1. die Implementierung und Durchführung numerischer Lösungsverfahren für komplexe mathematische Probleme oder
2. die Umsetzung einer eigenen Klasse von Modellen (sogenannte *rechnergestützte Modelle*).

Im Folgenden soll diskutiert werden, für welche Problemstellungen rechnergestützte Modellierung verwendet wird, und die Klasse der *agentenbasierten Modellierung* wird vorgestellt. Die Ausführungen sind hierbei an Barnes u. Chu (2010) angelehnt.

Rechnergestützte Modelle sind formale Modelle, die durch eine Programmiersprache und deren Semantik formuliert werden und nicht ursprünglich durch mathematische Gleichungen. Die Klasse dieser Modelle erlaubt eine vergleichsweise unkomplizierte Abbildung von Problemen, die sich nur schwierig durch mathematische Gleichungen beschreiben lassen, weil sie eine oder mehrere der folgenden Eigenschaften aufweisen:

Zufall Die meisten mathematischen Modelle sind deterministisch. Viele Prozesse hingegen beinhalten zufällige Komponenten. Je nach Fragestellung lässt sich dieser Zufall in einigen Fällen auf deterministische Probleme reduzieren. Im Fall der Brown'schen Bewegung beispielsweise lässt sich die Bestimmung der durchschnittlichen Entfernung eines Teilchens zum Ausgangsort in einer vorgegebenen Zeit als deterministisches und mathematisches Problem formulieren und lösen. Sollen jedoch einzelne Individuen untersucht werden, so ist eine solche Reduktion nicht möglich. Die Modellierung mit Hilfe von stochastischen Prozessen stellt hier einen Ausweg dar, der für Simulationszwecke meist intuitiv in einer Programmiersprache umgesetzt wird. Die Erzeugung der hierfür benötigten Zufallszahlen wird aus praktischen Gründen ebenfalls von Computer-Programmen übernommen.

Heterogenität Ein heterogenes System besteht aus verschiedenen Untereinheiten, die unterschiedliche Zustände annehmen und sich nach unterschiedlichen Gesetzen verhalten können. Um das Verhalten der einzelnen Individuen und somit die Struktur des Systems vollständig abzubilden, ist in den meisten Fällen eine sehr große Anzahl mathematischer Gleichungen nötig. Möchte man die Anzahl dieser Gleichungen reduzieren, so müssen das System und die zugehörigen Fragestellungen vereinfacht werden. Man könnte etwa das durchschnittliche Verhalten eines durchschnittlichen Individuums modellieren. Hierbei würde man jedoch Detailinformationen zum System verlieren.

Interaktion Interagieren Untereinheiten des zu modellierenden Systems miteinander oder mit ihrer Umgebung, lässt sich dies ebenfalls nur mit sehr komplexen mathematischen Gleichungen beschreiben.

Die Beschreibung des Wachstums eines Tumors auf der mikroskopischen Ebene ist ein Problem, das alle drei der oben beschriebenen Eigenschaften aufweist. Die Bewegung einer einzelnen Tumorzelle ist in gewissem Maße zufällig. Tumorgewebe ist sehr heterogen, d. h. es besteht aus unterschiedlichen Zelltypen (z. B. unterschiedliche Stadien des Zellzyklus oder verschiedene Mutationsprofile), weshalb auch Prozesse wie Migration und Proliferation unterschiedlich gesteuert werden können. Tumorzellen interagieren mit ihrer Umgebung (Aufnahme von Nährstoffen, Interaktion mit dem Immunsystem) und auch miteinander. Eine realistische Abbildung der zellulären Prozesse, die in das Wachstum eines Tumors involviert sind, ist somit ausschließlich mit mathematischen Gleichungen nur schwer umsetzbar. Die Verwendung rechnergestützter Modellierung stellt deshalb eine gute und einfache Alternative dar.

3.2.1. Agentenbasierte Modellierung

Ein Ansatz, um Probleme wie das zelluläre Wachstum von Tumoren zu beschreiben, liegt in der *agentenbasierten Modellierung* (ABM). Anstatt das System oder Bestandteile des Systems zu vereinfachen oder Durchschnitte zu bilden, versucht man die individuellen Einheiten des System und deren Umgebung virtuell nachzubilden. Hierbei werden die einzelnen Untereinheiten des Systems durch sogenannte *Agenten* repräsentiert, denen ein *Zustand* und ein *Verhalten* zugeordnet sind. Die Agenten können mit anderen Agenten und mit der Umgebung interagieren, wobei das Verhalten der Agenten auf (meist relativ einfachen) Regeln basiert. Das Verhalten des gesamten Systems wird hingegen nicht explizit beschrieben, sondern resultiert emergent aus den Aktionen der Agenten.

Agentenbasierte Modelle bilden Zufall, Heterogenität und Interaktion unmittelbar ab. Allerdings sind die entsprechenden Simulationen sehr rechenintensiv. Sollte eine Zufallskomponente enthalten sein, sind außerdem eventuell mehrere Durchläufe nötig, um verlässliche Aussagen treffen zu können.

Zur Beschreibung eines Systems können ein oder mehrere verschiedene Agentenarten verwendet werden. Eine Agentenart ist hierbei definiert durch eine Menge interner Zustände sowie die Beschreibung des Verhaltens. Die Agenten verhalten sich anhand von Regeln, indem sie mit anderen Agenten und der Umgebung interagieren.

Die Agenten wiederum existieren in einem Raum, der ihre Umgebung definiert. Die Gestaltung dieses Raumes hat einen wesentlichen Einfluss auf die Rechenkosten. Je detaillierter und feiner strukturiert der Raum definiert ist, um so kostspieliger wird die Berechnung der Simulation. Die meisten Räume basieren auf der Strukturierung mittels eines Gitters und sind somit diskret. Solche gitterbasierten Räume erlauben es, eine feste räumliche Position für die Agenten zu definieren. Außerdem ermöglichen sie die Berechnung von Abständen zwischen je zwei Agenten und damit die Definition von Nachbarschaften. Je nach Fragestellung kann eine Gitterzelle einen einzelnen Agenten enthalten (die äußere Form des Agenten wird in diesem Fall vernachlässigt) oder mehrere Gitterzellen werden zu einem Agenten zusammengefasst, um die äußere Form des Agenten (vereinfacht) nachzubilden. Neben diskreten Räumen ist auch die Definition kontinuierlicher Räume möglich, was jedoch ebenso wie die Entscheidung für eine zwei- oder dreidimensionale Abbildung, die Rechenkosten beeinflusst. Außer rein räumlichen Informationen – wie Positionen und Abstände – können die mittels eines Raumes definierten Umgebungen auch weitere Informationen (z. B. über verfügbare Nährstoffe) enthalten.

Die Regeln, die das Verhalten und den Zustand eines Agenten definieren, sind meist von der Form „Wenn ..., dann ...". Sie können mathematische Ausdrücke enthalten und werden so einfach wie möglich gehalten. Die Regeln bestimmen in Abhängigkeit vom Zustand des Agenten, wie dieser sich als nächstes verhält (eventuell in Interaktion mit benachbarten Agenten und seiner Umgebung) und ob bzw. wie sich sein interner Zustand ändert.

Um die Entwicklung des Systems über die Zeit zu beschreiben, ist der intuitivste Ansatz, eine feste Zeitschrittweite zu definieren und somit ein diskretes Fortschreiten der Zeit abzubilden. In jedem Zeitschritt verhalten sich alle Agenten entsprechend der jeweils aktuellen Regel und die internen Zustände aller Agenten werden aktualisiert. Formal agieren alle Agenten zur gleichen Zeit und werden somit synchron aktualisiert. Ebenso wie im räumlichen Fall, bestimmt auch die Länge des Zeitschritts die Genauigkeit des Modells und die Rechenkosten der Simulation.

KAPITEL 4

Multiskalenmodell

In diesem Kapitel wird ein Modell hergeleitet, das das Wachstum eines Glioblastoms im Anfangsstadium beschreibt. Hierzu wird das Verhalten einer Menge einzelner Glioblastomzellen in einer stark vereinfachten Umgebung abgebildet.

Die Modellumgebung einer Zelle liefert ihr Informationen zu verfügbaren Nährstoffen (in Form der Glukosekonzentration) und zu benachbarten Zellen. Basierend auf der Glukosekonzentration verändern sich innerhalb einer Zelle bestimmte Molekülkonzentrationen, was mittels kinetischer Gleichungen (vgl. Abschnitt 3.1) abgebildet wird. Es wird ausschließlich der in Abschnitt 2.3 vorgestellte Signalweg berücksichtigt, wodurch sich ein DGL-System zur Beschreibung des inneren Zustandes einer Zelle ergibt, das in Abschnitt 4.1 präsentiert wird. Basierend auf diesem inneren Zustand nimmt eine Zelle einen proliferierenden, migrierenden oder stillen Phänotyp an, der mittels agentenbasierter Modellierung (vgl. Abschnitt 3.2.1) virtuell umgesetzt wird. Die Modellierung der mikroskopischen Ebene, die auch Informationen zur Umgebung der Zellen umfasst, wird in Abschnitt 4.2 beschrieben. Durch die Kombination der beiden Modelle, die sowohl intra- als auch interzelluläre Prozesse beschreiben, ergibt sich ein Multiskalenmodell, das in Abschnitt 4.3 vorgestellt wird. Abschließend wird in Abschnitt 4.4 ein Ansatz präsentiert, der die Realisierung des Krebsstammzellprinzips und das Auftreten von Mutationen ermöglicht.

4.1. Molekulare Ebene

Die Zusammenhänge, die in Abschnitt 2.3 und Abbildung 2.5 dargestellt wurden, werden als ein Netzwerk von Reaktionen repräsentiert. Zunächst werden hierzu in Abschnitt 4.1.1 die einzelnen Interaktionen der Proteine quantitativ mittels kinetischer Gleichungen beschrieben und in ein DGL-System überführt. Darauf aufbauend wird in Abschnitt 4.1.2 die Entdimensionalisierung der Variablen, die die Molekülkonzentrationen repräsentieren, erläutert. In Abschnitt 4.1.3 wird vorgestellt, wie die Anzahl der Gleichungen des Systems reduziert wird und wie eine potenzielle negative Rückkopplung als ein weiteres biologisches Detail mathematisch integriert wird. Abschließend wird in Abschnitt 4.1.4 das finale Interaktionsnetzwerk und das DGL-System zusammengefasst.

4.1.1. Das grundlegende Modell

In der Herleitung des molekularen Modells werden ausschließlich die in Abschnitt 3.1 vorgestellten elementaren Reaktionen, Michaelis-Menten-Enzymkinetik und Reaktionen mit einem inhibierenden Modifikator verwendet. Da die biologischen Hintergrundinformationen bezüglich der Reaktionsarten für die betroffenen Moleküle meist nur unzureichend sind, wird jeweils auf die einfachst mögliche Reaktion zurückgegriffen, um eine Interaktion zu beschreiben. Im Folgenden werden die einzelnen Interaktionen nacheinander in kinetische Gleichungen überführt.

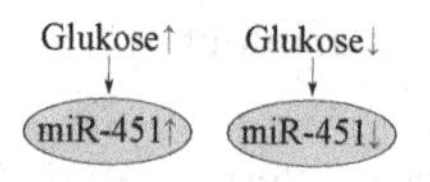

Die genaue Steuerung der intrazellulären miR-451 Menge durch Glukose ist bisher nicht bekannt. Die elementare Reaktion, die diese Interaktion abbildet, ist deshalb eine irreversible, lineare Reaktion. Mit den stellvertretenden Bezeichnungen G für Glukose und M_1 für miR-451 (mit den korrespondierenden intrazellulären Konzentrationen g und m_1) lässt sich diese Reaktion darstellen als

$$G \xrightarrow{k_1} M_1 \qquad \leftrightsquigarrow \qquad v_1 = k_1 \cdot g \tag{4.1}$$

mit der zugehörigen Reaktionsrate v_1 und der Reaktionskonstanten k_1.

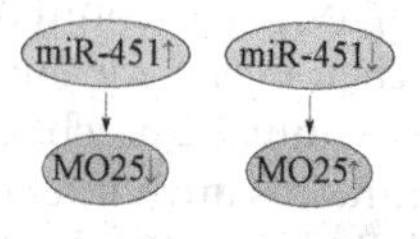

Die Regulierung der Konzentration des Proteins MO25 durch miR-451 erfolgt innerhalb einer Zelle mittels des in Abschnitt 2.2.2 beschriebenen Funktionsmechanismus einer miRNA, d. h. mittels der Regulierung der Translation. Die miR-451 kann mittels RISC an die mRNA von MO25 binden und einen Komplex bilden. Dies entspricht einer bilinearen Reaktion. Unter der Verwendung der Bezeichnung M_2 für die mRNA von MO25 (kurz MO25mRNA), M_3 für den Komplex bestehend aus MO25mRNA und miR-451 (kurz MO25mRNA-miR-451) und k_2 für die Reaktionskonstante lauten die Reaktion und die Reaktionsrate v_2:

$$M_1 + M_2 \xrightarrow{k_2} M_3 \qquad \leftrightsquigarrow \qquad v_2 = k_2 \cdot m_1 \cdot m_2. \tag{4.2}$$

Da die inhibierende Wirkungsweise der miRNAs noch nicht vollständig erforscht ist (vgl. Abschnitt 2.2.2), wird angenommen, dass der Komplex bestehend aus miR-451 und MO25mRNA abgebaut wird, ohne weiter verarbeitet zu werden. Dies lässt sich durch eine lineare Reaktion v_3 abbilden, die kein Produkt besitzt, also

$$M_3 \xrightarrow{k_3} \Psi_1 \qquad \leftrightsquigarrow \qquad v_3 = k_3 \cdot m_3 \tag{4.3}$$

mit der Reaktionskonstanten k_3. Hier und im Folgenden bezeichnet Ψ_j, $j \in \{1, \ldots, 5\}$ ein Produkt oder einen Reaktanten der zugehörigen Reaktion, welches/r für die Reaktionsgleichung nicht von Relevanz ist. Vereinfacht wird davon ausgegangen, dass die mRNA des Proteins MO25 mittels Transkription fortlaufend neu erzeugt wird (vgl. Abschnitt 2.2). Dies lässt sich mittels einer konstanten Reaktion mit der Reaktionskonstanten k_4 und der Reaktionsrate v_4 darstellen:

$$\Psi_2 \xrightarrow{k_4} M_2 \qquad \leftrightsquigarrow \qquad v_4 = k_4. \tag{4.4}$$

Die verfügbare mRNA von MO25 wird im Zytoplasma in das eigentliche MO25 Protein transliert, wobei die mRNA aus der Reaktion unverändert hervorgeht (vgl. Abschnitt 2.2). Dieser Prozess wird durch folgende lineare Reaktion v_5 abgebildet:

$$M_2 \xrightarrow{k_5} M_2 + M_4 \qquad \leftrightsquigarrow \qquad v_5 = k_5 \cdot m_2. \tag{4.5}$$

Hierbei bezeichnet M_4 das Protein MO25 und k_5 die Reaktionskonstante. Des Weiteren werden die Moleküle miR-451 M_1, MO25mRNA M_2 und MO25 M_4 stetig mit konstanter Rate (k_6, k_7, k_8) abgebaut (vgl. Gleichung (4.3))

$$M_1 \xrightarrow{k_6} \Psi_3 \qquad \leftrightsquigarrow \qquad v_6 = k_6 \cdot m_1, \tag{4.6}$$

$$M_2 \xrightarrow{k_7} \Psi_4 \qquad \leftrightsquigarrow \qquad v_7 = k_7 \cdot m_2, \tag{4.7}$$

$$M_4 \xrightarrow{k_8} \Psi_5 \qquad \leftrightsquigarrow \qquad v_8 = k_8 \cdot m_4. \tag{4.8}$$

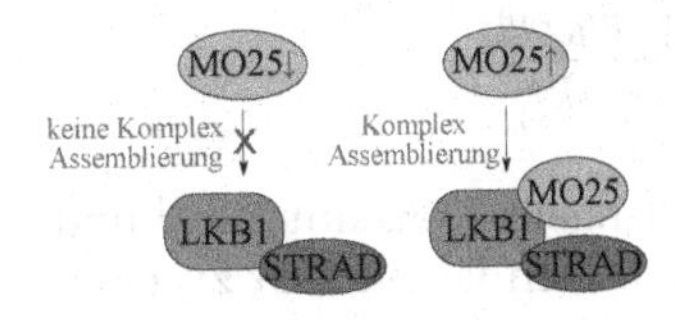

Die Bildung eines Komplexes der Proteine MO25, LKB1 und STRAD ist nur möglich, wenn genügend MO25 vorhanden ist. Geht man davon aus, dass LKB1 und STRAD bereits als ein Komplex vorliegen (kurz LKB1-STRAD oder auch M_5), so lässt sich die

Bildung des Gesamtkomplexes LKB1-STRAD-MO25 M_6 als bilineare Reaktion v_9 darstellen, d. h.

$$M_4 + M_5 \xrightarrow{k_9} M_6 \quad \leftrightsquigarrow \quad v_9 = k_9 \cdot m_4 \cdot m_5 \tag{4.9}$$

mit der Reaktionskonstanten k_9. Grundsätzlich müsste auch die Produktion von neuem LKB1 und STRAD sowie deren Abbau modelliert werden. Bisher wird jedoch davon ausgegangen, dass die intrazelluläre Gesamtmenge an LKB1 und STRAD konstant ist, d. h. Produktion und Abbau gleichen sich aus und $m_5 + m_6 = \textit{konstant}$. Dennoch kann das Verhältnis von m_5 zu m_6 schwanken, da der Komplex LKB1-STRAD-MO25 sich wieder auflösen kann. Dies beschreibt folgende lineare Gleichung mit der Reaktionskonstanten k_{10}:

$$M_6 \xrightarrow{k_{10}} M_4 + M_5 \quad \leftrightsquigarrow \quad v_{10} = k_{10} \cdot m_6. \tag{4.10}$$

Die bilineare Reaktion ist somit reversibel und besteht aus den Reaktionsraten v_9 und v_{10}.

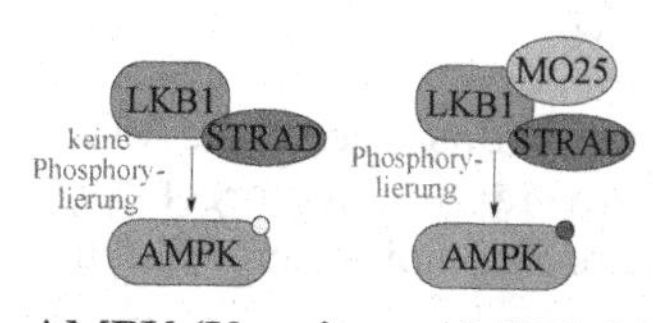

Die Aktivität der Kinase AMPK wird hauptsächlich durch ihren Phosphorylierungsstatus beeinflusst. Deshalb wird im Folgenden vereinfacht davon ausgegangen, dass AMPK sich in einem der folgenden beiden Zustände befindet: nicht-phosphoryliertes AMPK (Kurzform AMPK, M_7) oder phosphoryliertes AMPK (Kurzform AMPK$_p$, M_8). Die Phosphorylierung von AMPK ist eine Enzymreaktion unter der Beteiligung der Kinase LKB1, des Substrates AMPK und des Produktes AMPK$_p$. Tatsächlich übernehmen sowohl der Komplex LKB1-STRAD M_5 als auch der Komplex LKB1-STRAD-MO25 M_6 eine Katalysatorfunktion. Jedoch ist die Aktivität von M_6 10-mal stärker als die von M_5 (Boudeau et al. 2003). Der Michaelis-Menten-Kinetik folgend ergeben sich unter der Annahme, dass m_5 und m_6 jeweils die gesamte Enzymkonzentration angeben (vgl. Abschnitt 3.1), die Zusammenhänge

$$M_7 \xrightarrow{M_5} M_8 \quad \leftrightsquigarrow \quad v_{11}^1 = \frac{k_{11}^{c1} \cdot m_5 \cdot m_7}{m_7 + k_{11}^{m1}},$$

$$M_7 \xrightarrow{M_6} M_8 \quad \leftrightsquigarrow \quad v_{11}^2 = \frac{k_{11}^{c2} \cdot m_6 \cdot m_7}{m_7 + k_{11}^{m2}}$$

mit den Reaktionskonstanten k_{11}^{c1} und k_{11}^{c2} und den Michaelis-Konstanten k_{11}^{m1} und k_{11}^{m2}. Diese beiden einzelnen Phosphorylierungsreaktionen lassen sich zu einer

Gleichung zusammenfassen:

$$M_7 \xrightarrow{M_5\ M_6} M_8 \quad \rightsquigarrow \quad v_{11} = \frac{k_{11}^{c1} \cdot m_5 \cdot m_7}{m_7 + k_{11}^{m1}} + \frac{k_{11}^{c2} \cdot m_6 \cdot m_7}{m_7 + k_{11}^{m2}}. \tag{4.11}$$

Umgekehrt dephosphoryliert die Phosphatase PP2A das Protein $AMPK_p$. Diese Dephosphorylierung wird jedoch verhindert, wenn AMP allosterisch an AMPK gebunden ist. Man geht davon aus, dass hierbei das Verhältnis V von AMP zu ATP entscheidend ist, welches durch die Nährstoffversorgung der Zelle beeinflusst wird. Deshalb wird $V = \mathrm{AMP}/\mathrm{ATP}$ vereinfacht als Funktion der Glukosekonzentration g definiert als $V(g) = \alpha \cdot g + \beta$. Die hemmende Funktion von AMP bezüglich der Dephosphorylierung von $AMPK_p$ lässt sich hierdurch wie folgt modellieren:

$$M_8 \xrightarrow{V \perp} M_7 \quad \rightsquigarrow \quad v_{12} = \frac{k_{12}^{i} \cdot k_{12} \cdot m_8}{V + k_{12}^{i}} \tag{4.12}$$

mit den Reaktionskonstanten k_{12}^{i} und k_{12}.

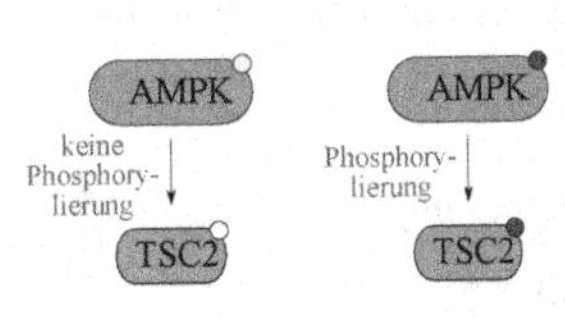

Analog zu AMPK ändert sich die Funktion von TSC2 durch Phosphorylierung, weshalb davon ausgegangen wird, dass TSC2 in einem von zwei Zuständen vorliegt: nicht-phosphoryliertes TSC2 (kurz TSC2, M_9) oder phosphoryliertes (kurz $TSC2_p$, M_{10}). Die Phosphorylierung erfolgt mittels der Kinase AMPK, wobei deren Aktivität wiederum von ihrem eigenen Phosphorylierungsstatus abhängt: $AMPK_p$ hat eine 100-mal größere Aktivität als AMPK (Hawley et al. 2003). Somit sind zwei Enzymreaktionen mit den beiden Enzymen AMPK und $AMPK_p$ für die Phosphorylierung von TSC2 verantwortlich, die mittels Michaelis-Menten-Kinetik beschrieben werden können:

$$M_9 \xrightarrow{M_7} M_{10} \quad \rightsquigarrow \quad v_{13}^{1} = \frac{k_{13}^{c1} \cdot m_7 \cdot m_9}{m_9 + k_{13}^{m1}},$$

$$M_9 \xrightarrow{M_8} M_{10} \quad \rightsquigarrow \quad v_{13}^{2} = \frac{k_{13}^{c2} \cdot m_8 \cdot m_9}{m_9 + k_{13}^{m2}}.$$

Hierbei bezeichnen k_{13}^{c1} und k_{13}^{c2} Reaktionskonstanten und k_{13}^{m1} und k_{13}^{m2} die Michaelis-Konstanten. Darüber hinaus wird davon ausgegangen, dass m_7 und m_8 jeweils die gesamte Enzymkonzentration darstellen. Die beiden einzelnen Phosphorylierungsreaktionen lassen sich wie im obigen Fall zu einer Gleichung zusammenfassen:

$$M_9 \xrightarrow{M_7\ M_8} M_{10} \quad \leftrightsquigarrow \quad v_{13} = \frac{k_{13}^{c1} \cdot m_7 \cdot m_9}{m_9 + k_{13}^{m1}} + \frac{k_{13}^{c2} \cdot m_8 \cdot m_9}{m_9 + k_{13}^{m2}}. \tag{4.13}$$

Wie im Fall der LKB1-Regulierung wird auch bei TSC2 davon ausgegangen, dass $m_9 + m_{10} = \mathit{konstant}$, sich also Abbau und Neuerzeugung ausgleichen. Lediglich das Verhältnis von m_9 und m_{10} ist durch Phosphorylierung und Dephosphorylierung veränderlich. Da die Dephosphorylierung von TSC2 nicht näher untersucht ist, wird vereinfacht von einer linearen Reaktion v_{14} mit der Reaktionskonstanten k_{14} ausgegangen:

$$M_{10} \xrightarrow{k_{14}} M_9 \quad \leftrightsquigarrow \quad v_{14} = k_{14} \cdot m_{10}. \tag{4.14}$$

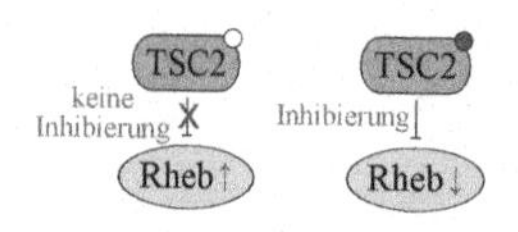

Auch für das Protein Rheb wird vereinfacht angenommen, dass es sich in einem von zwei Zuständen befindet. Entweder liegt Rheb in inaktiver Form vor (kurz Rheb, M_{11}) oder aktiver (kurz Rheb$_a$, M_{12}). Der Übergang von inaktivem Rheb in die aktive Form wird von phosphoryliertem TSC2 beeinflusst, das diese Aktivierung inhibiert:

$$M_{11} \xrightarrow{\overset{M_{10}}{\perp}} M_{12} \quad \leftrightsquigarrow \quad v_{15} = \frac{k_{15}^{i} \cdot k_{15} \cdot m_{11}}{m_{10} + k_{15}^{i}}. \tag{4.15}$$

In (4.15) wird diese Inhibierung unter Verwendung der Reaktionskonstanten k_{15} und k_{15}^{i} beschrieben. Analog zu LKB1, AMPK und TSC2 wird angenommen, dass die Gesamtkonzentration von Rheb (also die Summe von inaktivem und aktivem Rheb) konstant ist, und lediglich das Verhältnis von m_{11} und m_{12} durch Aktivierung und Inaktivierung variiert. Die Inaktivierung wird durch die lineare Reaktion

$$M_{12} \xrightarrow{k_{16}} M_{11} \quad \leftrightsquigarrow \quad v_{16} = k_{16} \cdot m_{12} \tag{4.16}$$

mit der Reaktionskonstanten k_{16} beschrieben.

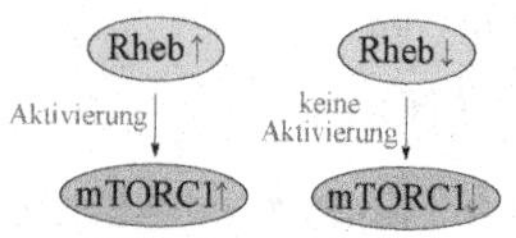

Auch die verschiedenen Zustände von mTORC1 werden vereinfacht auf zwei reduziert: inaktives mTORC1 (kurz mTORC1, M_{13}) und aktives mTORC1 (kurz mTORC1$_a$, M_{14}). Die Aktivierung von mTORC1 wird von Rheb reguliert. Aktives Rheb fungiert somit als Enzym für den Übergang von mTORC1 in mTORC1$_a$, was mittels Michaelis-Menten-Kinetik repräsentiert wird:

$$M_{13} \xrightarrow{\overset{M_{12}}{\multimap}} M_{14} \qquad \leftrightsquigarrow \qquad v_{17} = \frac{k_{17}^{c} \cdot m_{12} \cdot m_{13}}{m_{13} + k_{17}^{m}}. \tag{4.17}$$

Hierbei bezeichnet k_{17}^{c} die Reaktionskonstante und k_{17}^{m} die Michaelis-Konstante.

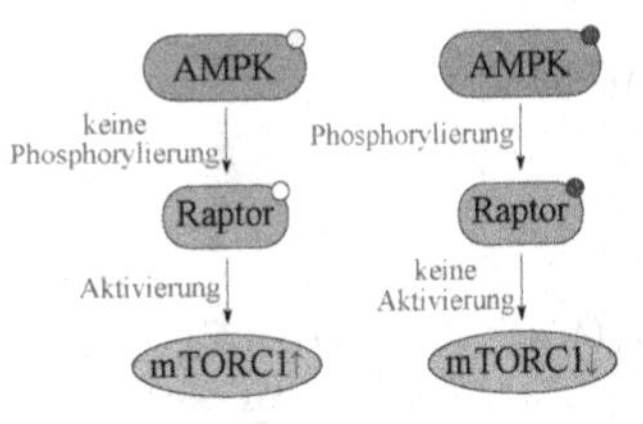

Die Inaktivierung von mTORC1_a wird durch AMPK und AMPK_p gesteuert. Wie zuvor wird hierbei berücksichtigt, dass AMPK_p eine 100-mal größere Aktivität hat als AMPK. AMPK_p und AMPK wirken als Kinase für die Phosphorylierung des Proteins Raptor. Da diese Phosphorylierung sich jedoch direkt auf die Aktivität von mTORC1 überträgt, wird vereinfachend angenommen, dass AMPK direkt als Enzym für die Inaktivierung von mTORC1_a fungiert. In der Beschreibung der Reaktionskinetik wird Raptor somit vernachlässigt. Es ergeben sich zwei parallele Enzymreaktionen

$$M_{14} \xrightarrow{\overset{M_{7}}{\multimap}} M_{13} \qquad \leftrightsquigarrow \qquad v_{18}^{1} = \frac{k_{18}^{c1} \cdot m_{7} \cdot m_{14}}{m_{14} + k_{18}^{m1}},$$

$$M_{14} \xrightarrow{\overset{M_{8}}{\multimap}} M_{13} \qquad \leftrightsquigarrow \qquad v_{18}^{2} = \frac{k_{18}^{c2} \cdot m_{8} \cdot m_{14}}{m_{14} + k_{18}^{m2}},$$

die zu einer Reaktion zusammengefasst werden können:

$$M_{14} \xrightarrow{\overset{M_{7}\ M_{8}}{\multimap\ \multimap}} M_{13} \qquad \leftrightsquigarrow \qquad v_{18} = \frac{k_{18}^{c1} \cdot m_{7} \cdot m_{14}}{m_{14} + k_{18}^{m1}} + \frac{k_{18}^{c2} \cdot m_{8} \cdot m_{14}}{m_{14} + k_{18}^{m2}}. \tag{4.18}$$

Hierbei bezeichnen k_{18}^{c1} und k_{18}^{c2} die Reaktionskonstanten und k_{18}^{m1} und k_{18}^{m2} die Michaelis-Konstanten.

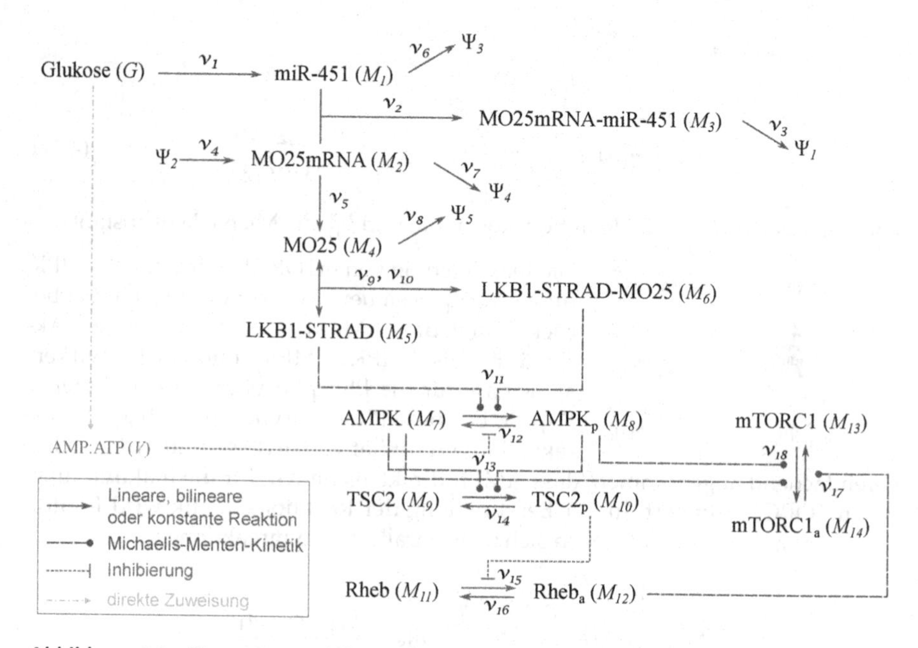

Abbildung 4.1.: Das zugrundeliegende molekulare Interaktionsnetzwerk mit den Variablen- und Reaktionsratenbezeichnungen.

Die bis hierhin hergeleiteten Reaktionen lassen sich zu einem Interaktionsnetzwerk zusammenfassen, wie in Abbildung 4.1 dargestellt. Für jede molekulare Substanz ergibt sich außerdem eine Gleichung, die die zeitliche Änderung der entsprechenden Konzentration beschreibt, indem alle beteiligte Reaktionen zusammengefasst werden.

miR-451 M_1 ist in den Reaktionen v_1, v_2 und v_6 beteiligt:

$$\begin{aligned}\frac{\mathrm{d}m_1}{\mathrm{d}t} &= v_1 - v_2 - v_6 \\ &= k_1 \cdot g - k_2 \cdot m_1 \cdot m_2 - k_6 \cdot m_1. \end{aligned} \tag{4.19}$$

Die Konzentration der mRNA von MO25 M_2 wird durch die Reaktionsraten v_2, v_4 und v_7 beeinflusst:

$$\begin{aligned}\frac{\mathrm{d}m_2}{\mathrm{d}t} &= -v_2 + v_4 - v_7 \\ &= -k_2 \cdot m_1 \cdot m_2 + k_4 - k_7 \cdot m_2. \end{aligned} \tag{4.20}$$

Der Komplex MO25mRNA-miR-451 M_3 entsteht durch die Reaktion v_2 und wird durch v_3 abgebaut:

$$\begin{aligned}\frac{dm_3}{dt} &= v_2 - v_3 \\ &= k_2 \cdot m_1 \cdot m_2 - k_3 \cdot m_3. \end{aligned} \tag{4.21}$$

Die zeitliche Änderung der MO25-Konzentration M_4 ist abhängig von den Reaktionen v_5, v_8, v_9 und v_{10}:

$$\begin{aligned}\frac{dm_4}{dt} &= v_5 - v_8 - v_9 + v_{10} \\ &= k_5 \cdot m_2 - k_8 \cdot m_4 - k_9 \cdot m_4 \cdot m_5 + k_{10} \cdot m_6. \end{aligned} \tag{4.22}$$

Der Komplex LKB1-STRAD M_5 kann sich mit MO25 zum größeren Komplex LKB1-STRAD-MO25 M_6 verbinden (Reaktion v_9). Ebenso löst sich M_6 wieder auf (Reaktion v_{10}).

$$\begin{aligned}\frac{dm_5}{dt} &= -v_9 + v_{10} \\ &= -k_9 \cdot m_4 \cdot m_5 + k_{10} \cdot m_6, \end{aligned} \tag{4.23}$$

$$\begin{aligned}\frac{dm_6}{dt} &= v_9 - v_{10} \\ &= k_9 \cdot m_4 \cdot m_5 - k_{10} \cdot m_6. \end{aligned} \tag{4.24}$$

AMPK M_7 und AMPK$_p$ M_8 gehen durch Phosphorylierung (v_{11}) und Dephosphorylierung (v_{12}) auseinander hervor:

$$\begin{aligned}\frac{dm_7}{dt} &= -v_{11} + v_{12} \\ &= -\frac{k_{11}^{c1} \cdot m_5 \cdot m_7}{m_7 + k_{11}^{m1}} - \frac{k_{11}^{c2} \cdot m_6 \cdot m_7}{m_7 + k_{11}^{m2}} + \frac{k_{12}^{i} \cdot k_{12} \cdot m_8}{k_{12}^{i} + V}, \end{aligned} \tag{4.25}$$

$$\begin{aligned}\frac{dm_8}{dt} &= v_{11} - v_{12} \\ &= \frac{k_{11}^{c1} \cdot m_5 \cdot m_7}{m_7 + k_{11}^{m1}} + \frac{k_{11}^{c2} \cdot m_6 \cdot m_7}{m_7 + k_{11}^{m2}} - \frac{k_{12}^{i} \cdot k_{12} \cdot m_8}{k_{12}^{i} + V}. \end{aligned} \tag{4.26}$$

Phosphorylierung (v_{13}) und Dephosphorylierung (v_{14}) bestimmen auch die zeitliche Änderung der Konzentrationen von TSC2 M_9 und TSC2$_\mathrm{p}$ M_{10}:

$$\begin{aligned}\frac{\mathrm{d}m_9}{\mathrm{d}t} &= -v_{13} + v_{14} \\ &= -\frac{k_{13}^{c1} \cdot m_7 \cdot m_9}{m_9 + k_{13}^{m1}} - \frac{k_{13}^{c2} \cdot m_8 \cdot m_9}{m_9 + k_{13}^{m2}} + k_{14} \cdot m_{10},\end{aligned} \tag{4.27}$$

$$\begin{aligned}\frac{\mathrm{d}m_{10}}{\mathrm{d}t} &= v_{13} - v_{14} \\ &= \frac{k_{13}^{c1} \cdot m_7 \cdot m_9}{m_9 + k_{13}^{m1}} + \frac{k_{13}^{c2} \cdot m_8 \cdot m_9}{m_9 + k_{13}^{m2}} - k_{14} \cdot m_{10}.\end{aligned} \tag{4.28}$$

Die Reaktionen v_{15} und v_{16} beschreiben die Aktivierung von Rheb M_{11} und Inaktivierung von Rheb$_\mathrm{a}$ M_{12}:

$$\begin{aligned}\frac{\mathrm{d}m_{11}}{\mathrm{d}t} &= -v_{15} + v_{16} \\ &= -\frac{k_{15} \cdot k_{15}^{i} \cdot m_{11}}{k_{15}^{i} + m_{10}} + k_{16} \cdot m_{12},\end{aligned} \tag{4.29}$$

$$\begin{aligned}\frac{\mathrm{d}m_{12}}{\mathrm{d}t} &= v_{15} - v_{16} \\ &= \frac{k_{15} \cdot k_{15}^{i} \cdot m_{11}}{k_{15}^{i} + m_{10}} - k_{16} \cdot m_{12}.\end{aligned} \tag{4.30}$$

mTORC1 M_{13} und mTORC1$_\mathrm{a}$ M_{14} werden durch Aktivierung (v_{17}) und Inaktivierung (v_{18}) ineinander umgewandelt:

$$\begin{aligned}\frac{\mathrm{d}m_{13}}{\mathrm{d}t} &= -v_{17} + v_{18} \\ &= -\frac{k_{17}^{c} \cdot m_{12} \cdot m_{13}}{m_{13} + k_{17}^{m}} + \frac{k_{18}^{c1} \cdot m_7 \cdot m_{14}}{m_{14} + k_{18}^{m1}} + \frac{k_{18}^{c2} \cdot m_8 \cdot m_{14}}{m_{14} + k_{18}^{m2}},\end{aligned} \tag{4.31}$$

$$\begin{aligned}\frac{\mathrm{d}m_{14}}{\mathrm{d}t} &= v_{17} - v_{18} \\ &= \frac{k_{17}^{c} \cdot m_{12} \cdot m_{13}}{m_{13} + k_{17}^{m}} - \frac{k_{18}^{c1} \cdot m_7 \cdot m_{14}}{m_{14} + k_{18}^{m1}} - \frac{k_{18}^{c2} \cdot m_8 \cdot m_{14}}{m_{14} + k_{18}^{m2}}.\end{aligned} \tag{4.32}$$

4.1.2. Entdimensionalisierung

Im Folgenden sollen alle Variablen m_i, $i \in \{1, \ldots, 14\}$, die Molekülkonzentrationen der Moleküle M_i repräsentieren, ebenso wie die Variable für die Glukosekonzentration g entdimensionalisiert werden. So wird ermöglicht, dass die entsprechenden Variablen einheitenlos sind und nur Werte im Intervall $[0,\ 1]$ annehmen. Außerdem wird durch die Entdimensionalisierung eine Reduzierung des Modells in Abschnitt 4.1.3 ermöglicht.

Für ein Molekül X, dessen Konzentration $x(t)$ sich im Verlauf der Zeit ändert, bezeichne x^* die maximal angenommene Konzentration im betrachteten Zeitintervall $[t_0,\ T]$ (mit $t_0, T \in \mathbb{R}_+,\ t_0 < T$), d. h. $x^* = \max_{t \in [t_0,\ T]} x(t)$. Hiermit lässt sich die dimensionslose Variable $\widetilde{x}$ definieren als $\widetilde{x}(t) = x(t)/x^*$. Da die Konzentration $x(t)$ des Moleküls X aufgrund natürlicher Einschränkungen keine negativen Werte annehmen kann (also $x(t) \geq 0 \ \forall\, t \in \mathbb{R}_0^+$), gilt unter Berücksichtigung der Definition von x^*: $\widetilde{x}(t) \in [0,\ 1] \ \forall\, t \in [t_0,\ T]$.

Um die entdimensionalisierte Version der Variablen in den Reaktionsgleichungen verwenden zu können, müssen diese ebenso wie die Reaktionsgleichungen angepasst werden. Für jeden auftretenden Reaktionstyp soll nun die Reaktionsgleichung für entdimensionalisierte Variablen erläutert werden. Hierzu wird am ersten Beispiel auch die Herleitung der angepassten Reaktionsgleichung beschrieben.

Seien X_1, X_2 und X_3 drei verschiedene Moleküle mit den Konzentrationen $x_1(t), x_2(t)$ und $x_3(t)$ und den jeweiligen Maxima x_1^*, x_2^* und x_3^*, dann definieren $\widetilde{x}_1(t) = x_1(t)/x_1^*$, $\widetilde{x}_2(t) = x_2(t)/x_2^*$ und $\widetilde{x}_3(t) = x_3(t)/x_3^*$ die entdimensionalisierten Versionen der Konzentrationsvariablen.

Für eine lineare Reaktion mit einem Reaktanten X_1 und einem Produkt X_2 wird die zeitliche Änderung der Konzentrationen x_1 und x_2 durch die Reaktionsrate v mit der Reaktionskonstanten k_{lin} beschrieben:

$$X_1 \longrightarrow X_2 \qquad \rightsquigarrow \qquad v = k_{lin} \cdot x_1, \quad \frac{dx_1}{dt} = -v, \quad \frac{dx_2}{dt} = v. \tag{4.33}$$

Unter Anwendung der Faktorregel der Differentialrechnung ergibt sich daraus für die zeitliche Änderung von $\widetilde{x}_1$

$$\begin{aligned}
\frac{d\widetilde{x}_1}{dt} &= \frac{d(x_1/x_1^*)}{dt} = \frac{1}{x_1^*} \cdot \frac{dx_1}{dt} \\
&= -\frac{1}{x_1^*} \cdot v = -\frac{1}{x_1^*} \cdot k_{lin} \cdot x_1 = -\frac{1}{x_1^*} \cdot k_{lin} \cdot \widetilde{x}_1 \cdot x_1^* \\
&= -k_{lin} \cdot \widetilde{x}_1.
\end{aligned}$$

Analog leitet man für $\widetilde{x}_2$ her:

$$\begin{aligned}\frac{d\widetilde{x}_2}{dt} &= \frac{d(x_2/x_2^*)}{dt} = \frac{1}{x_2^*}\cdot\frac{dx_2}{dt}\\ &= \frac{1}{x_2^*}\cdot v = \frac{1}{x_2^*}\cdot k_{lin}\cdot x_1 = \frac{1}{x_2^*}\cdot k_{lin}\cdot\widetilde{x}_1\cdot x_1^*\\ &= \frac{x_1^*}{x_2^*}\cdot k_{lin}\cdot\widetilde{x}_1.\end{aligned}$$

Definiert man nun $\widetilde{v} := k_{lin}\cdot\widetilde{x}_1$, so lässt sich (4.33) für den dimensionslosen Fall schreiben als:

$$\frac{d\widetilde{x}_1}{dt} = -\widetilde{v}, \quad \frac{d\widetilde{x}_2}{dt} = \frac{x_1^*}{x_2^*}\cdot\widetilde{v}. \tag{4.34}$$

Für eine bilineare Reaktion mit zwei Reaktanten X_1, X_2 und einem Produkt X_3 beschrieben durch die Reaktionsrate v mit der Reaktionskonstanten k_{bi}

$$X_1 + X_2 \longrightarrow X_3 \quad \leftrightsquigarrow \quad \begin{aligned}&v = k_{bi}\cdot x_1\cdot x_2,\\ &\frac{dx_1}{dt} = -v, \quad \frac{dx_2}{dt} = -v, \quad \frac{dx_3}{dt} = v\end{aligned}$$

definiert man im dimensionslosen Fall $\widetilde{v} := k_{bi}\cdot\widetilde{x}_1\cdot\widetilde{x}_2$ und erhält damit

$$\frac{d\widetilde{x}_1}{dt} = -x_2^*\cdot\widetilde{v}, \quad \frac{d\widetilde{x}_2}{dt} = -x_1^*\cdot\widetilde{v}, \quad \frac{d\widetilde{x}_3}{dt} = \frac{x_1^*\cdot x_2^*}{x_3^*}\cdot\widetilde{v}. \tag{4.35}$$

Die Auflösung eines Reaktanten X_3 in zwei Produkte X_1, X_2 wird durch eine lineare Reaktion mit der Reaktionsrate v und der Reaktionskonstanten k^- beschrieben:

$$X_3 \longrightarrow X_1 + X_2 \quad \leftrightsquigarrow \quad \begin{aligned}&v = k^-\cdot x_3,\\ &\frac{dx_1}{dt} = v, \quad \frac{dx_2}{dt} = v, \quad \frac{dx_3}{dt} = -v.\end{aligned}$$

Diese lässt sich auf den Fall entdimensionalisierter Variablen übertragen, indem die entdimensionalisierte Reaktionsrate $\widetilde{v} := k^-\cdot\widetilde{x}_3$ definiert wird. Hierdurch ergibt sich

$$\frac{d\widetilde{x}_1}{dt} = \frac{x_3^*}{x_1^*}\cdot\widetilde{v}, \quad \frac{d\widetilde{x}_2}{dt} = \frac{x_3^*}{x_2^*}\cdot\widetilde{v}, \quad \frac{d\widetilde{x}_3}{dt} = -\widetilde{v}. \tag{4.36}$$

Für Enzymreaktionen, die mittels Michaelis-Menten-Kinetik beschrieben werden, d. h.

$$X_1 \xrightarrow{\overset{X_2}{\circ}} X_3 \quad \rightsquigarrow \quad v = \frac{k^c \cdot x_1 \cdot x_2}{x_1 + K_m}$$
$$\frac{dx_1}{dt} = -v, \quad \frac{dx_3}{dt} = v,$$

definiert man die angepasste Reaktionsrate $\widetilde{v} = \frac{x_2^* \cdot k^c \cdot \widetilde{x}_1 \cdot \widetilde{x}_2}{x_1^* \cdot \widetilde{x}_1 + K_m}$. Geht man nun davon aus, dass die Summe $x_1(t) + x_3(t) = konstant$ ist (wie bei allen in Abschnitt 4.1.1 beschriebenen Enzymreaktionen), so gilt $x_1^* = x_3^*$. Hieraus folgt

$$\frac{d\widetilde{x}_1}{dt} = -\widetilde{v}, \quad \frac{d\widetilde{x}_3}{dt} = \frac{x_1^*}{x_3^*} \cdot \widetilde{v} = \widetilde{v}. \tag{4.37}$$

Die Hemmung von Reaktionen lässt sich beschreiben als

$$X_1 \xrightarrow{\overset{X_2}{\perp}} X_3 \quad \rightsquigarrow \quad v = \frac{k \cdot k^i \cdot x_1}{k^i + x_2}$$
$$\frac{dx_1}{dt} = -v, \quad \frac{dx_3}{dt} = v.$$

Mit der Definition $\widetilde{v} = \frac{k \cdot k^i \cdot \widetilde{x}_1}{k^i + x_2^* \cdot \widetilde{x}_2}$ folgt hieraus

$$\frac{d\widetilde{x}_1}{dt} = -\widetilde{v}, \quad \frac{d\widetilde{x}_3}{dt} = \frac{x_1^*}{x_3^*} \cdot \widetilde{v} = \widetilde{v} \tag{4.38}$$

unter der Annahme, dass wie im Fall der Enzymreaktion $x_1(t) + x_3(t) = konstant$ und somit $x_1^* = x_3^*$ gilt.

Diese abgewandelten Gleichungen können nun unter Verwendung der Maxima m_i^* für die Beschreibung der Änderung der entdimensionalisierten Konzentrationen $\widetilde{m}_i$, $i \in \{1, \ldots, 14\}$ angewandt werden.

4.1.3. Modell-Vereinfachung und -Erweiterung

Modell-Vereinfachung Die Anzahl der Variablen und somit der Gleichungen des in Abschnitt 4.1.1 vorgestellten DGL-Systems (4.19) - (4.32) soll im Folgenden reduziert werden. Außerdem wird der Term zur Steuerung der miR-451-Konzentration variiert, um eine von Godlewski et al. (2010) vermutete Rückkopplung zu berücksichtigen.

Zur Reduktion der Anzahl der Gleichungen werden Zusammenhänge ausgenutzt, die während der Herleitung der Gleichungen diskutiert wurden. Die Gesamtkonzentration von LKB1 in Form der Komplexe LKB1-STRAD M_5 und LKB1-STRAD-MO25 M_6 wird als unveränderlich angenommen. Somit gilt $m_5(t) + m_6(t) = konstant \;\; \forall\, t \in [t_0,\, T]$. Im Sonderfall ist entweder $m_5(t') = 0$ oder $m_6(t') = 0$ für ein $t' \in [t_0,\, T]$. In diesem Fall nimmt entsprechend m_6 oder m_5 sein Maximum $m_j^*, j \in \{5,\, 6\}$ an. Hieraus folgt, dass

$$m_5(t) + m_6(t) = m_5^* = m_6^* \qquad \forall\, t \in [t_0,\, T]. \tag{4.39}$$

Bezüglich der Konzentrationen von AMPK und TSC2 in nicht-phosphorylierter Form (M_7, M_9) und phosphorylierter Form (M_8, M_{10}) wurde ebenfalls angenommen, dass die Gesamtkonzentrationen konstant sind, also $m_7(t) + m_8(t) = konstant,\; m_9(t) + m_{10}(t) = konstant \;\; \forall\, t \in [t_0,\, T]$. Nach der gleichen Herleitung wie im Fall von LKB1 folgt, dass die Gesamtkonzentration jeweils der maximalen Konzentration entspricht:

$$m_7(t) + m_8(t) = m_7^* = m_8^* \qquad \forall\, t \in [t_0,\, T], \tag{4.40}$$
$$m_9(t) + m_{10}(t) = m_9^* = m_{10}^* \qquad \forall\, t \in [t_0,\, T]. \tag{4.41}$$

Analog gilt für Rheb und mTORC1, dass die Gesamtkonzentration der Proteine in aktiver (M_{11}, M_{13}) und inaktiver Form (M_{12}, M_{14}) sich nicht ändert. Es wird also ausgegangen von $m_{11}(t) + m_{12}(t) = konstant,\; m_{13}(t) + m_{14}(t) = konstant \; \forall\, t \in [t_0,\, T]$. Auch in diesen beiden Fällen korrespondiert die Summe der Einzelkonzentrationen zum Maximum der jeweiligen Konzentration, also

$$m_{11}(t) + m_{12}(t) = m_{11}^* = m_{12}^* \qquad \forall\, t \in [t_0,\, T], \tag{4.42}$$
$$m_{13}(t) + m_{14}(t) = m_{13}^* = m_{14}^* \qquad \forall\, t \in [t_0,\, T]. \tag{4.43}$$

Diese Zusammenhänge lassen sich auch an der Form der Gleichungen ablesen. Die Gleichungspaare (4.23)-(4.24), (4.25)-(4.26), (4.27)-(4.28), (4.29)-(4.30) und(4.31)-(4.32) bestehen jeweils aus denselben Termen, jedoch mit entgegengesetzten Vorzeichen.

Der Übergang zu den dimensionslosen Versionen der Variablen (vgl. Abschnitt 4.1.2) liefert:

$$(4.39) \quad \Rightarrow \quad \widetilde{m}_5 + \widetilde{m}_6 = 1 \quad \Rightarrow \quad \widetilde{m}_5 = 1 - \widetilde{m}_6,$$
$$(4.40) \quad \Rightarrow \quad \widetilde{m}_7 + \widetilde{m}_8 = 1 \quad \Rightarrow \quad \widetilde{m}_7 = 1 - \widetilde{m}_8,$$

$$
\begin{aligned}
(4.41) \quad &\Rightarrow \quad \widetilde{m}_9 + \widetilde{m}_{10} = 1 \quad &\Rightarrow \quad \widetilde{m}_9 = 1 - \widetilde{m}_{10},\\
(4.42) \quad &\Rightarrow \quad \widetilde{m}_{11} + \widetilde{m}_{12} = 1 \quad &\Rightarrow \quad \widetilde{m}_{11} = 1 - \widetilde{m}_{12},\\
(4.43) \quad &\Rightarrow \quad \widetilde{m}_{13} + \widetilde{m}_{14} = 1 \quad &\Rightarrow \quad \widetilde{m}_{13} = 1 - \widetilde{m}_{14}.
\end{aligned}
$$

Für fünf dimensionslose Variablen $(\widetilde{m}_5, \widetilde{m}_7, \widetilde{m}_9, \widetilde{m}_{11}, \widetilde{m}_{13})$ ist es folglich möglich, diese durch eine andere Variable auszudrücken. Die Gleichungen, die die Änderungen dieser fünf Variablen beschreiben (Gleichungen (4.23), (4.25), (4.27), (4.29), (4.31)), sind somit nicht nötig, um das System korrekt und vollständig abzubilden. Das DGL-System kann um diese fünf Variablen und Gleichungen reduziert werden.

Für das vereinfachte DGL-System wird eine angepasste Notation verwendet. Einerseits wird auf die Tilde $\sim$ über den dimensionslosen Variablen verzichtet, andererseits werden die verbleibenden Variablen wieder konsequent durchnummeriert. Die Moleküle $M_1, \ldots, M_4$ werden umbenannt in $W_1, \ldots, W_4$. Des Weiteren werden

$$W_5 := M_6,\ W_6 := M_8,\ W_7 := M_{10},\ W_8 := M_{12} \text{ und } W_9 := M_{14}$$

definiert. Mit Hilfe dieser Notation werden abkürzend die Bezeichnungen

$$1 - W_5 = M_5,\ 1 - W_6 = M_7,\ 1 - W_7 = M_9,\ 1 - W_8 = M_{11},\ 1 - W_9 = M_{13}$$

verwendet. Die zu $\widetilde{m}_j$, $j \in \{1, \ldots, 14\}$ korrespondierenden dimensionslosen Konzentrationen werden mit w_i bezeichnet und die dimensionsbehafteten Maxima mit w_i^*, $i \in \{1, \ldots, 9\}$.

Bemerkung 4.1 Für alle w_i, $i \in \{1, \ldots, 9\}$ gilt $w_i \geq 0$ (vgl. Abschnitt 3.1, Bemerkungen 3.1 und 3.2). Aus der Definition der w_i folgt damit weiterhin $w_i \leq 1$ für $i \in \{5, \ldots, 9\}$.

Modell-Erweiterung Godlewski et al. (2010) vermuteten, dass die miR-451-Konzentration nicht nur durch die Glukosekonzentration gesteuert wird, sondern dass zusätzlich eine negative Rückkopplung von LKB1 zur miR-451-Konzentration existiert. Diese Rückkopplung wurde im Modell, wie es in Abschnitt 4.1.1 hergeleitet wurde, aufgrund der Unsicherheit bezüglich der Existenz dieser negativen Steuerung nicht berücksichtigt. Um einen Vergleich der beiden Regulierungen der miR-451-Konzentration w_1 zu ermöglichen, wird eine alternative Gleichung zu (4.19) vorgestellt, die den inhibierenden Effekt von LKB1 beinhaltet. Anstatt der direkten Regulierung $v_1 = g^* / w_1^* \cdot k_1 \cdot \widetilde{g}$ wird die Reaktionsrate $\overline{v}_1$, die durch den Inhibitor LKB1-STRAD-MO25 W_5 modifiziert wird, verwendet:

$$\overline{v}_1 = \frac{g^*}{w_1^*} \cdot \frac{k_1^i \cdot k_1 \cdot (c \cdot \widetilde{g} + 1 - c)}{k_1^i + w_5^* \cdot w_5} \tag{4.44}$$

mit k_1^i der Inhibierungskonstanten und einer Konstanten $c \in (0, 1]$. Hierbei steht im Zähler statt $\tilde{g}$ im Vergleich zur in Abschnitt 3.1 vorgestellten Gleichung für Inhibierung eine lineare Funktion $\varphi_c(g) = 1 - c \cdot (1 - \tilde{g})$. Durch die Wahl von c besteht die zusätzliche Möglichkeit, den Einfluss der Glukosekonzentration g auf die miR-451-Konzentration w_1 zu steuern. $c = 1$ entspricht der bekannten Inhibierungsgleichung (3.13). Für $c < 1$ wird der Einfluss der Glukosekonzentration geringer, da die Steigung von φ_c mit sinkendem c abnimmt. Da der genaue Mechanismus der Regulierung der miR-451-Konzentration durch Glukose nicht bekannt ist, ermöglicht die Einführung der Funktion φ_c eine genauere Steuerung der entsprechenden Reaktion (4.44).

4.1.4. Das finale Modell

Basierend auf dem in Abschnitt 4.1.1 vorgestellten DGL-System können nun die Vereinfachungen, die negative Rückkopplung und die Entdimensionalisierung in das Modell integriert werden. Es ergibt sich ein System bestehend aus neun dimensionslosen Variablen und neun zugehörigen nichtlinearen gDGLen. Das vereinfachte molekulare Interaktionsnetzwerk, in das die negative Rückkopplung eingefügt wurde, ist in Abbildung 4.2 dargestellt. Neben den Variablenbezeichnungen sind auch die Reaktionskonstanten der jeweiligen Reaktionen abgebildet.

In Gleichung (4.19) zur Beschreibung der zeitlichen Änderung der Konzentration von miR-451 w_1 wird der Term für die negative Rückkopplung durch LKB1-STRAD-MO25 W_5 (Gleichung (4.44)) eingefügt:

$$\frac{dw_1}{dt} = \frac{g^*}{w_1^*} \cdot \frac{k_1^i \cdot k_1 \cdot \varphi_c(g)}{k_1^i + w_5^* \cdot w_5} - w_2^* \cdot k_2 \cdot w_1 \cdot w_2 - k_6 \cdot w_1. \tag{4.45}$$

Die Gleichungen (4.20),(4.21) und (4.22) werden bezüglich der Variablenbezeichnungen und der Faktoren, die der Entdimensionalisierung geschuldet sind, angepasst:

$$\frac{dw_2}{dt} = -w_1^* \cdot k_2 \cdot w_1 \cdot w_2 + k_4/w_2^* - k_7 \cdot w_2, \tag{4.46}$$

$$\frac{dw_3}{dt} = \frac{w_1^* \cdot w_2^*}{w_3^*} \cdot k_2 \cdot w_1 \cdot w_2 - k_3 \cdot w_3, \tag{4.47}$$

$$\frac{dw_4}{dt} = \frac{w_2^*}{w_4^*} \cdot k_5 \cdot w_2 - k_8 \cdot w_4 - w_5^* \cdot k_9 \cdot w_4 \cdot (1 - w_5) + \frac{w_5^*}{w_4^*} \cdot k_{10} \cdot w_5. \tag{4.48}$$

Von den Gleichungspaaren (4.23)-(4.24), (4.25)-(4.26), (4.27)-(4.28), (4.29)-(4.30) und (4.31)-(4.32) bleibt jeweils nur eine Gleichung bestehen, in der die Entdimensionali-

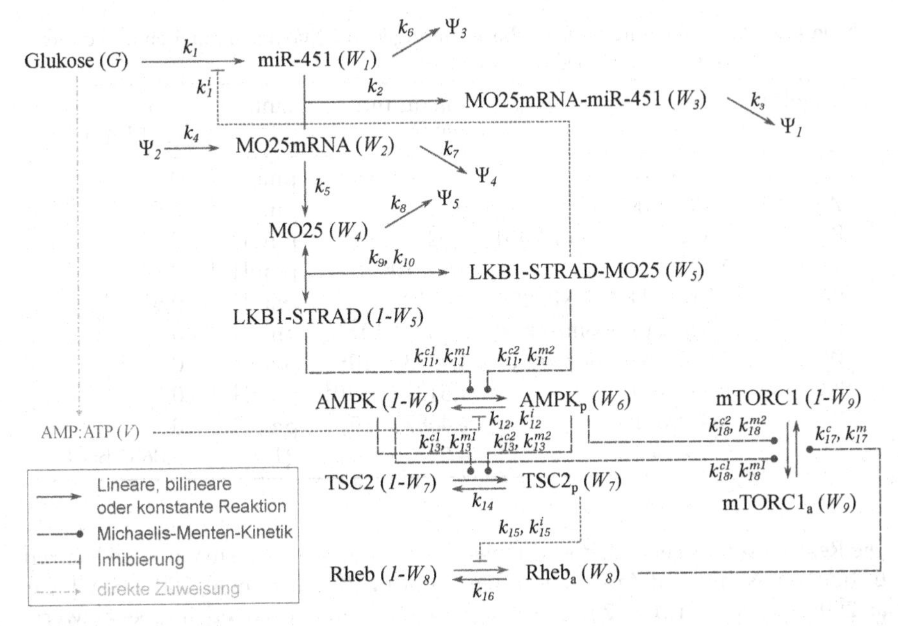

Abbildung 4.2.: Das reduzierte molekulare Interaktionsnetzwerk unter Einbeziehung der negativen Rückkopplung von LKB1 zu miR-451 mit den Variablen- und Reaktionskonstantenbezeichnungen.

sierung und die neuen Variablennamen berücksichtigt werden:

$$\frac{dw_5}{dt} = w_4^* \cdot k_9 \cdot w_4 \cdot (1 - w_5) - k_{10} \cdot w_5, \tag{4.49}$$

$$\frac{dw_6}{dt} = \frac{w_5^* \cdot k_{11}^{c1} \cdot (1 - w_5) \cdot (1 - w_6)}{k_{11}^{m1} + w_6^* \cdot (1 - w_6)} + \frac{w_5^* \cdot k_{11}^{c2} \cdot w_5 \cdot (1 - w_6)}{k_{11}^{m2} + w_6^* \cdot (1 - w_6)} - \frac{k_{12}^{i} \cdot k_{12} \cdot w_6}{k_{12}^{i} + V}, \tag{4.50}$$

$$\frac{dw_7}{dt} = \frac{w_6^* \cdot k_{13}^{c1} \cdot (1 - w_6) \cdot (1 - w_7)}{k_{13}^{m1} + w_7^* \cdot (1 - w_7)} + \frac{w_6^* \cdot k_{13}^{c2} \cdot w_6 \cdot (1 - w_7)}{k_{13}^{m2} + w_7^* \cdot (1 - w_7)} - k_{14} \cdot w_7, \tag{4.51}$$

$$\frac{dw_8}{dt} = \frac{k_{15}^{i} \cdot k_{15} \cdot (1 - w_8)}{k_{15}^{i} + w_7^* \cdot w_7} - k_{16} \cdot w_8, \tag{4.52}$$

$$\frac{dw_9}{dt} = -\frac{w_8^* \cdot k_{17}^{c} \cdot w_8 \cdot w_9}{k_{17}^{m} + w_9^* \cdot w_9} + \frac{w_6^* \cdot k_{18}^{c1} \cdot (1 - w_6) \cdot (1 - w_9)}{k_{18}^{m1} + w_9^* \cdot (1 - w_9)} + \frac{w_6^* \cdot k_{18}^{c2} \cdot w_6 \cdot (1 - w_9)}{k_{18}^{m2} + w_9^* \cdot (1 - w_9)}. \tag{4.53}$$

Tabelle 4.1.: Moleküle, ihre Variablenbezeichnungen, die Maxima, Einheiten und dimensionslose Anfangsbedingungen (AB).

Molekül	Name	Maximum (w_i^*)	Einheit	AB (entdim.)
W_1	miR-451	5×10^2	$\mathrm{pmol\,l^{-1}}$	0,775
W_2	MO25mRNA	6	$\mathrm{pmol\,l^{-1}}$	0,5
W_3	MO25mRNA-miR-451	0,025	$\mathrm{pmol\,l^{-1}}$	0
W_4	MO25	15×10^3	$\mathrm{pmol\,l^{-1}}$	0,333
W_5	LKB1-STRAD-MO25	1×10^4	$\mathrm{pmol\,l^{-1}}$	0,5
W_6	AMPK phosphoryliert	$6{,}709 \times 10^3$	$\mathrm{pmol\,l^{-1}}$	0
W_7	TSC2 phosphoryliert	$4{,}4333 \times 10^1$	$\mathrm{pmol\,l^{-1}}$	0
W_8	Rheb aktiv	$1{,}512\,66 \times 10^4$	$\mathrm{pmol\,l^{-1}}$	0
W_9	mTORC1 aktiv	$4{,}4087 \times 10^2$	$\mathrm{pmol\,l^{-1}}$	0
G	Glukose	4,5	$\mathrm{g\,l^{-1}}$	0,0667 bis 1

Die Reaktionsparameter k_i, die Anfangswerte $w_i(t_0)$ sowie die maximalen Konzentrationen basieren auf Angaben in der Literatur (Boudeau et al. 2003; Hawley et al. 2003; Godlewski et al. 2010; Schwanhäusser et al. 2011) oder sind Schätzwerte, sofern keine Daten verfügbar sind. In Tabelle 4.1 sind die involvierten Moleküle, ihre Variablenbezeichnungen, Maxima und dimensionslosen Anfangsbedingungen zusammengefasst. Angelehnt an Godlewski et al. (2010) liegen die Werte der Glukosekonzentration g zwischen $0{,}3\,\mathrm{g\,l^{-1}}$ und $4{,}5\,\mathrm{g\,l^{-1}}$. Tabelle 4.2 listet alle Reaktionsparameter der Gleichungen (4.45) - (4.53) mit den zugehörigen Einheiten auf.

Die Funktion V, die in Abhängigkeit von der verfügbaren Glukosekonzentration das Verhältnis von AMP/ATP berechnet, ist gegeben durch $V(g) = \alpha \cdot g + \beta$. Hierbei sind α und β so gewählt, dass $V(0{,}3\,\mathrm{g\,l^{-1}}) = 1$ und $V(4{,}5\,\mathrm{g\,l^{-1}}) = 0{,}5$ (Sanders et al. 2007). Es ergibt sich $\alpha = -0{,}119$ und $\beta = 1{,}0357$.

4.2. Mikroskopische Ebene

Auf der mikroskopischen Ebene wird das Zusammenspiel der einzelnen Zellen mit ihrer Umgebung untersucht. Hierzu wird das in Kapitel 3 vorgestellte Konzept der agentenbasierten Modellierung genutzt. In Abschnitt 4.2.1 wird zunächst definiert, wie ein Agent eine Zelle abbildet und in welcher Umgebung die Agenten des Modells existieren. In Abschnitt 4.2.2 wird daraufhin genauer auf die Umsetzung des Chemotaxis-Prozesses eingegangen, der bestimmt, wohin sich migrierende Zellen

Tabelle 4.2.: Die Reaktionskonstanten mit ihren Werten und Einheiten (DK = dimensionslose Konstante).

Parameter	Wert	Einheit
k_1	6,6667	$\mathrm{g^{-1}\,l\,s^{-1}}$
k_1^i	1	$\mathrm{pmol\,l^{-1}}$
k_2	3×10^{-2}	$\mathrm{pmol^{-1}\,l\,s^{-1}}$
k_3	$3{,}6 \times 10^{2}$	$\mathrm{s^{-1}}$
k_4	$8{,}7498 \times 10^{-2}$	$\mathrm{s^{-1}}$
k_5	$1{,}4065 \times 10^{1}$	$\mathrm{s^{-1}}$
k_6	3×10^{1}	$\mathrm{s^{-1}}$
k_7	$1{,}0467 \times 10^{-2}$	$\mathrm{s^{-1}}$
k_8	$6{,}4167 \times 10^{-3}$	$\mathrm{s^{-1}}$
k_9	6×10^{-2}	$\mathrm{pmol^{-1}\,l\,s^{-1}}$
k_{10}	$3{,}6 \times 10^{2}$	$\mathrm{s^{-1}}$
k_{11}^{m1}	5×10^{2}	$\mathrm{pmol\,l^{-1}}$
k_{11}^{c1}	$1{,}8 \times 10^{1}$	$\mathrm{s^{-1}}$
k_{11}^{m2}	5×10^{2}	$\mathrm{pmol\,l^{-1}}$
k_{11}^{c2}	$1{,}8 \times 10^{2}$	$\mathrm{s^{-1}}$
k_{12}^i	0,6	DK
k_{12}	6×10^{2}	$\mathrm{s^{-1}}$
k_{13}^{m1}	1×10^{2}	$\mathrm{pmol\,l^{-1}}$
k_{13}^{c1}	6×10^{-2}	$\mathrm{s^{-1}}$
k_{13}^{m2}	1×10^{2}	$\mathrm{pmol\,l^{-1}}$
k_{13}^{c2}	6	$\mathrm{s^{-1}}$
k_{14}	36×10^{1}	$\mathrm{s^{-1}}$
k_{15}^i	5	$\mathrm{pmol\,l^{-1}}$
k_{15}	36×10^{1}	$\mathrm{s^{-1}}$
k_{16}	36×10^{1}	$\mathrm{s^{-1}}$
k_{17}^m	$1{,}5104 \times 10^{3}$	$\mathrm{pmol\,l^{-1}}$
k_{17}^c	$1{,}08 \times 10^{1}$	$\mathrm{s^{-1}}$
k_{18}^{m1}	1×10^{2}	$\mathrm{pmol\,l^{-1}}$
k_{18}^{c1}	$3{,}6 \times 10^{-1}$	$\mathrm{s^{-1}}$
k_{18}^{m2}	1×10^{2}	$\mathrm{pmol\,l^{-1}}$
k_{18}^{c2}	$3{,}6 \times 10^{1}$	$\mathrm{s^{-1}}$
c	$8{,}571 \times 10^{-1}$	DK

bewegen und wo die Tochterzelle einer proliferierenden Zelle relativ zur Mutterzelle platziert wird. Die Modellierung dieser Prozesse auf der mikroskopischen Ebene ist angelehnt an Athale et al. (2005); Zhang et al. (2007).

4.2.1. Definition der Agenten und ihrer Umgebung

Unter Verwendung der agentenbasierten Modellierung (ABM; vgl. Abschnitt 3.2.1) wird jede biologische Zelle als kleinste Einheit auf mikroskopischer Ebene durch einen einzelnen Agenten repräsentiert. Hierdurch ist es möglich, das Verhalten und die Entwicklung einzelner Zellen zu modellieren. Jedem Agenten werden zeitgleich zwei interne Zustände zugewiesen. Einerseits befindet sich jeder Agent in einem der folgenden $\zeta + 3$ (biologisch motivierten) Zustände: *migrierend*, *proliferierend seit* $\mathfrak{s}$ *Stunden* ($\mathfrak{s} \in \{0, 1, \ldots, \zeta\}$, $\zeta \in \mathbb{N}$) oder *still*. Andererseits wird jedem Agenten außerdem (aus algorithmischen Gründen) der Zustand *aktiv* oder *inaktiv* zugeordnet. Die Aktualisierung der Zustände erfolgt für alle Agenten in diskreten Zeitschritten der Länge $\Delta t = 1\,\mathrm{h}$. Eine exakt synchrone Aktualisierung ist jedoch nicht möglich, wie in Abschnitt 4.3.2 beschrieben wird.

Die Gestaltung der räumlichen Umgebung der Agenten orientiert sich an den biologischen Gegebenheiten, die abgebildet werden sollen. Um das Modell später evaluieren zu können, soll das *In-vitro*-Wachstum von Glioblastomzellen in einer Petrischale modelliert werden. Aus diesem Grund wird der zu modellierende Raum auf zwei Dimensionen beschränkt. Die äußere Form der Zellen ist vor allem für mechanische Interaktionen relevant. Da diese im hier vorgestellten Modell nicht abgebildet werden, kann für die folgenden Untersuchungen davon ausgegangen werden, dass die äußere Form der Zellen vernachlässigbar ist. Stark vereinfacht und abstrahiert wird deshalb eine Zelle als Quadrat dargestellt. Für alle Zellen wird außerdem eine einheitliche Größe angenommen, womit sich für die Strukturierung des Raumes ein regelmäßiges Gitter ergibt. Das Modell fokussiert sich ausschließlich auf das frühe Tumorwachstum und schließt Prozesse wie Nekrose und Angiogenese aus. Die Größe des Gebietes wird deshalb auf $3\,\mathrm{mm} \times 3\,\mathrm{mm}$ eingeschränkt. Eine Glioblastomzelle ist etwa $16\,\mu\mathrm{m}$ groß (Sabari et al. 2011). Diese wird deshalb durch ein Quadrat der Größe $15\,\mu\mathrm{m} \times 15\,\mu\mathrm{m}$ approximiert. Man erhält somit insgesamt ein regelmäßiges 200×200 Gitter, das ein $3\,\mathrm{mm} \times 3\,\mathrm{mm}$ Gebiet repräsentiert. Dieses Gebiet wird im Folgenden mit Ω bezeichnet (vgl. Abbildung 4.3(a)).

Die so konstruierte Struktur der räumlichen Umgebung der Agenten ermöglicht die Definition von zwei verschiedenen Nachbarschaften für jeden Agenten (siehe Abbildung 4.3(b)). In der *von Neumann*-Nachbarschaft befinden sich die vier angrenzenden Gitterzellen, die eine Kante mit der Gitterzelle des Agenten teilen. Die *Moore*-Nachbarschaft umfasst zusätzlich die diagonal angrenzenden Gitterzellen, die die Gitterzelle des Agenten nur an einer Ecke berühren.

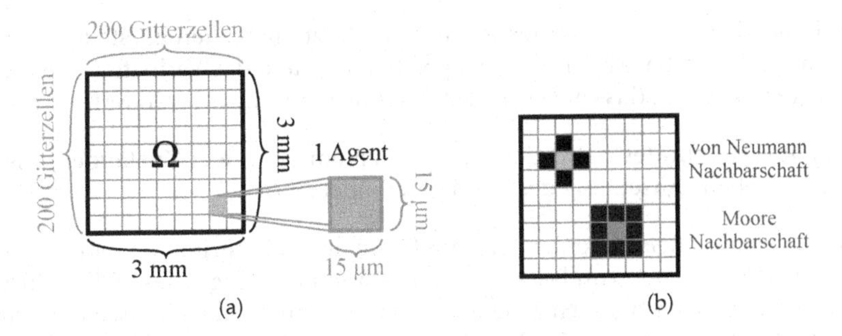

Abbildung 4.3.: (a) Die Gestaltung der räumlichen Umgebung der Agenten mittels eines regelmäßigen Gitters. (b) Die beiden verwendeten Nachbarschaften: blau - die vier von Neumann Nachbarn, rot - die acht Moore Nachbarn.

Die biologisch motivierten Zustände resultieren in jeweils unterschiedlichen Aktionen der Agenten.

- Der Zustand *migrierend* entspricht dem sich bewegenden Phänotyp einer Zelle. Auf einen Agenten übertragen folgt aus diesem Zustand, dass der entsprechende Agent im Laufe des Zeitschritts – wenn möglich – eine neue räumliche Position einnimmt. Wie diese Position bestimmt wird, wird in Abschnitt 4.2.2 beschrieben.

- Der Zustand *proliferierend seit $\mathfrak{s}$ Stunden* beschreibt abstrakt den aktuellen Status im Zellzyklus der modellierten Zelle. Die Teilung einer Zelle benötigt deutlich mehr Zeit als Zellmigration: Der Zellzyklus einer Glioblastomzelle dauert etwa 26 Stunden, während eine Glioblastomzelle sich durchschnittlich mit einer Geschwindigkeit von $15\,\mathrm{mm\,h}^{-1}$ bewegt (Hegedüs et al. 2000). Um die beiden Prozesse zeitlich realistisch abzubilden, ist es deshalb nötig, die tatsächliche Zellteilung, in Form der Erzeugung eines neuen Agenten, zu verzögern. Ein Agent, der eine sich teilende Zelle repräsentiert, wird deshalb initial mit dem Zustand *proliferierend seit 0 Stunden* gekennzeichnet. Daraufhin zählt die Variable $\mathfrak{s}$ die Anzahl der Zeitschritte (die der Anzahl an Stunden entspricht), seit ein Agent in den Proliferations-Zustand versetzt wurde. Am Ende eines jeden Zeitschritts wird die Variable $\mathfrak{s}$ um jeweils eins erhöht, also $\mathfrak{s} = \mathfrak{s} + 1$. Wenn eine Wartezeit von $\zeta = 20$ Stunden vergangen ist (also ein Agent im Zustand *proliferierend seit 20 Stunden* ist), wird als Vereinfachung der Realität davon ausgegangen, dass der Zellzyklus beendet ist, und die eigentliche Zellteilung stattfindet. Dies wird realisiert, indem ein neuer Agent – die Tochterzelle – mit dem Zellstatus *still* erzeugt wird und in der Nachbarschaft des ursprünglichen Agenten – der Mutterzelle – platziert wird.

- In den Zustand *still* werden Agenten versetzt, die Zellen darstellen, die sich in der Ruhephase befinden. Entsprechend besteht das Verhalten eines stillen Agenten darin, dass er sich in diesem Zeitschritt nicht verändert.

Des Weiteren befindet sich jeder Agent in einem von zwei Zuständen, die der algorithmischen Umsetzung des ABM geschuldet sind:

- Für einen *aktiven* Agenten wird im Laufe des Zeitschritts der biologisch motivierte Zustand grundsätzlich neu bestimmt und zugewiesen. Der Zustand *aktiv* wird allen Agenten zugeordnet, die sich zuvor im biologisch motivierten Zustand *migrierend*, *still* oder *proliferierend seit 20 Stunden* befunden haben.

- Für Agenten im *inaktiven* Zustand ändert sich der biologisch motivierte Zustand automatisch. Den *inaktiven* Zustand haben alle Agenten inne, die sich zu Beginn eines Zeitschritts im biologisch motivierten Zustand *proliferierend seit $\mathfrak{s}$ Stunden* mit $\mathfrak{s} < 20$ befinden und die deshalb automatisch in den neuen Zustand *proliferierend seit $\mathfrak{s} + 1$ Stunden* versetzt werden.

Die Zuweisung der verschiedenen Zustände ist in Abbildung 4.4 zusammengefasst. Zustand 1 bezeichnet hierbei den algorithmischen Zustand und Zustand 2 den biologisch motivierten Zustand.

In jedem Zeitschritt werden die internen Zustände aller Agenten aktualisiert und alle Agenten verhalten sich entsprechend ihrer internen Zustände (z. B. Wechsel der räumlichen Position oder Produktion eines neuen Agenten). Da die Aktion eines Agenten die räumliche Umgebung benachbarter Agenten verändern kann, ist es nicht möglich, alle Agenten zeitgleich zu aktualisieren. Obwohl formal alle Aktionen zur gleichen Zeit stattfinden, müssen die Agenten nach der Aktualisierung ihres Zustandes die damit verbundene Handlung einzeln nacheinander durchführen. Die Agenten werden somit in einer bestimmten Reihenfolge bearbeitet. Eine deterministisch festgelegte Reihenfolge hätte zur Konsequenz, dass gewisse Agenten immer vor bestimmten anderen Agenten aktualisiert werden (z. B. ein Agent, der oben links positioniert ist, vor einem Agenten, der unten rechts positioniert ist). Dies würde zu einem unnatürlichen Verhalten des gesamten Systems führen. Deshalb wird die Reihenfolge der Bearbeitung der Agenten in jedem Zeitschritt auf einer Gleichverteilung basierend zufällig neu bestimmt. Jeder Agent wird mit gleicher Wahrscheinlichkeit als erster, zweiter, ..., letzter Agent aktualisiert.

Die Gestaltung der Umgebung der Agenten umfasst neben der räumlichen Strukturierung zusätzlich Informationen zur Nährstoffversorgung. Diese beschränken sich auf Angaben zur Glukosekonzentration, da nur diese für die weitere Modellierung (vgl. Abschnitt 4.1) benötigt wird. Für jede Gitterzelle ist die extrazelluläre Glukosekonzentration g an dieser Position gespeichert. Im zeitlichen Verlauf verändert sich die Glukosekonzentration basierend auf zwei verschiedenen Prozessen:

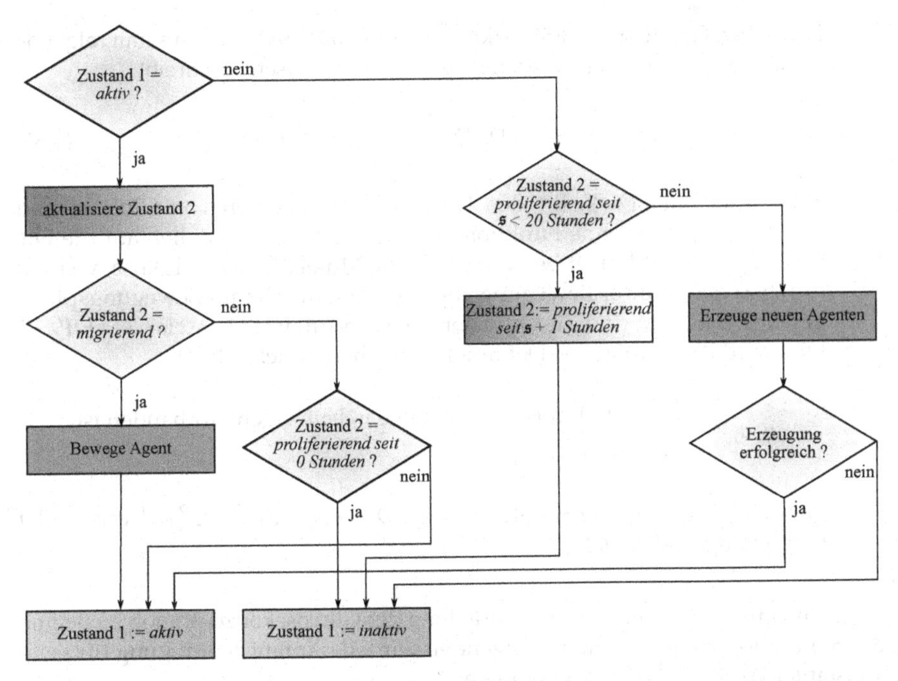

Abbildung 4.4.: Flussdiagramm zur Bestimmung der verschiedenen Zustände der Agenten. Zustand 1 bezeichnet den algorithmisch motivierten Zustand *aktiv* oder *inaktiv*. Zustand 2 bezeichnet den biologischen Zustand *migrierend*, *proliferierend seit* $\mathfrak{s}$ *Stunden* oder *still*.

- *Zellen konsumieren Glukose.* Tumorzellen verwenden Glukose als Hauptenergie-Quelle (vgl. Abschnitt 2.1) und nehmen deshalb Glukose aus der Umgebung auf. Damit verringert sich die Glukosekonzentration in der unmittelbaren Umgebung der Tumorzelle. Dieser Glukoseverbrauch lässt sich beschreiben als:

$$\frac{\mathrm{d}g}{\mathrm{d}t} = -r, \qquad r \in \mathbb{R}^+ \tag{4.54}$$

  mit $r = 0{,}003\,\mathrm{g\,l^{-1}\,min^{-1}}$ (vgl. Noll et al. 2000).

- *Glukose diffundiert.* Die Glukosekonzentration an einer bestimmten Position ist eine dynamische Größe: Glukosemoleküle bewegen sich entlang des Konzentrationsgradienten, sofern Unterschiede zwischen Glukosekonzentrationen an verschiedenen räumlichen Positionen existieren. Hierdurch wird ein Ausgleich der verschiedenen Konzentrationen erzielt. Aus dem zweiten

Fick'schen Gesetz (Fick 1855; Atkins u. de Paula 2006) lässt sich somit folgende Gleichung herleiten, die diesen Prozess mathematisch beschreibt:

$$\frac{\partial g}{\partial t} = \eta \cdot D \cdot \nabla^2 g \qquad \text{in } \Omega \times (0,\ T]. \tag{4.55}$$

Hier bezeichnet $D \in \mathbb{R}^+$ den Diffusionskoeffizienten von Glukose und $\eta : \mathbb{R}^2 \rightarrow \{0{,}5,\ 1\}$ eine Funktion, die den Einfluss von Zellen auf die Diffusionsgeschwindigkeit beschreibt. Große Moleküle, wie Glukose, werden durch Zellen in ihrer Bewegung abgelenkt, wodurch ihre Bewegungspfade gewundener sind und die Diffusion verlangsamt wird (Casciari et al. 1988). Dies wird durch folgende Definition von η berücksichtigt:

$$\eta(u_i) = \begin{cases} 1 & \text{falls an der Gitterzelle } u_i \text{ kein Agent vorhanden ist,} \\ 0{,}5 & \text{sonst.} \end{cases}$$

Für den Diffusionskoeffizienten D wird $D = 6{,}7 \times 10^{-5}\,\mathrm{mm}^2\,\mathrm{s}^{-1}$ verwendet (vgl. Zhang et al. 2007).

Es gibt mehrere Möglichkeiten, die Verteilung der Glukosekonzentration zu Beginn der Simulation zu gestalten. Im Folgenden wird als Anfangsbedingung für g ein konstanter Wert $G_0 \in \mathbb{R}^+$ angenommen:

$$g = G_0 \qquad \text{in } \Omega \times \{0\}. \tag{4.56}$$

Es ist jedoch auch denkbar, dass die Konzentrationen zu Beginn zufällig verteilt sind oder einem Gradienten folgen. Die konstante Verteilung bildet jedoch die Bedingungen in einer Petrischale am Besten nach.

Auch bei der Wahl der Randbedingung wird die Idee verfolgt, die Situation in einer Petrischale nachzubauen. An den Rändern ist somit kein Fluss möglich und es gibt keinerlei Quellen, was durch die folgende Neumann-Randbedingung beschrieben wird:

$$\frac{\partial g}{\partial \mathbf{n}} = 0 \qquad \text{auf } \partial\Omega \times (0, T].$$

Hierbei bezeichnet $\partial\Omega$ den Rand des Gebietes Ω und $\mathbf{n}$ die äußere Normale an $\partial\Omega$. Wie im Fall der Anfangsbedingung gibt es auch bei der Randbedingung alternative Gestaltungsmöglichkeiten. So ist es z. B. möglich, durch die Annahme von Dirichlet-Bedingungen auf Teilstücken des Randes oder auf dem ganzen Rand das Vorhandensein von Blutgefäßen, die als Quellen agieren, zu modellieren (Schuetz et al. 2011).

4.2.2. Chemotaxis: Bewegung der Agenten in ihrer Umgebung

Die verschiedenen Zustände eines Agenten bestimmen, wie sich ein Agent im jeweiligen Zeitschritt verhält. Agenten im Zustand *still* oder *proliferierend seit $\mathfrak{s}$ Stunden*, $\mathfrak{s} < 20$ verändern sich rein äußerlich nicht. Ein Agent im Zustand *migrierend* hingegen wird in eine neue räumliche Position verschoben und ein Agent im Zustand *proliferierend seit 20 Stunden* erzeugt einen neuen Agenten, der die Tochterzelle repräsentiert, an einer anderen räumlichen Stelle.

Die Bestimmung der neuen Position eines migrierenden Agenten oder eines neu erzeugten Agenten unterliegt einigen Einschränkungen, die im Wesentlichen biologisch motiviert sind:

- *Die neue Position muss sich in der unmittelbaren Nachbarschaft der alten befinden.* Biologische Zellen können nicht springen, sondern sich nur kontinuierlich fortbewegen. Deshalb kann ein migrierender Agent nur in eine benachbarte Gitterzelle verschoben werden und der aus einem proliferierenden Agenten neu erzeugte Agent kann nur in einer benachbarten Gitterzelle platziert werden. Die verwendete räumlich Struktur bietet zwei Nachbarschaftsoptionen (vgl. Abschnitt 4.2.1): vier Nachbarn in der *von Neumann* Nachbarschaft oder acht Nachbarn in der *Moore* Nachbarschaft. Toma et al. (2011a) haben für ein mikroskopisches Tumorwachstums-Modell, das auf einem zellulären Automaten basiert, gezeigt, dass die Festlegung auf eine Nachbarschaft für alle Zellen in allen Zeitschritten in unnatürlichen räumlichen Formen des Tumors resultiert. Um diesen Effekt zu vermeiden, wurde vorgeschlagen, die Nachbarschaft jedes Mal, wenn ein Zugriff darauf nötig ist, zufällig neu auszuwählen. Dieses Vorgehen kann die Entstehung unnatürlicher Formen vermeiden und kommt daher hier zur Anwendung.

- *In jeder Gitterzelle kann sich nur ein Agent befinden.* Da die Simulationen auf einen zweidimensionalen Raum beschränkt sind, kann davon ausgegangen werden, dass Zellen sich nicht stapeln. Als neue Position stehen deshalb nur leere Gitterzellen zur Verfügung.

- *Die Bewegungsrichtung des Agenten wird nicht zufällig bestimmt.* Die Festsetzung der Bewegungsrichtung einer biologischen Zelle ist kein rein deterministischer Vorgang. Dennoch spielen verschiedene biologische Prozesse zusammen (Chemotaxis, Haptotaxis, Durotaxis, Mechanotaxis, u. a. (vgl. Li et al. 2005)), um die Richtung der Bewegung einer Zelle zu bestimmen. Das hier vorgestellte Modell ist auf die Modellierung von *Chemotaxis*, der Bestimmung der Fortbewegungsrichtung entlang eines Stoffkonzentrationsgradienten, beschränkt. Hierbei kann ein Stoff als Lockstoff fungieren und die Bewegung erfolgt in Richtung der höheren Konzentration oder aber ein Stoff hat eine abstoßende

Wirkung und die Bewegung erfolgt in Richtung der niedrigeren Konzentration. Der Idee in Sander u. Deisboeck (2002) folgend wird Glukose als Lockstoff und Vertreter für alle relevanten Botenstoffe verwendet. Demnach erfolgt die Bewegung der Agenten in Richtung der höheren Glukosekonzentration. Deshalb kann eine höhere Glukosekonzentration auch als eine höhere lokale Attraktivität interpretiert werden.

Die oben diskutierten Einschränkungen bezüglich der Bestimmung einer neuen Position für einen migrierenden Agenten im Zeitschritt $t_i = i \cdot \Delta t, i \in \mathbb{N}$ sind im Modell auf folgende Art berücksichtigt:

1. Mit gleicher Wahrscheinlichkeit wird zufällig entweder die *von Neumann* oder *Moore* Nachbarschaft der aktuellen Gitterzelle u_0 des Agenten gewählt.

2. Es werden alle freien Nachbarn (Gitterzellen, auf denen kein Agent platziert ist) $u_j, j \in \{1, \ldots, n\}$ der aktuellen Gitterzelle u_0 bestimmt. Hierbei bezeichnet $n \in \mathbb{N}$ die Anzahl der freien Nachbarn, sofern ein freier Nachbar vorhanden ist. Es gilt $n \leq 4$, falls die *von Neumann* Nachbarschaft ausgewählt wurde, und $n \leq 8$, falls die *Moore* Nachbarschaft ausgewählt wurde.

3. Für jeden freien Nachbarn und die aktuelle Gitterzelle wird die Attraktivität $A_j, j \in \{0, \ldots, n\}$ als Glukosekonzentration an dieser Stelle definiert:

$$A_j = g(u_j, t_i).$$

   Mit A_{max} wird die höchste Glukosekonzentration (die maximale Attraktivität) aller freien Nachbarn bezeichnet, also:

$$A_{max} = \max_{j \in \{1, \ldots, n\}} A_j.$$

4. Es wird die Menge aller freien Nachbarn U bestimmt, die attraktiver sind als u_0:

$$U = \{u_j, j \in \{1, \ldots, n\} | A_j > A_0\}.$$

5. Aus der Menge aller attraktiven, freien Nachbarn U wird eine Gitterzelle $u_{neu} \in U$ zufällig ausgewählt, auf die der migrierende Agent verschoben wird. Falls es keinen attraktiven, freien Nachbarn gibt ($U = \emptyset$), wird die Position des Agenten u_0 nicht verändert ($u_{neu} = u_0$). Die Zelle verhält sich gewissermaßen "still", da eine Positionsänderung mit keinem Vorteil verbunden ist.

Im Fall der Platzierung eines neu erzeugten Agenten bezeichnet u_0 die Gitterzelle des proliferierenden Agenten und die Schritte 1 - 5 werden entsprechend durchgeführt. u_{neu} gibt die Gitterzelle des neu erzeugten Agenten an. Falls in Schritt 5 kein attraktiver, freier Nachbar verfügbar ist, kann jedoch nicht $u_{neu} = u_0$ gesetzt werden. In diesem Fall wird deshalb kein neuer Agent erzeugt, der proliferierende Agent bleibt im Zustand *inaktiv* und im nächsten Zeitschritt wird erneut versucht, einen neuen Agenten in der Nachbarschaft zu erzeugen.

4.3. Kopplung der molekularen und mikroskopischen Ebenen

In den beiden vorigen Abschnitten wurden zwei verschiedene Modelle vorgestellt. Das in Abschnitt 4.1 vorgestellte Modell auf der molekularen Ebene beschreibt intrazelluläre Prozesse. Es bildet die Signalübertragung ab, die beschreibt, wie die extrazelluläre Glukosekonzentration die Konzentration der Proteine beeinflusst, die in Prozesse wie Proliferation und Migration involviert sind. Hierbei werden insbesondere molekulare Interaktionen in Form von Phosphorylierungen, Komplexbildungen und Aktivierungen modelliert. In Abschnitt 4.2 wurde ein Modell auf der mikroskopischen Ebene präsentiert, das das Verhalten von Tumorzellen (wie z. B. Bewegung und Zellteilung) in einer definierten Umgebung abbildet.

In diesem Abschnitt werden nun die beiden obigen Modelle miteinander kombiniert. Hierzu wird jedem Agenten des agentenbasierten Modells eine eigene Kopie des molekularen Netzwerks zugewiesen. Dieses Netzwerk erhält vom Agenten Informationen zur extrazellulären Glukosekonzentration und liefert im Gegenzug den biologisch motivierten Zustand. Daraufhin verhält der Agent sich gemäß der vordefinierten Regeln des agentenbasierten Modells (vgl. Abbildung 4.5). Das Verfahren zur Bestimmung des biologisch motivierten Zustandes wird ausführlich in Abschnitt 4.3.1 beschrieben. In Abschnitt 4.3.2 wird die Kopplung der beiden Modelle noch einmal aus algorithmischer Perspektive zusammengefasst.

4.3.1. Bestimmung des neuen Zustandes eines Agenten

Die Proteine mTORC1 W_9 und AMPK W_6 sind wesentliche Bestandteile der Regulierung von Zellmotilität und Zellteilung (vgl. Abschnitt 2.2.2).

mTORC1 ist involviert in die Regulierung von Zellwachstum, von Proteintranslation und Zellproliferation (Wullschleger et al. 2006; Akhavan et al. 2010). Godlewski et al. (2010) fasst dies mit folgender Relation zusammen: Eine hohe Konzentration von aktivem mTORC1 geht mit einer erhöhten Proliferationsrate einher. AMPK

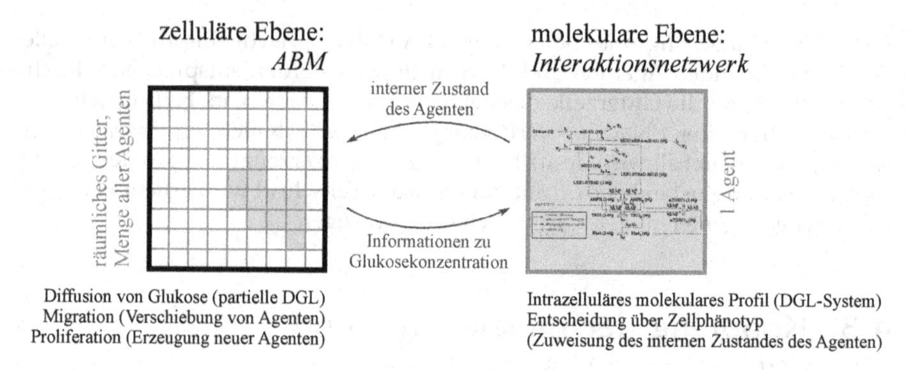

Abbildung 4.5.: Schematische Übersicht des Multiskalenansatzes. Auf der mikroskopischen Ebene beschreibt ein ABM auf einem räumlichen Gitter die Prozesse Diffusion von Glukose sowie Migration und Proliferation einer Zelle. Auf der molekularen Ebene bestimmt ein Interaktionsnetzwerk das intrazelluläre molekulare Profil einer einzelnen Zelle und trifft die Entscheidung über den neuen Zellphänotyp. Das Interaktionsnetzwerk auf der rechten Seite ist hierbei eine stark verkleinerte Version von Abbildung 4.2.

hingegen beeinflusst die Zellpolarität und Migration (Lee et al. 2007; Williams u. Brenman 2008). Vereinfacht wird deshalb analog zur Proliferation angenommen, dass eine hohe Konzentration phosphorylierten AMPKs zu einer hohen Migrationsrate korrespondiert.

An dieser Stelle ist es wichtig, darauf hinzuweisen, dass die obigen biologischen Beobachtungen und Zusammenhänge keine eindeutigen Kriterien der Form "Übersteigt die Konzentration von A den Grenzwert γ, so macht die Zelle ..." sind. Stattdessen gilt, dass die erhöhte Konzentration eines Proteins mit einer erhöhten Wahrscheinlichkeit für eine bestimmte Zellaktion einhergeht. Hierdurch wird auch berücksichtigt, dass ein Modell nicht alle biologischen Größen und Signale abbilden kann, sondern sich auf einige relevante Prozesse konzentriert und einschränkt.

In dem Modell ist dies durch die Wahrscheinlichkeiten $P^{i,j}_{prolif}$ und $P^{i,j}_{mig}$ umgesetzt. Diese werden in jedem Zeitschritt t_i, $i \in \mathbb{N}$ für alle aktiven Agenten berechnet. $P^{i,j}_{prolif}$ beschreibt die Wahrscheinlichkeit, dass eine biologische Zelle auf der Gitterzelle u_j sich teilt, und steigt mit zunehmender intrazellulärer Konzentration von aktivem mTORC1 w_9. Die Zunahme der Wahrscheinlichkeit für Zellmigration $P^{i,j}_{mig}$ korreliert mit einer steigenden Konzentration intrazellulären, phosphorylierten AMPKs w_6 innerhalb der Zelle auf der Gitterzelle u_j. Die Wahrscheinlichkeiten werden wie folgt berechnet:

$$P^{i,j}_{prolif}(w_9) = m_1 \cdot w_9 + b_1, \tag{4.57}$$

$$P^{i,j}_{mig}(w_6) = m_2 \cdot w_6 + b_2, \tag{4.58}$$

mit m_1, m_2, b_1 und $b_2 \in \mathbb{R}$ Konstanten, die die Steigung und absolute Höhe der Wahrscheinlichkeiten steuern.

Hierbei ist zu berücksichtigen, dass die Konzentrationen w_6 und w_9 von der extrazellulären Glukosekonzentration g abhängen. Mit $g^{i,j}$ wird abkürzend die Glukosekonzentration $g(u_j, t_i)$ einer Zelle auf der Gitterzelle u_j im Zeitschritt t_i bezeichnet. Somit hängen die Wahrscheinlichkeiten $P^{i,j}_{prolif}(w_9(g^{i,j}))$ und $P^{i,j}_{mig}(w_6(g^{i,j}))$ indirekt von $g^{i,j}$ ab. Die Konstanten m_1, m_2, b_1 und b_2 sind so gewählt, dass $P^{i,j}_{prolif}(w_9(0{,}3\,\mathrm{g\,l^{-1}})) = 10\,\%$, $P^{i,j}_{mig}(w_6(0{,}3\,\mathrm{g\,l^{-1}})) = 90\,\%$, falls die extrazelluläre Glukosekonzentration niedrig ist ($g^{i,j} = 0{,}3\,\mathrm{g\,l^{-1}}$), und $P^{i,j}_{prolif}(w_9(4{,}5\,\mathrm{g\,l^{-1}})) = 90\,\%$, $P^{i,j}_{mig}(w_6(4{,}5\,\mathrm{g\,l^{-1}})) = 10\,\%$ in einer Umgebung mit hoher Glukosekonzentration ($g^{i,j} = 4{,}5\,\mathrm{g\,l^{-1}}$). Damit ergibt sich $m_1 = 166{,}0226$, $b_1 = -12{,}8928$, $m_2 = 190{,}3729$ und $b_2 = -37{,}7881$.

Da $P^{i,j}_{prolif}$ und $P^{i,j}_{mig}$ Wahrscheinlichkeiten repräsentieren, ist ihr Wertebereich grundsätzlich auf $[0,\ 100]$ beschränkt. Das Netzwerk aus Abschnitt 4.1 berücksichtigt viele weitere biologische Prozesse nicht. Deshalb bleibt auch in den extremen Fällen (sehr hohe oder niedrige Glukosekonzentration) eine Restungenauigkeit bezüglich der Entscheidung für einen proliferierenden oder migrierenden Phänotyp. Dies wird ausgeglichen, indem immer eine mindeste Zufallskomponente von 10 % gefordert wird. Entsprechend werden die Gleichungen (4.57) und (4.58) so ergänzt, dass bei 10 % und 90 % die Wahrscheinlichkeiten abgeschnitten werden, d. h.

$$P^{i,j}_{prolif}(w_9(g^{i,j})) = \begin{cases} 10, & \text{falls } g^{i,j} < 0{,}3\,\mathrm{g\,l^{-1}}, \\ m_1 \cdot w_9(g^{i,j}) + b_1, & \text{falls } 0{,}3\,\mathrm{g\,l^{-1}} < g^{i,j} < 4{,}5\,\mathrm{g\,l^{-1}}, \\ 90, & \text{falls } g^{i,j} > 4{,}5\,\mathrm{g\,l^{-1}}, \end{cases} \tag{4.59}$$

$$P^{i,j}_{mig}(w_6(g^{i,j})) = \begin{cases} 90, & \text{falls } g^{i,j} < 0{,}3\,\mathrm{g\,l^{-1}}, \\ m_2 \cdot w_6(g^{i,j}) + b_2, & \text{falls } 0{,}3\,\mathrm{g\,l^{-1}} < g^{i,j} < 4{,}5\,\mathrm{g\,l^{-1}}, \\ 10, & \text{falls } g^{i,j} > 4{,}5\,\mathrm{g\,l^{-1}}. \end{cases} \tag{4.60}$$

Der Verlauf der Kurven von $P^{i,j}_{prolif}$ und $P^{i,j}_{mig}$ in Abhängigkeit von der Glukosekonzentration $g^{i,j}$ ist in Abbildung 4.6 dargestellt.

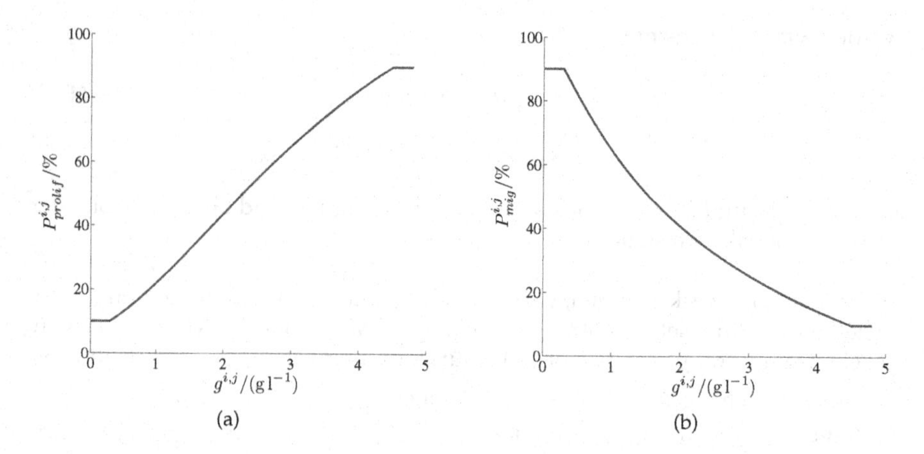

Abbildung 4.6.: Abhängigkeit der Proliferationswahrscheinlichkeit $P^{i,j}_{prolif}$ (a) und der Migrationswahrscheinlichkeit $P^{i,j}_{mig}$ (b) von der Glukosekonzentration $g^{i,j}$.

Bei der Bestimmung des neuen Phänotyps einer Zelle ist außerdem zu berücksichtigen, dass eine Zelle nicht gleichzeitig migrieren und sich teilen kann (vgl. Abschnitt 2.1.1, das *Go or Grow* Prinzip).

Auf das in Abschnitt 4.2 vorgestellte agentenbasierte Modell übertragen, geben die Werte $P^{i,j}_{prolif}$ und $P^{i,j}_{mig}$ Wahrscheinlichkeiten für die biologisch motivierten Zustände *migrierend* und *proliferierend seit 0 Stunden* der Agenten an. Da auch einem Agenten zu einem festen Zeitpunkt t_i nur ein Zustand der gleichen Kategorie zugeordnet werden kann, wird zunächst abgeprüft, ob der Agent den Zustand *proliferierend seit 0 Stunden* annehmen kann, indem eine gleichverteilte Zufallszahl aus dem Intervall $[0, 100]$ mit der Wahrscheinlichkeit $P^{i,j}_{prolif}$ verglichen wird. Nur falls dies nicht der Fall ist, wird ausgewertet, ob der Agent in den Zustand *migrierend* übergehen kann, indem die Zufallszahl mit der Wahrscheinlichkeit $P^{i,j}_{mig}$ verglichen wird. Das oben beschriebene Vorgehen ist in Algorithmus 4.1 zusammengefasst.

4.3.2. Der kombinierende Modell-Algorithmus

Alle beschriebenen Modelle und Algorithmen werden nun zu einem Multiskalenalgorithmus kombiniert, indem der Schritt *aktualisiere Zustand 2* in Abbildung 4.4 durch Algorithmus 4.1 realisiert wird. Somit liefert das intrazelluläre molekulare Netzwerk Wahrscheinlichkeiten zur Bestimmung des biologisch motivierten Zustands des Agenten in Abhängigkeit der extrazellulären Glukosekonzentration.

Algorithmus 4.1 Zuweisung des biologisch motivierten Zustands *zustand*2 für einen aktiven Agenten auf der Gitterzelle u_j in Zeitschritt t_i

1: Berechne eine gleichmäßig verteilte Zufallsvariable $rand \in [0, 100]$
2: Berechne $P^{i,j}_{prolif} \in [0, 100]$ gemäß Gleichung (4.59)
3: **if** $P^{i,j}_{prolif} > rand$ **then**
4: *zustand*2 ← *proliferierend seit* $\mathfrak{s}$ *Stunden*
5: **else**
6: Berechne $P^{i,j}_{mig} \in [0, 100]$ gemäß Gleichung (4.60)
7: **if** $P^{i,j}_{mig} > rand$ **then**
8: *zustand*2 ← *migrierend*
9: **else**
10: *zustand*2 ← *still*
11: **end if**
12: **end if**

Algorithmus 4.1 wirkt als Bindeglied zum agentenbasierten Modell. Dieses wiederum realisiert die Interaktion der Agenten mit ihrer Umgebung, indem Migration und Proliferation umgesetzt werden und Glukose konsumiert wird. Außerdem wird die Umverteilung der Glukosekonzentration aufgrund von Diffusion integriert. Algorithmus 4.2 beschreibt dieses Vorgehen für einen einzelnen Zeitschritt.

4.4. Stammzellen und Mutationen

Solide Tumore wie das Glioblastom sind in ihrer Zusammensetzung heterogen. Die Krebsstammzellhypothese liefert eine Erklärung hierfür (vgl. Abschnitt 2.1). Demnach zeichnen sich einige Tumorzellen, die sogenannten Krebsstammzellen (KSZ), durch ein Verhalten aus, das dem von gesunden Stammzellen ähnelt. Insbesondere verfügen sie über ein unbeschränktes Proliferationspotenzial. Die restlichen Tumorzellen, die im Folgenden als gewöhnliche Tumorzellen (gTZ) bezeichnet werden sollen, können sich hingegen nur endlich oft teilen. Sie gehen in Folge von Mutationen aus der Zellteilung von Krebsstammzellen hervor. Teilt sich eine Krebsstammzelle, so können entweder zwei Krebsstammzellen aus der Zellteilung hervorgehen (symmetrische Zellteilung) oder aber eine Krebsstammzelle und eine gewöhnliche Tumorzelle (asymmetrische Zellteilung) (vgl. Abbildung 4.7). In der Folge entsteht eine heterogene Tumorzellpopulation.

Im zuvor vorgestellten Tumorwachstumsmodell wird die Krebsstammzellhypothese durch die Einführung einer zweiten Agentenart realisiert. Die in Abschnitt 4.2.1 beschriebenen Agenten, die im Folgenden mit a_{KSZ} bezeichnet werden, können

Algorithmus 4.2 Das Multiskalenmodell

```
1:  Aktualisiere die Glukosekonzentration g auf dem Gitter gemäß Gleichungen
    (4.54) und (4.55)
2:  while ∃ Agent a_a im Zustand aktiv do
3:    Wähle zufällig einen Agenten a_a aus
4:    Werte das molekulare Netzwerk (Gleichungen (4.45) - (4.53)) für a_a aus
5:    Bestimme den neuen biologischen Zustand zustand2 für a_a gemäß Algorith-
      mus 4.1 als migrierend, proliferierend seit 0 Stunden oder still
6:    if zustand2 = migrierend then
7:      Verschiebe Agent a_a in eine benachbarte Gitterzelle u_neu gemäß Abschnitt
        4.2.2
8:      Markiere a_a als aktiv
9:    else if zustand2 = proliferierend seit 0 Stunden then
10:     Markiere a_a als inaktiv
11:   else if zustand2 = still then
12:     Markiere a_a als aktiv
13:   end if
14: end while
15: while ∃ Agent a_w markiert als inaktiv do
16:   Wähle zufällig einen Agenten a_w aus
17:   Bestimme die Wartezeit s gemäß des Status proliferierend seit s Stunden
18:   if s < 20 then
19:     Markiere a_w als proliferierend seit s+1 Stunden
20:     Markiere a_w als inaktiv
21:   else // s = 20
22:     Erzeuge einen neuen Agenten a_n in einer benachbarten Gitterzelle u_neu
        gemäß Abschnitt 4.2.2
23:     if Erzeugung erfolgreich then
24:       Markiere a_w und a_n als aktiv
25:     else // Erzeugung nicht erfolgreich, z. B. kein freier Nachbar
26:       Markiere a_w als inaktiv
27:     end if
28:   end if
29: end while
```

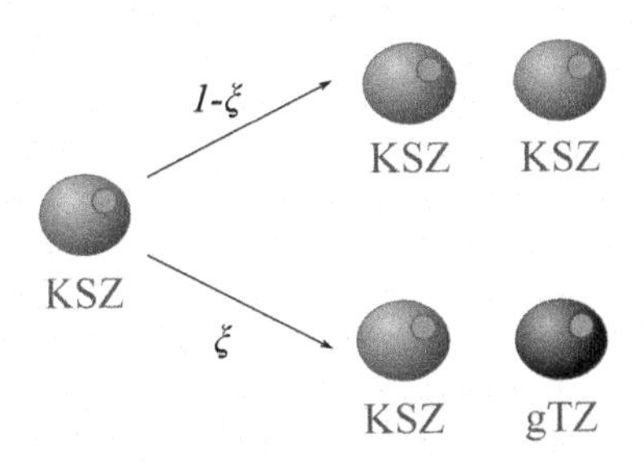

Abbildung 4.7.: Schematische Darstellung der möglichen Ergebnisse der Zellteilung einer Krebsstammzelle (KSZ, türkis). Mit der Rate $1 - \xi$ findet keine Mutation statt und die Krebsstammzelle teilt sich symmetrisch in zwei Krebsstammzellen. Mit der Rate ξ gehen in Folge von Mutationen eine Krebsstammzelle und eine gewöhnliche Tumorzelle (gTZ, blau) aus der Zellteilung hervor.

beliebig oft den Zustand *proliferierend seit* $\mathfrak{s}$ *Stunden* zugewiesen bekommen. Basierend auf dieser Art Agent wird der neue Agent a_{gTZ} zusätzlich mit einem dritten Zustand versehen, der die Anzahl der bereits durchlaufenen Zellteilungen zählt.

Ist ein Agent a_{KSZ} im Zustand *proliferierend seit 20 Stunden* und wird als nächste Aktion ein neuer Agent erzeugt, so ist der neu erzeugte Agent mit der Wahrscheinlichkeit $\xi \in [0,\ 1]$ ein Agent a_{gTZ}, der eine gewöhnliche Tumorzelle repräsentiert. Mit der Wahrscheinlichkeit $1 - \xi$ findet hingegen eine symmetrische Zellteilung statt und es wird ein Agent a_{KSZ} erzeugt, der eine Krebsstammzelle repräsentiert.

Einem neu erzeugten Agenten der Art a_{gTZ} wird als dritter Zustand initial *0 Mal geteilt* zugewiesen. Befindet sich ein Agent a_{gTZ} im biologisch motivierten Zustand *proliferierend seit 20 Stunden* so wird ein neuer Agent der Art a_{gTZ} erzeugt (symmetrische Zellteilung). Ist diese Erzeugung erfolgreich, so ändert sich der dritte Zustand von γ *Mal geteilt*, $\gamma \in \mathbb{N}$ zu $(\gamma + 1)$ *Mal geteilt*. Überschreitet γ einen vordefinierten Schwellwert $\Gamma \in \mathbb{N}$ (die maximale Anzahl an Zellteilungen ist erreicht), so stehen als biologisch motivierter Zustand nur noch die Optionen *migrierend* oder *still* zur Verfügung. In Algorithmus 4.1 werden in diesem Fall die Zeilen 2 - 4 nicht mehr ausgeführt. Hierdurch ist für gewöhnliche Tumorzellen das Replikationspotenzial reduziert. Da es für a_{KSZ} keine vergleichbare Abfrage gibt, verfügen Krebsstammzellen über ein unbeschränktes Proliferationspotenzial.

Der Anteil der Krebsstammzellen $\kappa(0)$ an der initialen Tumorpopulation (zum Zeitpunkt $t = 0$) kann variabel zwischen 0 % und 100 % gewählt werden, also $\kappa(0) \in [0,\ 1]$. Durch die Wahl von $\xi = 0$ und $\kappa(0) = 1$ wird ein Tumorwachstum simuliert, das die Krebsstammzellhypothese vernachlässigt.

KAPITEL 5

Existenz- und Stabilitätsanalyse des Systems gewöhnlicher Differentialgleichungen

Im Rahmen einer Existenz- und Stabilitätsanalyse soll in diesem Kapitel das DGL-System aus Abschnitt 4.1.4 untersucht werden. Die zugrundeliegende Fragestellung ist, ob eine eindeutige Lösung des DGL-Systems existiert und wenn ja, wie sich Störungen in den Anfangsbedingungen auf das Langzeitverhalten der Lösung auswirken. Unterschieden wird hierbei zwischen *stabilem* und *instabilem* Verhalten. Unter Stabilität versteht man, dass kleine Störungen der Anfangsbedingung in kleinen Abweichungen der Lösung resultieren. Im Fall von Instabilität hingegen verändert sich das Verhalten der Lösung bei Veränderung der Anfangsbedingung grundlegend.

Zunächst werden in Abschnitt 5.1 die wesentlichen Aussagen vorgestellt, die ein überprüfbares Kriterium für die Existenz und Eindeutigkeit einer Lösung sowie die Stabilität des DGL-Systems liefern. Darauf basierend wird in den Abschnitten 5.2 und 5.3 das DGL-System aus Abschnitt 4.1.4 bezüglich der Existenz, Eindeutigkeit und Stetigkeit seiner Lösung sowie seines Stabilitätsverhaltens untersucht.

5.1. Mathematische Grundlagen

Um Aussagen zur Stabilität des DGL-Systems treffen zu können, müssen zunächst wesentliche Grundbegriffe definiert und einige mathematische Sätze aus der Theorie gDGLen vorgestellt werden. Die vorgestellte Theorie orientiert sich an Grüne u. Junge (2009), wo auch die Beweise der Sätze zu finden sind.

Gegeben sei ein DGL-System

$$\dot{x} = f(t, x) \tag{5.1}$$

mit dem Vektorfeld $f : D \to \mathbb{R}^d$, das stetig auf der offenen Menge $D \subset \mathbb{R}^{d+1}$, $d \in \mathbb{N}$, ist. Die Lösung der gDGL (5.1) zu der Anfangsbedingung

$$x(t_0) = x_0 \tag{5.2}$$

mit $t_0 \in \mathbb{R}$, $x_0 \in \mathbb{R}^d$ und $(t_0, x_0) \in D$ wird mit $x(t; t_0, x_0)$ bezeichnet.

Die Existenz und Eindeutigkeit einer solchen Lösung ist unter der zusätzlichen Voraussetzung, dass f lokal Lipschitz-stetig in x ist (Königsberger 2002), für alle Anfangsbedingungen $(t_0, x_0) \in D$ sichergestellt:

Satz 5.1 *Ist durch $\dot{x} = f(t, x)$ mit $f : D \to \mathbb{R}^d$ stetig auf D und f lokal Lipschitz-stetig in x ein DGL-System definiert, so gilt: Für jede Anfangsbedingung $(t_0, x_0) \in D$ existiert genau eine Lösung $x(t; t_0, x_0)$ des Systems (5.1) und (5.2). $x(t; t_0, x_0)$ ist definiert auf dem offenen maximalen Existenzintervall $I_{t_0,x_0} \subseteq \mathbb{R}^+$ mit $t_0 \in I_{t_0,x_0}$.*

Weiterhin kann sogar eine stetige Abhängigkeit der Lösung von den Anfangsbedingungen gezeigt werden:

Satz 5.2 *Ist durch $\dot{x} = f(t, x)$ mit $f : D \to \mathbb{R}^d$ stetig auf D und f lokal Lipschitz-stetig in x ein DGL-System definiert, so gilt: Jede Lösung $x(t; t_0, x_0)$ ist für alle $t \in I_{t_0,x_0}$ stetig in x_0 und t_0.*

Einige Lösungen zeichnen sich durch die besondere Eigenschaft aus, dass sie sich in Abhängigkeit von der Zeit nicht verändern:

Definition 5.1 Ein Punkt $\widehat{x} \in \mathbb{R}^d$ heißt *Gleichgewicht* der gDGL (5.1), falls für alle $t, t_0 \in I_{t_0,x_0}$ gilt

$$x(t; t_0, \widehat{x}) = \widehat{x}.$$

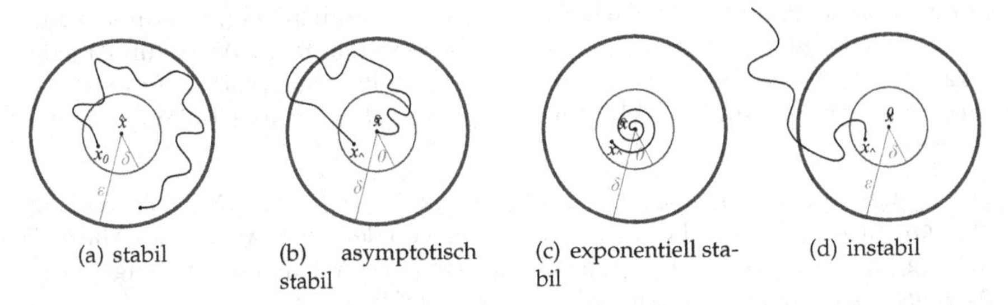

(a) stabil (b) asymptotisch stabil (c) exponentiell stabil (d) instabil

Abbildung 5.1.: Stabilitätsverhalten im zweidimensionalen Fall. In (a) ist ein stabiler Gleichgewichtspunkt $\widehat{x}$ dargestellt, in (b) ein asymptotisch stabiles Gleichgewicht $\widehat{x}$, in (c) ein exponentiell stabiles Gleichgewicht $\widehat{x}$ und in (d) das Verhalten im Falle eines instabilen Gleichgewichtpunktes $\widehat{x}$.

Nach dieser Definition gilt insbesondere, dass ein Punkt $\widehat{x} \in \mathbb{R}^d$ genau dann ein Gleichgewichtspunkt der gDGL (5.1) ist, wenn $\dot{\widehat{x}} = f(t, \widehat{x}) = 0$ für alle $t \in I_{t_0,x_0}$.

Das Verhalten von Lösungen in der Nähe eines Gleichgewichtspunktes bestimmt dessen Stabilität:

Definition 5.2 Ein Gleichgewichtspunkt $\widehat{x}$ der gDGL (5.1) heißt

1. *stabil* (im Sinne von Lyapunov), falls für alle $\epsilon > 0$ ein $\delta > 0$ existiert, so dass

$$\|x(t; t_0, x_0) - \widehat{x}\| \leq \epsilon$$

   für alle $t \in I_{t_0,x_0}$ und für alle $x_0 \in \mathbb{R}^d$ mit $\|x_0 - \widehat{x}\| < \delta$.

2. *lokal asymptotisch stabil*, falls $\widehat{x}$ stabil ist und für alle $\delta > 0$ und alle $\epsilon > 0$ ein $T > 0$, $T \in I_{t_0,x_0}$ und eine Umgebung U von $\widehat{x}$ existieren, so dass

$$\|x(t; t_0, x_0) - \widehat{x}\| \leq \epsilon$$

   für alle $t \geq T$ und für alle $x_0 \in U$ mit $\|x_0 - \widehat{x}\| < \delta$.

3. *lokal exponentiell stabil*, falls zwei Konstanten $\mu, \nu > 0$ existieren, so dass

$$\|x(t; t_0, x_0) - \widehat{x}\| \leq \mu \cdot e^{-\nu t} \|x_0 - \widehat{x}\|$$

   für alle $t \in I_{t_0,x_0}$ und für alle $x_0 \in U$ in einer Umgebung U von $\widehat{x}$.

4. *instabil*, falls er nicht stabil ist.

Für die obigen Stabilitätseigenschaften gilt der Zusammenhang, dass aus lokaler exponentieller Stabilität lokale asymptotische Stabilität folgt. Weiterhin ist jeder lokal asymptotische Gleichgewichtspunkt per Definition auch stabil. Für den zweidimensionalen Fall sind in Abbildung 5.1 die verschiedenen Stabilitätsverhalten skizziert.

Für Systeme linearer gDGLen ($\dot{x} = \mathfrak{A}x$, $\mathfrak{A} \in \mathbb{R}^{d_1 \times d_2}$, $d_1, d_2 \in \mathbb{N}$), kann gezeigt werden, dass die Stabilität des Gleichgewichts von den Eigenwerten der Matrix $\mathfrak{A}$ abhängt. Im Fall von nichtlinearen gDGLen ($\dot{x} = f(t,x)$) lassen sich einige dieser Aussagen übertragen, wenn man das Vektorfeld f linearisiert.

Definition 5.3 Sei $\overline{x} = x(t; t_0, x_0)$ eine Lösung der gDGL (5.1) zur Anfangsbedingung (5.2) und $I \subset I_{t_0,x_0}$ ein kompaktes Intervall. Dann heißt

$$\mathfrak{A}(t) := \frac{\mathrm{d}f}{\mathrm{d}x}(t, \overline{x}) = \mathrm{D}f(\overline{x}), \qquad \forall\, t \in I$$

Linearisierung von f in $\overline{x}$.

Die Linearisierung von f in $\overline{x}$ stimmt somit mit der Jacobi-Matrix von f ausgewertet in $\overline{x}$ überein.

Beschränkt man sich auf autonome gDGLen ($\dot{x} = f(x)$), so lässt sich ein Zusammenhang zwischen exponentieller Stabilität und den Eigenwerten der Linearisierung von f beweisen:

Satz 5.3 *Sei $\dot{x} = f(x)$ eine nichtlineare, autonome Differentialgleichung mit dem Gleichgewichtspunkt $\widehat{x} \in \mathbb{R}^d$. f sei stetig differenzierbar in $\widehat{x}$ und $\mathfrak{A} = \mathrm{D}f(\widehat{x})$ bezeichne die Linearisierung von f in $\widehat{x}$. Dann gilt, dass $\widehat{x}$ genau dann lokal exponentiell stabil ist, wenn die Realteile aller Eigenwerte der Jacobi-Matrix $\mathrm{D}f(\widehat{x})$ negativ sind.*

Da exponentielle Stabilität asymptotische Stabilität impliziert, folgt aus Satz 5.3 unmittelbar:

Korollar 5.1 *Es gelten dieselben Voraussetzungen wie in Satz 5.3 und λ_i, $i \in \{1, \dots, d\}$, bezeichne die Eigenwerte der Jacobi-Matrix $\mathrm{D}f(\widehat{x})$. Dann folgt aus $\mathrm{Re}(\lambda_i) < 0$ für alle $i \in \{1, \dots, d\}$, dass $\widehat{x}$ ein lokal asymptotisch stabiler Gleichgewichtspunkt ist.*

Für nichtlineare Differentialgleichungen liefert die Untersuchung der Stabilität der Gleichgewichtspunkte nur eine lokale Aussage. Für Störungen aus einer (eventuell sehr kleinen) Umgebung des Gleichgewichtspunktes ist sichergestellt, dass diese mit der Zeit ausgelöscht werden. Eine allgemeinere Fragestellung ist, wie sich die Trajektorien $x(t)$ und $x(t) + \delta(t)$ zu zwei beliebigen, nah beieinander liegenden

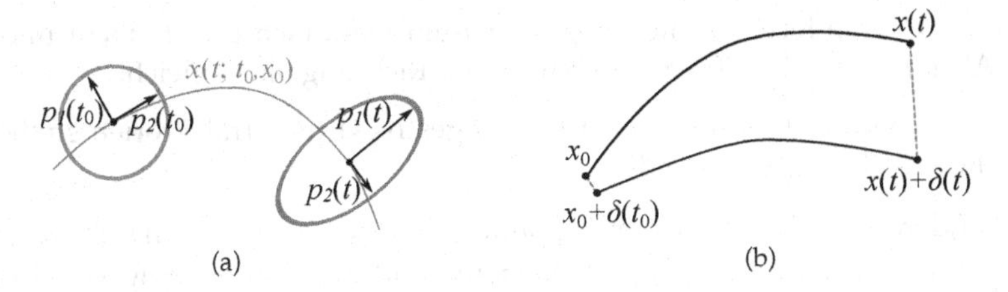

Abbildung 5.2.: Lyapunov-Exponenten im zweidimensionalen Fall. In (a) ist die Verformung der Hauptachsen $p_i(t)$ dargestellt, in (b) die Entwicklung einer kleinen Störung $\delta(t_0)$ zu $\delta(t) \approx e^{\lambda_1^{\mathfrak{L}} \cdot t} \cdot \delta(t_0)$.

Anfangswerten x_0 und $x_0 + \delta(t_0)$ der gDGL (5.1) entwickeln. Eine Aussage zur Sensitivität des Systems gegenüber den Anfangsbedingungen lässt sich anhand der im Folgenden definierten Lyapunov-Exponenten treffen (Wolf et al. 1985; Dingwell 2006).

Definition 5.4 Bezeichnen $p_i(t_0)$, $i \in \{1, \ldots, d\}$, die Hauptachsen einer infinitesimalen, d-dimensionalen Kugel um den Anfangswert x_0 des Systems (5.1) zum Zeitpunkt t_0, so lassen sich die Elemente der Kugel als gestörte Anfangswerte des Systems (5.1) interpretieren. Verfolgt man die Trajektorien, die zu diesen gestörten Anfangswerten gehören, so verformt sich die d-dimensionale Kugel in einen d-dimensionalen Ellipsoid mit den Hauptachsen $p_i(t), i \in \{1, \ldots, d\}$ (vgl. Abbildung 5.2(a)). Die Grenzwerte

$$\lambda_i^{\mathfrak{L}} = \lim_{t \to \infty} \frac{1}{t} \log \left(\frac{p_i(t)}{p_i(t_0)} \right), \quad i \in \{1, \ldots, d\} \tag{5.3}$$

werden als *Lyapunov-Exponenten* bezeichnet.

Hierbei werden die Lyapunov-Exponenten für gewöhnlich der Größe nach sortiert, so dass $\lambda_1^{\mathfrak{L}} \geq \lambda_2^{\mathfrak{L}} \geq \ldots \geq \lambda_d^{\mathfrak{L}}$.

Aus der Definition der Lyapunov-Exponenten folgt $p_i(t) \approx e^{\lambda_i^{\mathfrak{L}} \cdot t} \cdot p_i(t_0)$, so dass die Lyapunov-Exponenten ein Maß für die Verformung des d-dimensionalen Ellipsoids und damit für den Abstand zwischen zwei benachbarten Trajektorien angeben (vgl. Abbildung 5.2(b)). Gilt

$\lambda_i^{\mathfrak{L}} < 0$, so wird die i-te Hauptachse $p_i(t)$ gestaucht und der Abstand zwischen den Trajektorien verringert sich in dieser Richtung.

$\lambda_i^{\mathfrak{L}} = 0$, so verändert sich die Länge der i-ten Hauptachse $p_i(t)$ nicht und der Abstand zwischen Trajektorien in dieser Richtung bleibt gleich.

$\lambda_i^{\mathfrak{L}} > 0$, so wird die i-te Hauptachse $p_i(t)$ gestreckt und Trajektorien streben in diese Richtung auseinander.

Insbesondere anhand des größten Lyapunov-Exponenten $\lambda_1^{\mathfrak{L}}$ lassen sich Aussagen zur Langzeitentwicklung des DGL-Systems und zur Auswirkung von kleinen Störungen treffen. Für diese Arbeit von besonderem Interesse ist dabei der folgende Zusammenhang (vgl. z. B. Dingwell 2006; Greiner 2008)

Bemerkung 5.1 Gilt $\lambda_1^{\mathfrak{L}} < 0$, so konvergieren alle benachbarten Trajektorien zu einem stabilen Gleichgewicht.

Für $\lambda_1^{\mathfrak{L}} = 0$ und $\lambda_1^{\mathfrak{L}} > 0$ lassen sich Rückschlüsse auf periodische Orbits und chaotisches Verhalten ziehen. Hierauf sowie auf die Voraussetzungen für die Existenz des Grenzwertes in Gleichung (5.3) soll an dieser Stelle jedoch nicht weiter eingegangen werden. Für eine ausführlichere Behandlung siehe z. B. Eckmann u. Ruelle (1985); Dingwell (2006).

5.2. Anwendung der Theorie auf das DGL-System (4.45) - (4.53)

Die im vorigen Abschnitt vorgestellte mathematische Theorie wird im Folgenden auf das DGL-System (4.45) - (4.53) angewendet. In Abschnitt 5.2.1 wird auf die Existenz, Eindeutigkeit und Stetigkeit des in Kapitel 4 vorgestellten DGL-Systems eingegangen. Im Anschluss daran werden in Abschnitt 5.2.2 die Gleichgewichte dieses Systems und ihr Stabilitätsverhalten bestimmt. Abschließend werden in Abschnitt 5.2.3 die Lyapunov-Exponenten berechnet und anhand dieser Werte Rückschlüsse auf die Stabilität des DGL-Systems gezogen.

5.2.1. Existenz, Eindeutigkeit und Stetigkeit einer Lösung

Zum Nachweis der Existenz, Eindeutigkeit und Stetigkeit der Lösung des DGL-Systems (4.45) - (4.53), müssen die Voraussetzungen der Sätze 5.1 und 5.2 erfüllt sein.

Zunächst wird das Vektorfeld $f(w) = (f_1(w), \ldots, f_9(w))$ mittels $f_i(w) := \mathrm{d}w_i/\mathrm{d}t$, $i \in \{1, \ldots, 9\}$, durch die Gleichungen (4.45) - (4.53) definiert. Für dieses Vektorfeld f wird dann überprüft, ob f stetig ist und außerdem lokal Lipschitz-stetig in

w. Hierzu genügt es, die Stetigkeit und lokale Lipschitz-Stetigkeit in w für die einzelnen Elemente $f_i, i \in \{1, \ldots, 9\}$, nachzuweisen, da dies impliziert, dass auch f stetig bzw. lokal Lipschitz-stetig in w ist. Für den Fall der lokalen Lipschitz-Stetigkeit folgt diese Behauptung beispielsweise unmittelbar durch Anwendung der Maximum-Norm $\|\cdot\|_{\max}$ und der Definition der Lipschitz-Stetigkeit.

Die einzelnen Elemente f_i sind multivariate Polynome und rationale Funktionen. Die Stetigkeit und lokale Lipschitz-Stetigkeit sind für die Funktionen $f_2, \ldots, f_5$ trivialerweise erfüllt, da sie Polynome in den w_i, $i \in \{1, \ldots, 9\}$, sind. Für die Funktionen $f_1, f_6, \ldots, f_9$ gilt es auszuschließen, dass die einzelnen Nenner Null werden. Dies ist jedoch aufgrund der Einschränkung auf biologisch sinnvolle Werte w_i (d. h. $w_i \geq 0, i \in \{1, \ldots, 9\}$, und $w_i \leq 1, i \in \{5, \ldots, 9\}$) automatisch sichergestellt (vgl. Bemerkung 4.1).

Somit sind die Voraussetzungen der Sätze 5.1 und 5.2 erfüllt. Es folgt, dass für das DGL-System (4.45) - (4.53) eine Lösung existiert, die eindeutig ist und stetig von den Anfangswerten abhängt.

5.2.2. Berechnung der Gleichgewichte und deren Stabilität

Um erste Aussagen zur Stabilität des in Abschnitt 4.1.4 vorgestellten DGL-Systems (4.45) - (4.53) treffen zu können, müssen die Gleichgewichte $\widehat{w} = (\widehat{w}_1, \ldots, \widehat{w}_9)$ des Systems berechnet werden. Die Auswertung der Eigenwerte der Jacobi-Matrix $\mathrm{D}f(w)$ an diesen Gleichgewichten liefert dann Informationen zur Stabilität der Gleichgewichtspunkte.

Berechnung der Gleichgewichtspunkte Zunächst wird das in Abschnitt 5.2.1 eingeführte Vektorfeld f erweitert, indem die Abhängigkeit der einzelnen Gleichungen von der Glukosekonzentration g berücksichtigt wird: $f(w, g) = (f_1(w, g), \ldots, f_9(w, g))$ mit $f_i(w, g) = \mathrm{d}w_i/\mathrm{d}t$. Da das Vektorfeld f von der Glukosekonzentration g abhängig ist, hängen auch die Gleichgewichtspunkte $\widehat{w}$ von g ab. Es gilt also $\widehat{w} = \widehat{w}(g)$. Bezogen auf die Berechnung der Gleichgewichte übernimmt g allerdings nicht die Funktion einer Variablen, sondern die eines Parameters.

Die Gleichgewichte des DGL-Systems $\mathrm{d}w/\mathrm{d}t = f(w, g)$ ergeben sich als die Nullstellen des Vektorfeldes f. Da f nichtlinear ist, gibt es keinen allgemeingültigen Algorithmus zur analytischen Bestimmung der Lösungen $\widehat{w}$ des Gleichungssystems $f(w, g) = 0$. Aufgrund der Struktur der Gleichungen ist es jedoch trotzdem möglich, eine analytische Lösung zu berechnen. Der entsprechende Lösungsweg ist in Anhang A dargestellt.

Da im Zuge des in Angang A vorgestellten Vorgehens kubische Gleichungen gelöst werden müssen, kann keine allgemeingültige Formel für die Bestimmung von

Tabelle 5.1.: Die Gleichgewichte des DGL-Systems (4.45) - (4.53) und der maximale Eigenwert λ_{max} der zugehörigen Jacobi-Matrix für verschiedene Glukosekonzentrationen g.

$\widehat{w}$ \ $g/\mathrm{g\,l^{-1}}$	0,3	1,125	2,25	4,5
$\widehat{w}_1(g)$	0,122	0,243	0,429	0,830
$\widehat{w}_2(g)$	0,794	0,399	0,227	0,117
$\widehat{w}_3(g)$	0,967	0,969	0,971	0,971
$\widehat{w}_4(g)$	0,696	0,350	0,199	0,103
$\widehat{w}_5(g)$	0,635	0,467	0,332	0,204
$\widehat{w}_6(g)$	0,658	0,506	0,364	0,213
$\widehat{w}_7(g)$	0,365	0,303	0,235	0,151
$\widehat{w}_8(g)$	0,189	0,212	0,243	0,297
$\widehat{w}_9(g)$	0,857	0,764	0,586	0,309
$\lambda_{max}(g)$	−0,270	−0,217	−0,184	−0,162

$\widehat{w}_1, \ldots, \widehat{w}_9$ in Abhängigkeit von g hergeleitet werden. Aus diesem Grund werden die Werte $\widehat{w}_1, \ldots, \widehat{w}_9$ für ausgewählte, repräsentative Glukosekonzentrationen g explizit berechnet. Die kubischen Gleichungen werden mittels der MATLAB-Funktion `solve` gelöst, die für Polynomgleichungen alle Lösungen bestimmt.

In der Arbeit von Godlewski et al. (2010), die die biologische Grundlage des in Abschnitt 4.1 vorgestellten DGL-Systems darstellt, wurden *In-vitro*-Experimente in verschiedenen Glukosemedien durchgeführt. Für diese Glukosekonzentrationen ($0{,}3\,\mathrm{g\,l^{-1}}$, $1{,}125\,\mathrm{g\,l^{-1}}$, $2{,}25\,\mathrm{g\,l^{-1}}$, $4{,}5\,\mathrm{g\,l^{-1}}$) werden deshalb stellvertretend die Gleichgewichtspunkte bestimmt. Außerdem werden die Gleichgewichte für 1000 äquidistant verteilte Konzentrationen im Intervall $0{,}3\,\mathrm{g\,l^{-1}}$ bis $4{,}5\,\mathrm{g\,l^{-1}}$ berechnet.

Aufgrund der vier zu lösenden kubischen Gleichungen sind theoretisch für jede Glukosekonzentration g bis zu $3^4 = 81$ verschiedene Gleichgewichtspunkte möglich. Tatsächlich ergeben sich jedoch nur 24 verschiedene Gleichgewichte, von denen wiederum nur eines biologisch möglich ist.

Unter der Annahme, dass die Anfangsbedingung der gDGL biologisch sinnvoll gewählt ist (d. h. $w_i(0) \in \mathbb{R}$, $w_i(0) \geq 0$ für $i \in \{1, \ldots, 9\}$ und $w_i(0) \leq 1$ für $i \in \{5, \ldots, 9\}$), nehmen die Variablen $w_1(t), \ldots, w_9(t)$ im zeitlichen Verlauf nur biologisch sinnvolle Werte an (vgl. Bemerkungen 3.1, 3.2 und 4.1). Deshalb genügt es, sich in den folgenden Untersuchungen auf den einzigen biologisch möglichen Gleichgewichtspunkt zu beschränken. Für die vier verschiedenen Glukosewerte $g \in \{0{,}3\,\mathrm{g\,l^{-1}}, 1{,}125\,\mathrm{g\,l^{-1}}, 2{,}25\,\mathrm{g\,l^{-1}}, 4{,}5\,\mathrm{g\,l^{-1}}\}$ sind die biologisch möglichen Gleichgewichtspunkte $\widehat{w}(g)$ in Tabelle 5.1 zusammengefasst.

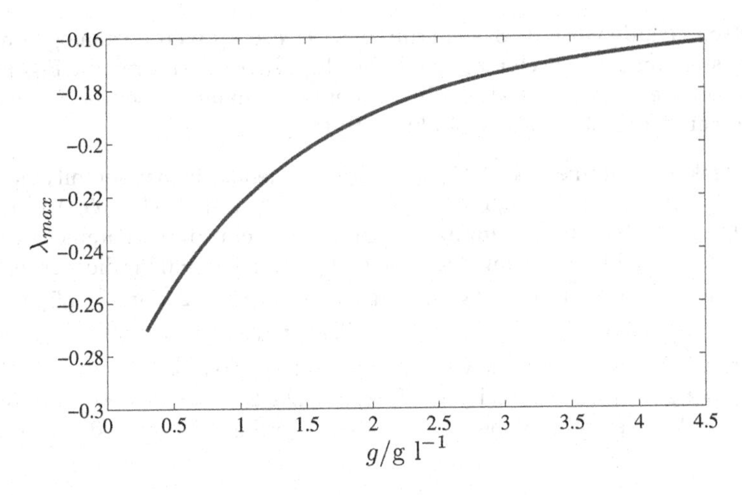

Abbildung 5.3.: Entwicklung des maximalen Eigenwertes λ_{max} der Jacobi-Matrix ausgewertet für Glukosekonzentrationen g im Intervall $0{,}3\,\mathrm{g\,l^{-1}}$ bis $4{,}5\,\mathrm{g\,l^{-1}}$.

Stabilität des Gleichgewichtes Zur Bestimmung der Stabilität der Gleichgewichte des DGL-Systems (4.45) - (4.53) wird die Jacobi-Matrix $\mathrm{D}f(w, g)$ an den Gleichgewichtspunkten $w(g)$ ausgewertet. Die ausführliche Formulierung dieser Jacobi-Matrix $\mathrm{D}f(w, g)$ findet sich in Anhang A. Die Eigenwerte λ_i, $i \in \{1, \ldots, 9\}$, der Jacobi-Matrix werden mittels der MATLAB Funktion `eig` berechnet und der Eigenwert mit dem größten Realteil wird bestimmt. Da das DGL-System (4.45) - (4.53) autonom ist, kann – wenn dieser Realteil negativ ist – festgehalten werden, dass der entsprechende Gleichgewichtspunkt nach Korollar 5.1 asymptotisch stabil ist.

Für alle Gleichgewichtspunkte $\widehat{w}(g)$ sind alle Eigenwerte reellwertig und $\lambda_{max}(g)$ bezeichnet im Folgenden den Maximalen aller Eigenwerte zu einem gegebenen g. In der letzten Zeile von Tabelle 5.1 sind diese maximalen Eigenwerte $\lambda_{max}(g)$ aufgeführt. In Abbildung 5.3 ist außerdem der Verlauf des maximalen Eigenwertes $\lambda_{max}(g)$ in Abhängigkeit von der Glukosekonzentration g dargestellt. Es lässt sich festhalten, dass $\lambda_{max}(g) < 0$ für alle g erfüllt ist. Nach Korollar 5.1 ist der biologisch mögliche Gleichgewichtspunkt $\widehat{w}(g)$ somit für alle Glukosekonzentrationen g asymptotisch stabil.

Abhängigkeit von Reaktionsparametern Das DGL-System $\mathrm{d}w/\mathrm{d}t = f(w, g)$ ist nicht nur von der Glukosekonzentration g abhängig, sondern auch von den 31 Reaktionsparametern k_i. Deshalb ist es wichtig zu untersuchen, ob die Variation eines Reaktionsparameters k_i Auswirkungen auf das Stabilitätsverhalten hat. Hierzu werden die Parameter k_i einzeln in einem festgelegten Rahmen zu k_i' variiert. Für das entsprechende variierte System $dw/dt = f(w, g, k_i')$ werden analog zum Ausgangssystem die biologisch möglichen Gleichgewichte bestimmt, die Eigenwerte der entsprechenden Jacobi-Matrix berechnet und anhand dieser die Stabilitätseigenschaften der Gleichgewichtspunkte ermittelt.

Die 31 Reaktionsparameter $k_i \in \{k_1, \ldots, k_{18}^{m2}\}$ werden nacheinander mit einem Faktor $b \in B = \{0{,}01,\ 0{,}1,\ 0{,}5,\ 0{,}8,\ 0{,}9,\ 0{,}95,\ 0{,}98,\ 0{,}99,\ 1{,}01,\ 1{,}02,\ 1{,}05,\ 1{,}1,\ 1{,}2,\ 1{,}5,\ 1{,}9,\ 1{,}99,\ 5,\ 10,\ 50,\ 100\}$ multipliziert. Für jede einzelne dieser Parametervariationen $k_i' = k_i \cdot b$ ergibt die Lösung des Systems $f(w, g, k_i \cdot b) = 0$ für die vier repräsentativen Glukosekonzentrationen $g \in \{0{,}3\,\mathrm{g\,l^{-1}},\ 1{,}125\,\mathrm{g\,l^{-1}},\ 2{,}25\,\mathrm{g\,l^{-1}},\ 4{,}5\,\mathrm{g\,l^{-1}}\}$ wie zuvor jeweils einen biologisch möglichen Gleichgewichtspunkt $\widehat{w}^{(k_i,b)}(g)$, auf dessen Darstellung an dieser Stelle verzichtet wird. Der maximale Eigenwert $\lambda_{max}^{(k_i,b)}(g)$ der zugehörigen Jacobi-Matrix ist für alle k_i und alle b positiv, so dass nach Korollar 5.1 für alle Parametervariationen $k_i' = k_i \cdot b$ der Gleichgewichtspunkt asymptotisch stabil ist.

5.2.3. Berechnung der Lyapunov-Exponenten und Schlussfolgerungen zur Stabilität

In Kapitel 4 in Tabelle 4.1 sind die Anfangswerte w_0 des DGL-Systems (4.45)-(4.53) gegeben. Für die Trajektorie, die durch diese Anfangsbedingung bestimmt ist, soll untersucht werden, welche Auswirkungen kleine Störungen haben. Zu diesem Zweck werden im Folgenden die Lyapunov-Exponenten $\lambda_i^{\mathfrak{L}}$ zum Referenzwert w_0 berechnet.

Eine analytische Bestimmung der Lyapunov-Exponenten ist für das DGL-System (4.45)-(4.53) nicht möglich. Die Lyapunov-Exponenten werden deshalb numerisch in MATLAB mit Hilfe der Wolf-Methode berechnet (Wolf et al. 1985). Der Algorithmus berechnet die Lyapunov-Exponenten als Durchschnitt über die Langzeitentwicklung von Störungen in linearen Unterräumen entlang der numerisch berechneten Trajektorie des Referenzwertes.

Wie bei der Berechnung der Gleichgewichte in Abschnitt 5.2.2 ist auch bei der Berechnung der Lyapunov-Exponenten die Abhängigkeit des Systems $dw/dt = f(w, g)$ von der Glukosekonzentration g zu beachten. Wie zuvor werden deshalb die Berechnungen für konkrete Werte g durchgeführt, so dass sich Glukoseabhängige Lyapunov-Exponenten $\lambda_i^{\mathfrak{L}}(g)$ ergeben. Insbesondere wird erneut $g \in \{0{,}3\,\mathrm{g\,l^{-1}},\ 1{,}125\,\mathrm{g\,l^{-1}},\ 2{,}25\,\mathrm{g\,l^{-1}},\ 4{,}5\,\mathrm{g\,l^{-1}}\}$ gewählt.

In Tabelle 5.2 sind für die obigen vier Glukosekonzentrationen g die jeweils größten Lyapunov-Exponenten $\lambda_1^{\mathfrak{L}}(g)$ gegeben. In allen Fällen ist der größte Lyapunov-Exponent $\lambda_1^{\mathfrak{L}}(g)$ negativ, so dass nach Bemerkung 5.1 Störungen der Trajektorie

Tabelle 5.2.: Die Lyapunov-Exponenten des DGL-Systems (4.45) - (4.53) für verschiedene Glukosekonzentrationen g.

$g/\mathrm{g\,l}^{-1}$	0,3	1,125	2,25	4,5
$\lambda_1^{\mathfrak{L}}(g)$	−0,363	−0,308	−0,266	−0,232

zum Referenzwert w_0 ausgelöscht werden und die Trajektorie zum stabilen Gleichgewicht $\hat{w}$ konvergiert, das in Abschnitt 5.2.2 berechnet wurde.

Die Abhängigkeit von den Reaktionsparametern, die bereits bei der Berechnung der Gleichgewichte und ihrer Stabilität in Abschnitt 5.2.2 untersucht wurde, muss auch bei der Berechnung und Auswertung der Lyapunov-Exponenten berücksichtigt werden. Analog zu Abschnitt 5.2.2 werden deshalb nacheinander die 31 Reaktionsparameter $k_1, k_1^i, \ldots, k_{18}^{m2}$ mit den Faktoren $b \in B = \{0{,}01,\ 0{,}1,\ 0{,}5,\ 0{,}8,\ 0{,}9,\ 0{,}95,\ 0{,}98,\ 0{,}99,\ 1{,}01,\ 1{,}02,\ 1{,}05,\ 1{,}1,\ 1{,}2,\ 1{,}5,\ 1{,}9,\ 1{,}99,\ 5,\ 10,\ 50,\ 100\}$ multipliziert. Für jede Parametervariation $k_j' = k_j \cdot b$ werden für alle Glukosekonzentrationen g die Lyapunov-Exponenten $\lambda_i^{\mathfrak{L};(k_j,b)}(g)$ berechnet und insbesondere der größte Lyapunov-Exponent $\lambda_1^{\mathfrak{L};(k_j,b)}(g)$ wird auf sein Vorzeichen hin ausgewertet.

Für alle Parametervariationen ergeben die Berechnungen einen negativen größten Lyapunov-Exponenten. Auf die Darstellung dieser Werte wurde an dieser Stelle verzichtet. Aufgrund der Negativität der Lyapunov-Exponenten sind auch bei der Modifikation der Reaktionsparameter Störungen der Trajektorien transient und die Trajektorien konvergieren zu den stabilen Gleichgewichtspunkten, die in Abschnitt 5.2.2 berechnet wurden.

5.3. Diskussion

Eine wesentliche Frage bei der Behandlung gewöhnlicher Differentialgleichungen besteht darin, ob die Existenz und Eindeutigkeit einer Lösung sichergestellt werden kann. Ist dies der Fall, so ist man weiterhin daran interessiert, ob Voraussagen zum zeitlichen Verlauf der Lösungen getroffen werden können, ohne die Gleichung zu lösen. Von Interesse ist hier beispielsweise, ob eine Lösung sich langfristig einem festen Wert annähert oder um einen spezifischen Wert oszilliert. Unter Voraussetzung der Lipschitz-Stetigkeit des definierenden Vektorfeldes ist bekannt, dass die Lösung einer gDGL stetig von den Anfangswerten abhängt. Dennoch können nur leicht variierte Anfangsbedingungen in einem grundsätzlich verschiedenen Verhalten der Lösung der gDGL resultieren. In Hinblick auf die Stabilität untersucht man, welche Auswirkungen die Variation der Anfangsbedingung auf den langfristigen zeitlichen Verlauf der Lösung einer gDGL hat.

Insbesondere die letzte Frage ist für diese Arbeit von Interesse. Im Zuge der Modellierung wird das DGL-System mithilfe numerischer Verfahren gelöst. Auch die beste numerische Methode liefert in den meisten Fällen keine exakte Lösung, sondern eine (minimal) abweichende. Aus diesem Grund gilt es zu untersuchen, ob ein durch die Methode induzierter kleiner Fehler im zeitlichen Verlauf ein kleiner Fehler bleibt oder sich zu einer großen Abweichung entwickelt, die auf das System an sich (und nicht auf die numerische Methode) zurückgeht.

In diesem Kapitel wurde deshalb das DGL-System $dw/dt = f(w)$ bezüglich der Existenz und Eindeutigkeit seiner Lösung untersucht. Basierend auf dem erfolgreichen Nachweis der Stetigkeit und lokalen Lipschitz-Stetigkeit in w des Vektorfeldes f konnte gezeigt werden, dass eine eindeutige Lösung des DGL-Systems existiert, die stetig von den Anfangswerten abhängt.

Ausgehend von der Feststellung, dass das System $dw/dt = f(w)$ eine eindeutige Lösung besitzt, wurde das Stabilitätsverhalten des DGL-Systems analysiert. Hierzu wurden zunächst die Gleichgewichte des Systems und deren Stabilität bestimmt. In einem nächsten Schritt wurden die Lyapunov-Exponenten berechnet, um die Sensitivität des Systems gegenüber den Anfangsbedingungen zu untersuchen.

Das DGL-System ist insgesamt von 32 Parametern abhängig: der Glukosekonzentration g und 31 Reaktionsparametern k_i. Zunächst wurden für die Analysen die 31 Reaktionsparameter fixiert und ausschließlich die Abhängigkeit von der Glukosekonzentration g berücksichtigt. Rein rechnerisch wurden zu jeder Glukosekonzentration g 24 Gleichgewichtspunkte gefunden. Allerdings gibt die Biologie einige Einschränkungen an die Anfangsbedingungen vor: Die Anfangswerte müssen reellwertig sein ($w(0) \in \mathbb{R}^9$), dürfen nicht negativ sein ($w_i(0) \geq 0, i \in \{1,\ldots,9\}$) und aus Abschnitt 4.1.2 folgt außerdem $w_i(0) \leq 1, i \in \{5,\ldots,9\}$. In den Kapiteln 3 und 4 (Bemerkungen 3.1, 3.2 und 4.1) wurde gezeigt, dass ausgehend von einer solchen Anfangsbedingung die Lösung der gDGL diese Bedingungen auch im weiteren zeitlichen Verlauf erfüllt, also $w(t) \in \mathbb{R}^9$, $w_i(t) \geq 0, i \in \{1,\ldots,9\}$, und $w_i(t) \leq 1, i \in \{5,\ldots,9\}$, gilt. Aus diesem Grund genügt es, ausschließlich die Gleichgewichtspunkte zu analysieren, die ebenfalls die obigen Bedingungen erfüllen, die sogenannten biologisch möglichen Gleichgewichte. Von den 24 berechneten Gleichgewichten ist für jede Glukosekonzentration g genau ein Gleichgewicht biologisch möglich. Dieses Gleichgewicht ist für alle g asymptotisch stabil.

Zu jeder Glukosekonzentration g wurden außerdem für den Anfangswert w_0 aus Tabelle 4.1 die Lyapunov-Exponenten berechnet. Da der größte Lyapunov-Exponent für alle g negativ ist, lässt sich schließen, dass die Lösung des DGL-Systems (4.45) - (4.53) sich langfristig dem zuvor berechneten, asymptotisch stabilen Gleichgewicht annähert. Des Weiteren stellt die Negativität des größten Lyapunov-Exponenten sicher, dass für die numerische Lösung des DGL-Systems keine Probleme aus der Diskretisierung der Gleichungen entstehen. Kleine Störungen, die beispielsweise durch numerische Ungenauigkeiten verursacht werden, werden nicht verstärkt sondern langfristig ausgelöscht.

Eine weitere in diesem Kapitel behandelte Fragestellung betrachtet die Abhängigkeit des Stabilitätsverhaltens von den Parametern der gDGL. Die Modifikation einzelner Parameter könnte theoretisch zu neuen Gleichgewichtspunkten führen und zu einer veränderten Stabilität. Doch auch die Variation der 31 Reaktionsparameter k_i mittels Multiplikation mit 20 ausgewählten Faktoren aus dem Intervall [0,01, 100] resultierte in jeweils einem asymptotisch stabilen, biologisch möglichen Gleichgewichtspunkt und einem negativen Lyapunov-Exponenten. Somit nähert sich auch bei den untersuchten, modifizierten Reaktionsparametern die Lösung der gDGL im zeitlichen Verlauf dem jeweiligen Gleichgewichtspunkt an.

KAPITEL 6

Auswertung des Multiskalenmodells

In diesem Kapitel wird das zuvor vorgestellte Tumorwachstumsmodell ausgewertet. Das Modell auf der molekularen Ebene wird zunächst separat analysiert, indem die Konzentrationen $w_i(t)$ der beteiligten Moleküle für verschiedene Glukosekonzentrationen g evaluiert werden. Hierbei steht ein Vergleich zu Ergebnissen aus *In-vitro*-Experimenten im Vordergrund. Auf der mikroskopischen Ebene wird das Multiskalenmodell untersucht, indem die räumliche Entwicklung des Tumors im Verlauf der Zeit ausgewertet wird. In diesem Zusammenhang wird die Abhängigkeit des Modells von der verfügbaren Nährstoffkonzentration berücksichtigt. Darüber hinaus wird unterschieden, ob die Krebsstammzellhypothese berücksichtigt wird oder nicht. In diesem Zusammenhang wird zunächst davon ausgegangen, dass sich alle Zellen unbeschränkt oft teilen können. Darauffolgend wird die Auswirkung der Krebsstammzellhypothese untersucht, indem nur für eine Subpopulation (die Krebsstammzellen) angenommen wird, dass sie über ein unbegrenztes Replikationspotenzial verfügt.

Zu Beginn wird in Abschnitt 6.1 das molekulare Interaktionsnetzwerk, das durch ein DGL-System repräsentiert wird, quantitativ evaluiert. Darauf aufbauend wird in Abschnitt 6.2 die raumzeitliche Ausbreitung des modellierten Tumors auf der mikroskopischen Ebene untersucht und diskutiert. Abschließend werden in Abschnitt 6.3 die Ergebnisse der Einbettung der Krebsstammzellhypothese präsentiert und analysiert.

6.1. Molekulares Interaktionsnetzwerk

Im vorigen Kapitel wurde gezeigt, dass das DGL-System (4.45) - (4.53), das das molekulare Interaktionsnetzwerk des Multiskalenmodells repräsentiert, eine eindeutige Lösung besitzt. Des Weiteren wurde nachgewiesen, dass das DGL-System genau ein biologisch mögliches, asymptotisch stabiles Gleichgewicht besitzt, zu dem die Lösungen aufgrund der negativen Lyapunov-Exponenten konvergieren. In diesem Abschnitt sollen ergänzend die Lösungen zu den in Tabelle 4.1 angegebenen Anfangswerten berechnet und analysiert werden, wobei die Abhängigkeit von der Glukosekonzentration g berücksichtigt wird. Das DGL-System wird mit Hilfe der MATLAB Funktion `ode23s` gelöst. Diese Funktion basiert auf einer modifizierten Rosenbrock-Formel der Ordnung 2 und ist geeignet zur Lösung steifer Probleme (Shampine u. Reichelt 1997). Bei der Auswertung der Berechnungen wird ein besonderer Fokus auf den Vergleich der Ergebnisse dieser *In-silico*-Simulationen mit Resultaten aus *In-vitro*-Experimenten gelegt.

6.1.1. Ergebnisse

Wie in Kapitel 5 werden die Lösungen des DGL-Systems $\mathrm{d}w/\mathrm{d}t = f(w)$ für repräsentative Glukosekonzentrationen g berechnet und dargestellt ($g \in \{0{,}3\,\mathrm{g\,l^{-1}}, 1{,}125\,\mathrm{g\,l^{-1}}, 2{,}25\,\mathrm{g\,l^{-1}}$ und $4{,}5\,\mathrm{g\,l^{-1}}\}$). Der zeitliche Verlauf der verschiedenen Variablen w_i, die die Molekülkonzentrationen repräsentieren, ist in Abbildung 6.1 dargestellt. Auf die Abbildung der Lösung für w_3 (der Komplex bestehend aus miR-451 und MO25mRNA) wird verzichtet, da dieser Komplex sehr schnell abgebaut wird und keinen Einfluss auf die weiteren Variablen hat.

Für die Berechnung der Lösungen, die in Abbildung 6.1 dargestellt sind, werden konstante Glukosekonzentrationen angenommen. Diese sind in Teil (a) der Abbildung 6.1 behaftet mit der Einheit $\mathrm{g\,l^{-1}}$ wiedergegeben. Der Graph in Abbildung 6.1(a) gibt außerdem die Bedeutung der Linienfarbe und -form für die weiteren Abbildungen 6.1(b) - 6.1(i) vor. Die dunkelblauen Strich-Punkt-Linien entsprechen den Ergebnissen bei einer niedrigen Glukosekonzentration $g = 0{,}3\,\mathrm{g\,l^{-1}}$. Gestrichelte, violette Linien korrespondieren zu den Verläufen der Variablen unter Annahme einer Glukosekonzentration von $g = 1{,}125\,\mathrm{g\,l^{-1}}$. Die Konzentrationen der Moleküle bei einer Glukosekonzentration von $g = 2{,}25\,\mathrm{g\,l^{-1}}$ werden durch orange, gepunktete Linien abgebildet. Durchgehende, gelbe Linien stellen die Molekülkonzentrationen bei einer Glukosekonzentration von $g = 4{,}5\,\mathrm{g\,l^{-1}}$ dar.

An Abbildung 6.1 sieht man, dass eine niedrige Glukosekonzentration g mit einer niedrigen miR-451-Konzentration w_1 einhergeht. Hierzu korrespondiert eine hohe Konzentration w_2 der mRNA von MO25 ebenso wie eine hohe Konzentration w_4 des Proteins MO25. Auch die Konzentrationen des Komplexes LKB1-STRAD-MO25

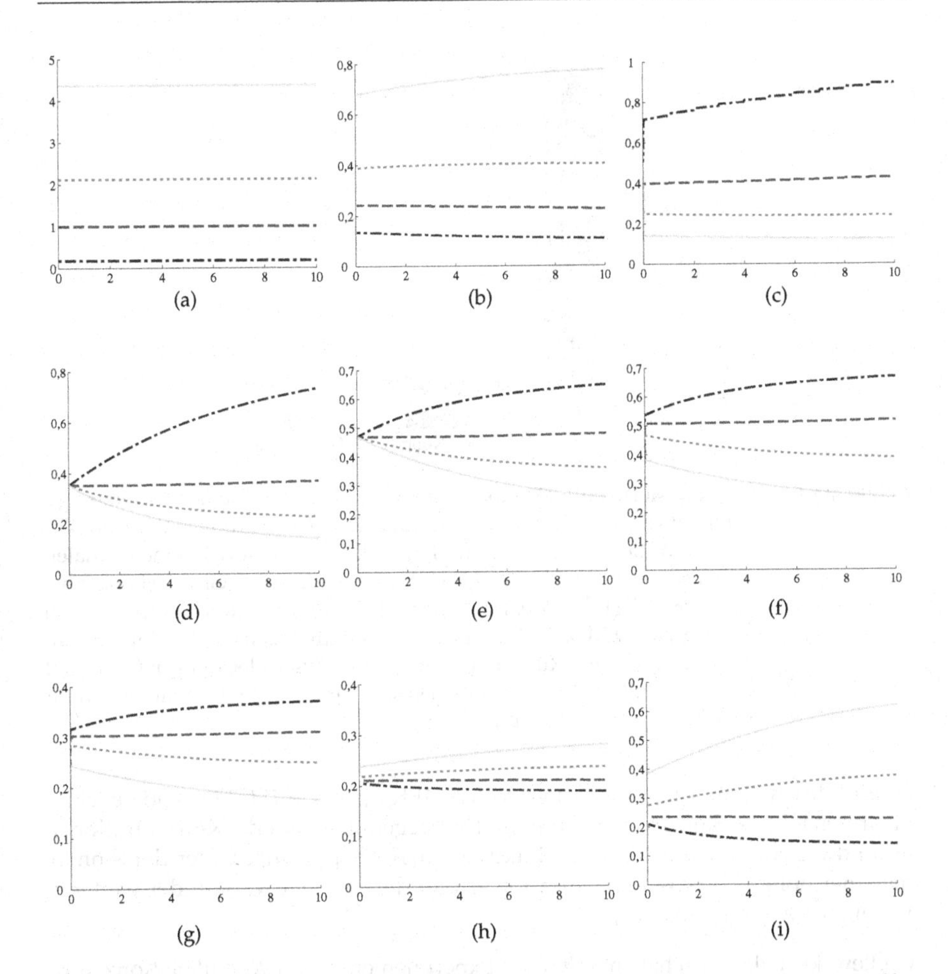

Abbildung 6.1.: Zeitlicher Verlauf der Molekülkonzentrationen für vier verschiedene Glukosekonzentrationen. Die Glukosekonzentrationen g in (a) sind angegeben in $\mathrm{g\,l^{-1}}$. Die Konzentrationen w_1-w_9 der übrigen Moleküle sind dimensionslos. Eine dunkelblauen Strich-Punkt-Linie entspricht den Molekülkonzentrationen bei einer Glukosekonzentration von $0{,}3\,\mathrm{g\,l^{-1}}$. Gestrichelte, violette Linien repräsentieren die Molekülkonzentrationen bei eine Glukosekonzentration von $1{,}125\,\mathrm{g\,l^{-1}}$. Die orange, gepunktete und die gelbe, durchgezogene Linie stellen die Molekülkonzentrationen bei einer Glukosekonzentration von $2{,}25\,\mathrm{g\,l^{-1}}$ bzw. $4{,}5\,\mathrm{g\,l^{-1}}$ dar.

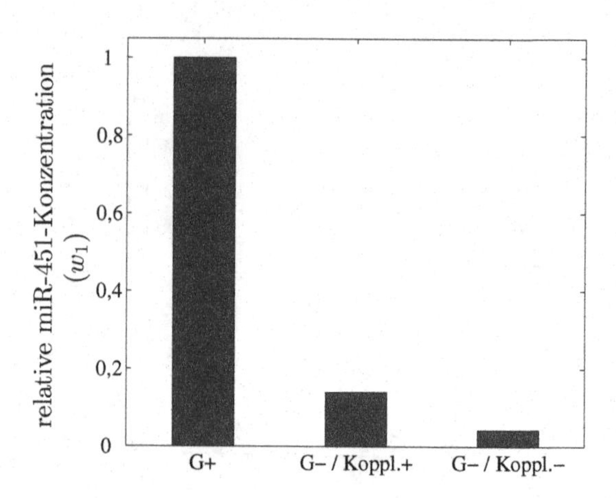

Abbildung 6.2.: Normalisierte miR-451-Konzentration w_1 bei verschiedenen Glukosegehalten (G+ und G-) und mit verschiedenen Regulierungen der miR-451-Konzentration w_1 (Koppl.+ und Koppl.-). G+ entspricht einer initialen Glukosekonzentration von 4,5 $\mathrm{g\,l^{-1}}$, G- einer initialen Glukosekonzentration von 0,3 $\mathrm{g\,l^{-1}}$. Im Fall Koppl.+ ist die negative Rückkopplung von LKB1-STRAD-MO25 W_5 zu miR-451 $W1$ aktiv (Gleichung (4.45)), im Fall Koppl.- wird diese Rückkopplung ignoriert (vgl. Gleichungen (4.19) und (6.1)). Die miR-451-Konzentrationen sind für G+ auf eins normiert und für G- relativ zu G+ gegeben.

w_5 und der phosphorylierten Formen von AMPK w_6 sowie TSC2 w_7 sind bei einer niedrigen Glukosekonzentration erhöht. Demgegenüber sind die Konzentrationen w_8 und w_9 von aktivem Rheb und aktivem mTORC1 gering. Unter der Annahme einer hohen Glukosekonzentration erfolgt der zeitliche Verlauf der weiteren Variablen genau umgekehrt.

Godlewski et al. (2010) haben in *In-vitro*-Experimenten die intrazelluläre Konzentration der miR-451 in Zellen, die für 24 Stunden in unterschiedlichen Glukosemedien kultiviert wurden, untersucht. Diese Experimente haben ergeben, dass in Zellen, die sich in einem Medium mit geringer Glukosekonzentration (0,3 $\mathrm{g\,l^{-1}}$) befinden, die miR-451-Konzentration nur etwa 20 % der Konzentration erreicht, die in Zellen vorhanden ist, die in einem Medium mit hoher Glukosekonzentration (4,5 $\mathrm{g\,l^{-1}}$) kultiviert werden.

Der Vergleich der miR-451-Konzentration w_1 bei verschiedenen Glukosekonzentrationen ist mathematisch analog möglich. Hierzu wird das DGL-System $\mathrm{d}w(g)/\mathrm{d}t = f(w, g)$ gelöst, wobei angenommen wird, dass die initiale Glukosekonzentration g wie in Gleichung (4.54) beschrieben mit der Rate r abnimmt. In Abbildung 6.2 sind die Ergebnisse dieses Vergleiches dargestellt. Abgebildet ist die normalisierte miR-451-Konzentration w_1 in Zellen nach 24 Stunden in verschiedenen Glukosemedien. Für eine hohe initiale Glukosekonzentration (G+; $g = 4{,}5\,\mathrm{g\,l^{-1}}$) ist w_1 hierbei auf eins normiert und für eine niedrige initiale Glukosekonzentration (G-; $g = 0{,}3\,\mathrm{g\,l^{-1}}$) relativ dazu angegeben. Mit G-/Koppl.+ wird das Ergebnis einer Simulation beschrieben, für die eine niedrige initiale Glukosekonzentration g vorausgesetzt wird. Dabei wird angenommen, dass die negative Rückkopplung von LKB1-STRAD-MO25 W_5 zu miR-451 W_1, die in Godlewski et al. (2010) vermutet wird, aktiviert ist. Es wird somit das System (4.45) - (4.53) mit $g(0) = 0{,}3\,\mathrm{g\,l^{-1}}$ gelöst. Der Balken mit der Beschriftung G-/Koppl.- bezeichnet die relative miR-451-Konzentration w_1 unter Annahme einer niedrigen Glukosekonzentration g zu Beginn der Simulation. Hierbei wird die negative Rückkopplung ignoriert, so dass statt Gleichung (4.45) angelehnt an Gleichung (4.19) die folgende Gleichung mit $g(0) = 0{,}3\,\mathrm{g\,l^{-1}}$ gelöst wird:

$$\frac{dw_1}{dt} = k_1 \cdot g^* \cdot \tilde{g} - w_2^* \cdot k_2 \cdot w_1 \cdot w_2 - k_6 \cdot w_1. \tag{6.1}$$

Man sieht in Abbildung 6.2, dass in Zellen, die in einer Umgebung mit niedriger Glukosekonzentration (G-; $g = 0{,}3\,\mathrm{g\,l^{-1}}$) existieren, nach 24 Stunden die miR-451-Konzentration w_1 deutlich geringer ist als in Zellen, die in einem Medium mit hoher Glukosekonzentration (G+; $g = 4{,}5\,\mathrm{g\,l^{-1}}$) existieren. Allerdings sind die simulierten Werte der relativen miR-451-Konzentration für eine geringe Glukosekonzentration (G-) niedriger als in dem *In-vitro*-Experiment, das in Godlewski et al. (2010) dargestellt wird. Im Fall G-/Koppl.+ erreicht w_1 13,9 % der miR-451-Konzentration w_1 der Simulation G+. Für G-/Koppl.- werden sogar nur 4,2 % erreicht.

6.1.2. Diskussion

In Godlewski et al. (2010) wurde für Glioblastomzellen ein Zusammenhang zwischen der extrazellulären Glukosekonzentration, der intrazellulären Konzentration der miR-451 und der Regulierung des LKB1-AMPK-Signalweges vorgestellt. Eine hohe Glukosekonzentration resultiert demnach in einer hohen Konzentration der miR-451 und ein niedriger Glukosespiegel in einer niedrigen miR-451-Konzentration. Außerdem wurde gezeigt, dass die miR-451 die Translation des Proteins MO25 reguliert. Aus früheren Arbeiten (vgl. u. a. Hawley et al. 2003) ist bereits bekannt, dass MO25 die Aktivität des Proteins LKB1 mittels einer Komplexbildung beeinflusst. Hieraus folgt unmittelbar die Regulierung der Aktivität von LKB1 durch Glukose und miR-451. LKB1 wirkt als Enzym für die Kinase AMPK (Shaw et al. 2004) und AMPK reguliert das Protein mTORC1 mittels TSC2-Phosphorylierung und Rheb Inaktivierung (Inoki et al. 2003). Außerdem inaktiviert AMPK mTORC1 durch die Phosphorylierung von Raptor (Gwinn et al. 2008).

Dieser Zusammenhang zwischen den Konzentrationen und Aktivitäten der oben genannten Proteine wird in der vorliegenden Arbeit mit Hilfe von Reaktionskinetik mathematisch modelliert. Das System lässt sich insgesamt durch neun nichtlineare gDGLen (4.45) - (4.53) beschreiben, die in Kapitel 4 hergeleitet wurden. In Kapitel 5 wurde die Existenz einer eindeutigen Lösung dieses DGL-Systems für eine biologisch sinnvolle Anfangsbedingung bewiesen. Außerdem wurde gezeigt, dass die Lösungen zu den in Kapitel 4 gegebenen Anfangswerten zum einzigen biologisch möglichen, asymptotisch stabilen Gleichgewicht konvergieren. Davon ausgehend wird in diesem Abschnitt 6.1 evaluiert, ob die Gleichungen (4.45) - (4.53) die oben beschriebene Interaktion der verschiedenen Moleküle richtig abbilden. Hierfür wird ausgewertet, ob (ausgehend von derselben Anfangsbedingung $w(0) = w_0$) der gleiche Zusammenhang der Konzentrationen $w(t)$, der auch in Abschnitt 2.3 beschrieben wurde, gilt.

Abbildung 6.1 zeigt die Ergebnisse der entsprechenden Experimente. Ein Vergleich mit den Gleichgewichten des Systems, die in Kapitel 5 in Tabelle 5.1 zusammengefasst sind, ergibt, dass die numerisch berechneten Lösungen des DGL-Systems tatsächlich zu den Werten des Gleichgewichtes konvergieren. Abbildung 6.1 demonstriert außerdem, dass sich die *in-silico*-modellierten Konzentrationen vergleichbar zu den Konzentrationen, die in *In-vitro*-Experimenten beobachtet wurden, verhalten. Das DGL-System ist somit in der Lage, die beschriebenen biologischen Prozesse mathematisch abzubilden.

Der Nachbau eines weiteren *In-vitro*-Experimentes dient der genaueren Evaluierung des Modells. Darüber hinaus ermöglicht dieses Experiment die Überprüfung einer Hypothese zu einer Rückkopplung von LKB1 zu miR-451. Die in Abbildung 6.2 dargestellten normalisierten miR-451-Konzentrationen erlauben einen Vergleich von Ergebnissen von Simulationen unter verschiedenen Annahmen. Zum einen wird – wie im entsprechenden *In-vitro*-Experiment – zwischen verschiedenen Glukosekonzentrationen unterschieden. Zum anderen werden die Ergebnisse bei Annahme einer Rückkopplung denen gegenübergestellt, die resultieren, wenn die Rückkopplung deaktiviert ist. In den *In-silico*-Experimenten ist der Unterschied zwischen den miR-451-Konzentrationen etwas größer als in *In-vitro*-Experimenten beobachtet wird. Dies gilt insbesondere für die Ergebnisse der Simulation mit deaktivierter Rückkopplung. Hieraus lässt sich schließen, dass die Rückkopplung von LKB1 zu miR-451 essentiell ist. Die Vermutung von Godlewski et al. (2010), dass eine solche Rückkopplung existiert, kann somit unterstützt werden.

Das molekulare Interaktionsnetzwerk verfügt über wesentliche Merkmale der Signalübertragung. Die Regulierung der Translation von MO25 mittels miR-451 ist nur eines von vielen Beispielen für die *Spezifizität* der Signalübertragung. Die Steuerung von TSC2 und mTORC1 durch AMPK ist eine *Verzweigung* des Signals und die Regulierung von mTORC1 durch Rheb und AMPK repräsentiert die *Integration* zweier Signale. Als ein Beispiel von *Desensibilisierung* und *Adaption* tritt die negative Rückkopplung von LKB1 zu miR-451 auf.

Insgesamt zeigen die Ergebnisse dieses Abschnitts, dass das molekulare Interaktionsnetzwerk gut das biologische Verhalten modelliert und durch das DGL-System (4.45) - (4.53) mathematisch repräsentiert werden kann.

6.2. Verhalten des Multiskalenmodells

Im vorigen Abschnitt wurde gezeigt, dass das DGL-System (4.45) - (4.53) die intrazellulären Zusammenhänge der untersuchten Moleküle richtig nachbildet. Daran schließt sich nun die Untersuchung an, ob auch das Multiskalenmodell, das in Kapitel 4 vorgestellt wurde, realistische Ergebnisse liefert. Deshalb werden im folgenden Unterabschnitt mehrere Simulationen des agentenbasierten Modells, das mit dem DGL-System gekoppelt ist, und deren Ergebnisse präsentiert.

Das agentenbasierte Modell, das DGL-System sowie alle Funktionen die zur Kopplung der beiden Skalen benötigt werden, sind in C++ programmiert. Zur Lösung des DGL-Systems wird in diesem Zusammenhang die Methode LSODA (Petzold 1983) verwendet. LSODA ist ein Verfahren zur Lösung von gDGLen, das als Teil der öffentlich verfügbaren Bibliothek ODEPACK (Hindmarsh 1983) bereitgestellt wird. LSODA implementiert eine automatische Schrittweitensteuerung und ist sowohl zur Lösung von steifen als auch nicht-steifen Problemen geeignet. Es wird automatisch zwischen nicht-steifen Methoden (Adams Methoden) und steifen Methoden (Backward Differentiation Formulas) gewechselt, wobei das Verfahren mit einer nicht-steifen Methode beginnt. Verändert das Problem im zeitlichen Verlauf seinen Charakter, z. B. von nicht-steif zu steif, so wird automatisch der geeignete Algorithmus gewählt. Die partielle Differentialgleichung (4.55) zur Beschreibung der Diffusion von Glukose wird mit der Crank-Nicolson Methode gelöst (Schwarz u. Köckler 2009). Die Visualisierung erfolgt in MATLAB.

Wie in Kapitel 4 beschrieben, wird das Wachstum eines Tumors in einem Gebiet Ω der Größe 3 mm $\times$ 3 mm simuliert. Dieses Gebiet wird durch ein strukturiertes Gitter mit 200 $\times$ 200 Gitterzellen diskretisiert, wobei eine Gitterzelle eine biologische Zelle und somit einen Agenten repräsentiert. Zu Beginn der Simulation ($t = 0$) befinden sich in der Mitte des Gebietes 797 Agenten in Form eines Kreises (mit einem Radius von 16 Agenten). Alle Agenten sind vom Typ a_{KSZ}, d. h. sie können unbeschränkt oft den Zustand *proliferierend seit $\mathfrak{s}$ Stunden* annehmen und repräsentieren Zellen mit einem unbeschränkten Replikationspotenzial. Außerdem erzeugen sie ausschließlich neue Agenten vom Typ a_{KSZ}. Somit gilt für die Mutationsrate $\xi = 0$ und für den initialen Anteil a_{KSZ} $\kappa(0) = 1$ (vgl. Abschnitt 4.4). Für die Berechnung der extrazellulären Glukosekonzentration $g(\cdot,t)$ werden homogene Neumann-Randbedingungen angenommen und zu Beginn der Simulation gilt $g(\cdot,0) = G_0$ auf ganz Ω mit $G_0 \in \{0{,}3\,\mathrm{g\,l^{-1}},\ 1{,}125\,\mathrm{g\,l^{-1}},\ 2{,}25\,\mathrm{g\,l^{-1}},\ 4{,}5\,\mathrm{g\,l^{-1}}\}$ (vgl. Gleichung (4.56)).

Die Synchronisierung der Agenten erfolgt in Zeitschritten der Länge $\Delta t = 1\,\mathrm{h}$. Die Simulationen werden beendet, sobald der erste Agent den Rand $\partial\Omega$ erreicht. In jedem Zeitschritt wird die aktuelle räumliche Verteilung der Agenten unter der Berücksichtigung ihrer internen Zustände, die Verteilung der Glukosekonzentration und die Anzahl der Agenten in den verschiedenen internen Zuständen festgehalten. Außerdem wird nach Beendigung der Simulation die Anzahl der benötigten Zeitschritte protokolliert.

Da die Agenten des Multiskalenmodells Tumorzellen repräsentieren, werden in der folgenden Darstellung und Diskussion der Ergebnisse die Bezeichnungen *Agent* und *Zelle* äquivalent verwendet.

6.2.1. Ergebnisse

In Godlewski et al. (2010) wurden die Ergebnisse von *In-vitro*-Experimenten zur Migration eines Tumor-Sphäroids vorgestellt. Hierbei wurde die Ausbreitung des Tumors nach 6 Stunden für zwei verschiedene Glukosemedien ($0{,}3\,\mathrm{g\,l^{-1}}$ und $2{,}25\,\mathrm{g\,l^{-1}}$) verglichen. Bei einer geringeren Glukosekonzentration breitet sich der Tumor stärker aus und einzelne Zellen entfernen sich weiter vom Original-Sphäroid als bei einer höheren Glukosekonzentration.

Zur Evaluierung des in Kapitel 4 vorgestellten Modells werden diese beiden Experimente *in silico* simuliert. Für das erste Experiment gilt entsprechend $G_0 = 0{,}3\,\mathrm{g\,l^{-1}}$ und für das zweite Experiment $G_0 = 2{,}25\,\mathrm{g\,l^{-1}}$. Nach sechs Zeitschritten wird die räumliche Verteilung der Agenten in den beiden Experimenten gegenübergestellt.

Dieser direkte Vergleich der Tumorausbreitung unter verschiedenen Anfangsbedingungen der Glukosekonzentration ist in Abbildung 6.3 dargestellt. Die Ergebnisse aus *In-vitro*-Experimenten sind in der oberen Hälfte dargestellt. Die untere Hälfte zeigt die Tumore, die sich durch die *In-silico*-Simulationen ergeben. Die linke Hälfte korrespondiert jeweils zu einem Tumor mit $G_0 = 2{,}25\,\mathrm{g\,l^{-1}}$, die rechte Hälfte zu einem Tumor unter der Annahme $G_0 = 0{,}3\,\mathrm{g\,l^{-1}}$. In der Darstellung repräsentiert im *in silico* simulierten Tumor jeder Punkt einen Agenten und somit eine Tumorzelle. Hellgraue Punkte stellen proliferierende Zellen dar, dunkelgraue Agenten befinden sich im Zustand *migrierend* und schwarz dargestellte Agenten im Zustand *still*. In der Abbildung sind zur Verdeutlichung des Ausbreitungsradius des Tumors zwei Halbkreise eingezeichnet. Der rechte, dunkelblau-gestrichelte Halbkreis umfasst

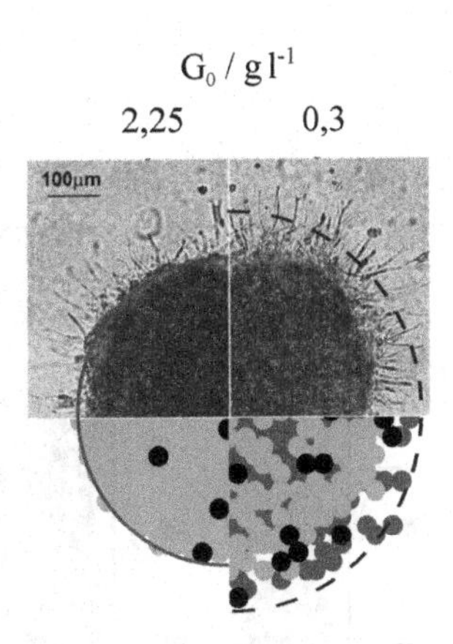

Abbildung 6.3.: Vergleich des *in silico* simulierten Tumorwachstums (unten) zu Ergebnissen aus *In-vitro*-Experimenten (oben[5]) unter der Annahme verschiedener initialer Glukosekonzentrationen. Links: $G_0 = 2{,}25\,\mathrm{g\,l^{-1}}$, rechts: $G_0 = 0{,}3\,\mathrm{g\,l^{-1}}$. Für den unteren, *in silico* simulierten Tumor gilt, dass hellgraue Agenten sich im Zustand *proliferierend seit* $\mathfrak{s}$ *Stunden* befinden, dunkelgraue Agenten im Zustand *migrierend* und schwarz dargestellte Agenten im Zustand *still*. Die beiden Halbkreise verdeutlichen die Ausbreitungsradien der Tumore.

alle Zellen des Tumors unter der Annahme $G_0 = 0{,}3\,\mathrm{g\,l^{-1}}$, der linke, rote, durchgehende Halbkreis umfasst alle Tumorzellen des Tumors mit $G_0 = 2{,}25\,\mathrm{g\,l^{-1}}$.

Es lässt sich in Abbildung 6.3 beobachten, dass bei einer geringeren initialen Glukosekonzentration der Ausbreitungsradius größer ist und sich einzelne Agenten weiter entfernt vom Tumorkern befinden als bei $G_0 = 2{,}25\,\mathrm{g\,l^{-1}}$. Des Weiteren sind die meisten Agenten der linken *in silico* simulierten Tumorhälfte ($G_0 = 2{,}25\,\mathrm{g\,l^{-1}}$) hellgrau, d. h. im internen Zustand *proliferierend seit* $\mathfrak{s}$ *Stunden*. Demgegenüber befindet sich auf der rechten Seite ($G_0 = 0{,}3\,\mathrm{g\,l^{-1}}$) eine Mischung dunkel- und hellgrau gefärbter Agenten, d. h. eine Mischung proliferierender und migrierender Zellen.

Um das Tumorwachstumsverhalten bei verschiedenem initialen Glukosegehalt genauer zu untersuchen, werden außerdem vier Simulationen mit verschiedenen Anfangsbedingungen für die Glukosekonzentration $G_0 = G_0^{(i)}$, $i \in \{1, \ldots, 4\}$ durchgeführt. Angelehnt an Godlewski et al. (2010) und an Abschnitt 6.1 werden hierzu $G_0^{(1)} = 0{,}3\,\mathrm{g\,l^{-1}}$, $G_0^{(2)} = 1{,}125\,\mathrm{g\,l^{-1}}$, $G_0^{(3)} = 2{,}25\,\mathrm{g\,l^{-1}}$ und $G_0^{(4)} = 4{,}5\,\mathrm{g\,l^{-1}}$ gewählt.

[5] Nachdruck aus Godlewski et al. (2010) mit freundlicher Genehmigung von Elsevier.

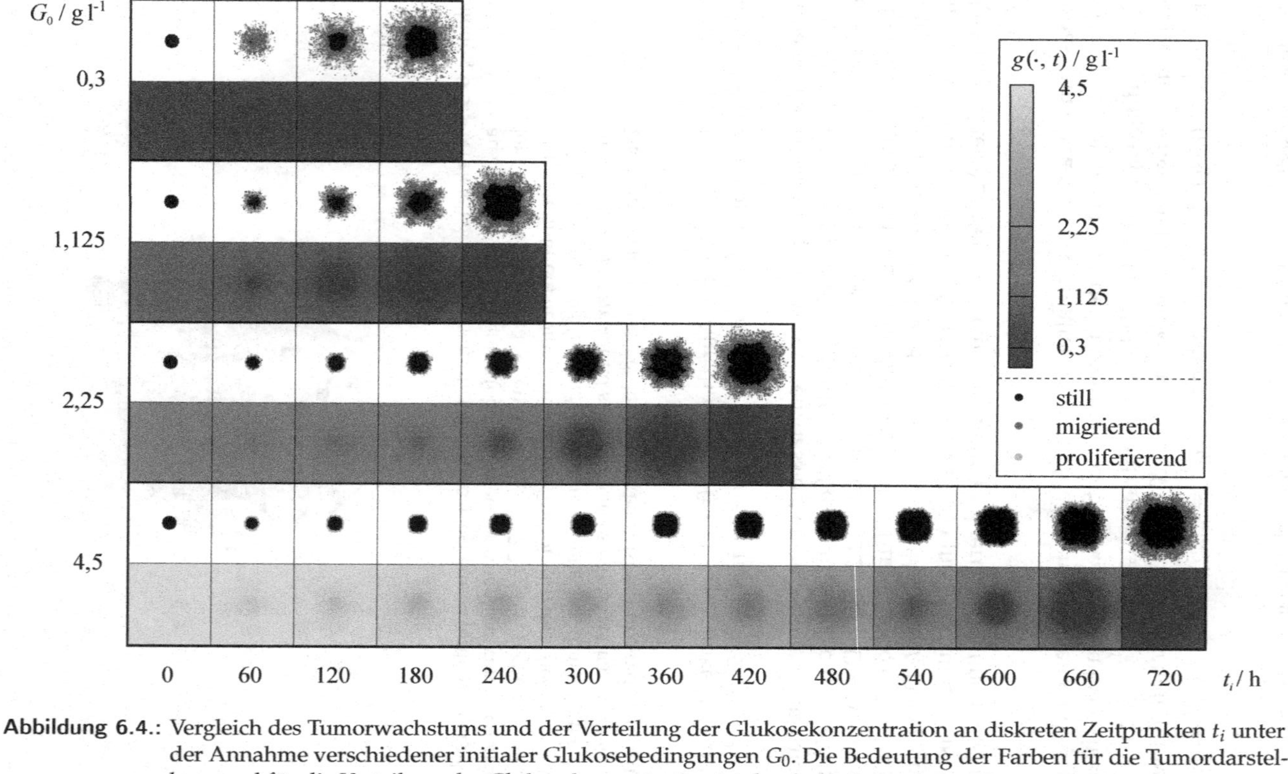

Abbildung 6.4.: Vergleich des Tumorwachstums und der Verteilung der Glukosekonzentration an diskreten Zeitpunkten t_i unter der Annahme verschiedener initialer Glukosebedingungen G_0. Die Bedeutung der Farben für die Tumordarstellung und für die Verteilung der Glukosekonzentration ist durch die Legende gegeben.

Abbildung 6.4 zeigt für alle vier initialen Glukosekonzentrationen G_0 zwei Zeilen. In der jeweils oberen Zeile ist die zeitliche Entwicklung der räumlichen Ausbreitung des Tumors dargestellt und in der unteren Zeile die räumliche Verteilung der Glukosekonzentration $g(\cdot, t)$ im betrachteten Gebiet im Verlauf der Zeit. Hierbei steigt die initiale Glukosekonzentration G_0 von oben nach unten und die zeitliche Entwicklung ist an diskreten Zeitpunkten t_i ($i \in \mathbb{N}_0$) mit einem Abstand von jeweils $\Delta t = 60\,\text{h}$ abgebildet ($t_i = i \cdot \Delta t$). Für die Tumordarstellung gilt die gleiche Farbkodierung wie zuvor, d. h. hellgraue Agenten befinden sich im Zustand *proliferierend seit* $\mathfrak{s}$ *Stunden*, dunkelgraue Punkte repräsentieren migrierende Zellen und schwarze Punkte stille Zellen. Die Bedeutung der Farben für die Verteilung der Glukosekonzentration ist durch die Farblegende in Abbildung 6.4 vorgegeben.

An Abbildung 6.4 ist zu beobachten, dass die Anzahl der Zeitschritte, bis der erste Agent den Rand des Gebietes $\partial\Omega$ erreicht und die Simulation abbricht, mit zunehmendem G_0 ansteigt. Insbesondere für die beiden höheren initialen Glukosekonzentrationen ($G_0 \in \{\, 2{,}25\,\text{g}\,\text{l}^{-1},\ 4{,}5\,\text{g}\,\text{l}^{-1}\}$) besteht der Tumor aus einem Kern schwarzer (stiller) Agenten. Dieser ist von einem schmalen Kranz hellgrauer (proliferierender) Agenten umgeben. Erst in den letzten etwa 120 Zeitschritten wird dieser Kranz breiter und besteht aus einer Mischung dunkel- und hellgrauer (proliferierender und migrierender) Agenten. Bei niedrigen initialen Glukosekonzentrationen ($G_0 \in \{\, 0{,}3\,\text{g}\,\text{l}^{-1},\ 1{,}125\,\text{g}\,\text{l}^{-1}\}$) besteht der Tumor von Beginn an aus einem Kern stiller Agenten umgeben von einer breiten äußeren Zone migrierender und proliferierender Agenten.

Die Simulationsergebnisse in Abbildung 6.4 zeigen außerdem, dass die Glukosekonzentration $g(\cdot, t)$ in den letzten Zeitschritten für alle initialen Glukosekonzentrationen G_0 Werte nah an Null annimmt. Im Laufe der einzelnen Simulationen ist die Glukosekonzentration räumlich so verteilt, dass sie in einem Kreis in der Mitte geringer ist als am Rand. Insbesondere für $G_0 = 2{,}25\,\text{g}\,\text{l}^{-1}$ und $G_0 = 4{,}5\,\text{g}\,\text{l}^{-1}$ nimmt die Glukosekonzentration in den letzten ungefähr 120 Schritten eine sehr ähnliche Verteilung an.

In Abbildung 6.5 sind ergänzend die Ergebnisse der vier Simulationen zu den verschiedenen initialen Glukosekonzentrationen im letzten Simulationszeitschritt T vergrößert dargestellt. Jeweils oben ist die Verteilung der Agenten und somit der simulierte Tumor in diesem Zeitschritt dargestellt. Die jeweils untere Abbildung zeigt die Verteilung der Glukosekonzentration $g(\cdot, T)$. Hierbei ist in jeder Teilabbildung eine separate Farbkodierung für die Glukosekonzentration $g(\cdot, T)$ durch die jeweilige Farblegende gegeben.

Grundsätzlich ist an diesen Abbildungen für alle vier Simulationen ein vergleichbarer Aufbau des Tumors zu beobachten: Ein schwarzer Kern, d. h. Agenten im Zustand *still*, ist umgeben von einem Kranz bestehend aus hell- und dunkelgrauen Punkten, d. h. migrierenden und proliferierenden Zellen. Bei einer geringen initialen Glukosekonzentration ($G_0 = 0{,}3\,\text{g}\,\text{l}^{-1}$) ist der Kern kleiner, während der

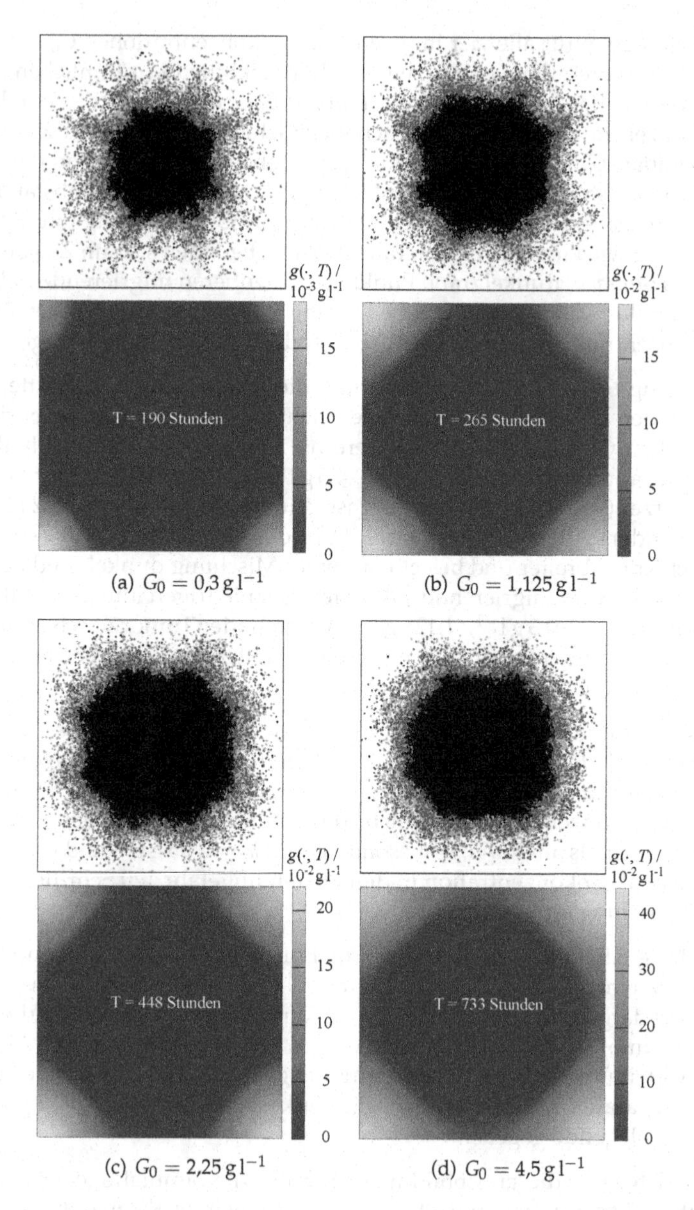

(a) $G_0 = 0{,}3\,\mathrm{g\,l^{-1}}$ (b) $G_0 = 1{,}125\,\mathrm{g\,l^{-1}}$

(c) $G_0 = 2{,}25\,\mathrm{g\,l^{-1}}$ (d) $G_0 = 4{,}5\,\mathrm{g\,l^{-1}}$

Abbildung 6.5.: Tumorzellverteilung (jeweils oben) und Glukosekonzentration (jeweils unten) im letzten Zeitschritt T der jeweiligen Simulation. Die initiale Glukosekonzentration G_0 beträgt in (a) $0{,}3\,\mathrm{g\,l^{-1}}$, in (b) $1{,}125\,\mathrm{g\,l^{-1}}$, in (c) $2{,}25\,\mathrm{g\,l^{-1}}$ und in (d) $4{,}5\,\mathrm{g\,l^{-1}}$. Hellgraue Zellen proliferieren, dunkelgraue Zellen migrieren und schwarze Zellen befinden sich im Zustand *still*.

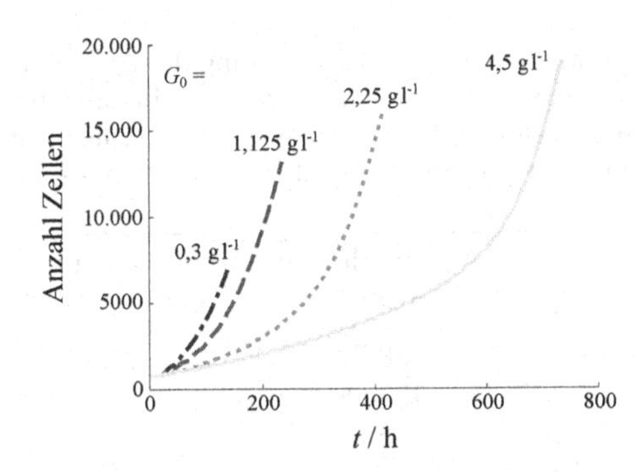

Abbildung 6.6.: Durchschnittliche Anzahl der Agenten im zeitlichen Verlauf in Abhängigkeit von der initialen Glukosekonzentration G_0. Auf die Darstellung der Standardabweichungen wurde verzichtet, da diese sehr gering sind (vgl. Tabelle 6.1).

Kranz breiter ist und die Zellen weniger dicht platziert sind, als bei einer höheren Konzentration G_0.

Sowohl anhand von Abbildung 6.4 als auch Abbildung 6.5 ist zu erkennen, dass sich die simulierten Tumore nicht vollkommen gleichmäßig ausbreiten. Stattdessen zeichnen sich für alle initialen Glukosekonzentrationen G_0 acht Richtungen ab, entlang derer die Ausbreitung vermehrt erfolgt. Diese Richtungen sind annähernd zueinander symmetrisch in einem Winkel von 45°.

Auch die Glukosekonzentration $g(\cdot, T)$ im letzten Zeitschritt ist für alle vier Simulationen ähnlich verteilt: Das Innere des Gebietes Ω ist blau gefärbt und weist somit auf $g(\cdot, T) \approx 0$ hin. Dort ist zum Ende der Simulation keine Glukose mehr verfügbar. Nur die Ecken sind heller gefärbt und lassen auf eine Restglukosekonzentration schließen. Generell gilt, dass je höher die initiale Glukosekonzentration G_0 ist, umso höher ist auch die Restkonzentration $g(\cdot, T)$. So ist für $G_0 = 0{,}3\,\mathrm{g\,l^{-1}}$ die maximale Restglukosekonzentration um etwa den Faktor 12 bis 24 geringer als bei den drei anderen Simulationen mit einer höheren initialen Glukosekonzentration.

Die Zunahme der Anzahl der Agenten im zeitlichen Verlauf einer Simulation ist in Abbildung 6.6 für vier verschiedene initiale Glukosekonzentrationen dargestellt. Die dunkelblaue Strich-Punkt-Linie korrespondiert zu $G_0 = 0{,}3\,\mathrm{g\,l^{-1}}$, die gestrichelte, violette Linie zu $G_0 = 1{,}125\,\mathrm{g\,l^{-1}}$. Die orange, gepunktete Linie zeigt den Verlauf für $G_0 = 2{,}25\,\mathrm{g\,l^{-1}}$ und die durchgezogene, gelbe Linie repräsentiert die Gesamtzahl der Zellen für $G_0 = 4{,}5\,\mathrm{g\,l^{-1}}$. Da das Modell mehrere Zufallselemente enthält, basieren die Ergebnisse auf den Durchschnittswerten von jeweils drei Simulationen mit derselben Konfiguration.

Tabelle 6.1.: Das Maximum der Standardabweichung der Anzahl der Agenten in jedem Zeitschritt ($\max_{t_i} \sigma(t_i)$) für vier verschiedene initiale Glukosekonzentrationen G_0. Die maximale Standardabweichung ist zum einen absolut angegeben, zum anderen relativ zur durchschnittlichen Agentenanzahl im entsprechenden Zeitschritt.

	Maximale Standardabweichung	
G_0 / $\mathrm{g\,l^{-1}}$	absolut	relativ / %
0,3	88,71	1,31
1,125	115,68	0,90
2,25	115,81	0,77
4,5	94,18	0,89

Für die jeweils drei Simulationen mit derselben Konfiguration wird außerdem in jedem Zeitschritt t_i die Standardabweichung $\sigma(t_i)$ bezogen auf die Anzahl der Zellen in diesem Zeitschritt berechnet. In Tabelle 6.1 ist für jede initiale Glukosekonzentration G_0 das Maximum dieser Standardabweichungen über alle Zeitschritte ($\max_{t_i} \sigma(t_i)$) angegeben. Neben der absoluten maximalen Standardabweichung, die die abweichende Anzahl der Agenten darstellt, wird die Standardabweichung auch relativ zur durchschnittlichen Anzahl der Agenten im entsprechenden Zeitschritt berechnet. Für alle vier Konfigurationen beträgt die maximale relative Standardabweichung weniger als 1,5 % und ist somit sehr gering.

Abbildung 6.7 zeigt ergänzend eine quantitative Auswertung der Simulationen zu den vier verschiedenen initialen Glukosekonzentrationen G_0. Dargestellt sind in Abhängigkeit von G_0 die benötigte Anzahl an Simulationszeitschritten T in Abbildungsteil 6.7(a) und die Anzahl der Zellen im letzten Simulationszeitschritt in Abbildungsteil 6.7(b). Wie zuvor basieren die Ergebnisse auf den Durchschnitswerten von jeweils drei Simulationen mit derselben Konfiguration. Die dunkelblauen Rauten geben hierbei die berechneten Durchschnittswerte wieder, die hellblauen Kurven einen linear interpolierten Verlauf der Werte in Abhängigkeit von G_0. Auf die Darstellung der Standardabweichungen wurde verzichtet, da diese wie in der vorigen Berechnung sehr gering sind.

Die Daten bestätigen die Beobachtungen, die bereits anhand der Simulationsergebnisse gemacht wurden, die in Abbildungen 6.4 und 6.5 dargestellt sind. Mit zunehmender initialer Glukosekonzentration G_0 nimmt die Anzahl der benötigten Simulationszeitschritte T und der Agenten im letzten Zeitschritt zu. Für die Anzahl der Simulationszeitschritte ist hierbei in Abbildung 6.7(a) eine nahezu lineare Abhängigkeit erkennbar. Demgegenüber flacht ab $G_0 = 2{,}25\,\mathrm{g\,l^{-1}}$ die Kurve der Zellzahl in Abbildung 6.7(b) ab und folgt eher einem logistischen Verlauf.

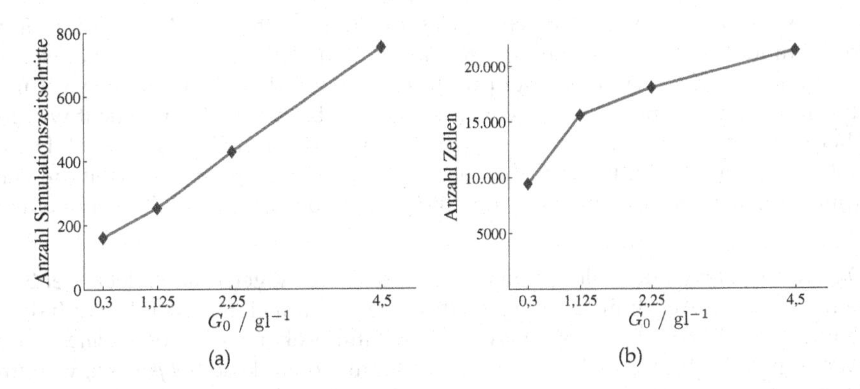

Abbildung 6.7.: Durchschnittliche Anzahl der nötigen Simulationszeitschritte (a) und Anzahl der Tumorzellen (b) im letzten Zeitschritt in Abhängigkeit von der initialen Glukosekonzentration G_0. Auf die Darstellung der Standardabweichungen wurde verzichtet, da diese sehr gering sind.

6.2.2. Diskussion

Der Energiestoffwechsel in Krebszellen ist gegenüber gesunden Zellen verändert. Auch bei Verfügbarkeit von Sauerstoff nutzen Krebszellen vornehmlich Glukose als primäre Energiequelle, was als *Warburg-Effekt* (vgl. Kim u. Dang (2006) und Abschnitt 2.1) bezeichnet wird . Der Versorgung mit Glukose kommt deshalb in der Entwicklung eines Tumors eine besondere Rolle zu. Das Wachstum eines Glioblastoms wird weiterhin durch das *Go or Grow* Prinzip beeinflusst (Giese et al. 1996): Zu einem festen Zeitpunkt gilt für eine Glioblastomzelle, dass sie entweder migriert oder sich teilt. Migration und Proliferation können nicht zeitgleich stattfinden.

Ein Schalter für dieses Verhalten ist in Godlewski et al. (2010) beschrieben (vgl. Abschnitt 2.3). Demnach beeinflusst die extrazelluläre Glukosekonzentration die intrazelluläre miR-451-Konzentration. Diese steuert mittels der Kinase LKB1 die Konzentration von AMPK, welche wiederum die Konzentration von mTORC1 reguliert. AMPK ist in die Zellmigration involviert, während mTORC1 eine wichtige Rolle für die Zellproliferation spielt. Bei Verfügbarkeit von ausreichend Glukose steigt die mTORC1-Konzentration innerhalb einer Zelle und damit das Potenzial der Zelle, sich zu teilen. Befindet sich eine Zelle hingegen in einer Umgebung mit einer geringen Glukosekonzentration, so steigt die AMPK-Konzentration und die Zelle wird zur Migration angeregt. Im letzten Fall wird die Zelle sich von ihrer ursprünglichen Position in Richtung besserer Nährstoffbedingungen fortbewegen.

Das in Kapitel 4 beschriebene Multiskalenmodell ermöglicht die Simulation des frühen Wachstums von Glioblastomen auf der mikroskopischen Ebene analog zu *In-*

vitro-Experimenten in der Petrischale. Das äußere Verhalten der Zellen (Migration, Proliferation) wird mittels eines agentenbasierten Modells umgesetzt. Die Entscheidung, ob eine Zelle migriert oder proliferiert, basiert dabei auf der Auswertung des molekularen Interaktionsnetzwerks, das in Abschnitt 6.1 untersucht wurde. Hierbei werden die Konzentrationen von AMPK und mTORC1 ausgewertet. Diese Entscheidung setzt im Wesentlichen das *Go or Grow* Prinzip um und stellt die Verknüpfung zwischen den molekularen und mikroskopischen Modellkomponenten her.

Das Multiskalenmodell bildet einige der wesentlichen Eigenschaften lebender Systeme ab, die in Abschnitt 2.2 vorgestellt wurden. Zum einen wird das Verhalten der Tumorzelle durch die extern verfügbare Glukosekonzentration *reguliert*. Des Weiteren *verstoffwechseln* Tumorzellen vornehmlich Glukose (*Glykolyse*), was im Modell durch den Konsum von Glukose und die Steuerung des molekularen Interaktionsnetzwerks durch die Glukosekonzentration abgebildet ist. Die modellierten Glioblastomzellen verfügen über das Potenzial sich zu teilen und somit die Fähigkeit zur *Fortpflanzung*. Außerdem migrieren die modellierten Zellen als Antwort auf gewisse Signale entlang eines chemotaktischen Gradienten (vgl. Abschnitt 4.2.2). Sie sind somit *reizbar* und *beweglich*. Ignoriert wurde im vorgestellten Modell die Tatsache, dass Tumorzellen aus mehreren kleinen Einheiten (Kompartimenten) bestehen und dass sie im Verlauf der Proliferation wachsen. Auch eine evolutionäre Anpassung an die Umgebung wurde nicht berücksichtigt.

Ein essentieller Bestandteil des Modells ist die variable initiale Glukosekonzentration G_0. Diese ermöglicht es, *In-vitro*-Experimente in verschiedenen Glukosemedien zu simulieren, wie sie beispielsweise in Godlewski et al. (2010) durchgeführt wurden. Mittels der variablen Konzentration G_0 kann die Abhängigkeit des gesamten Modellsystems von der verfügbaren Glukosekonzentration untersucht werden.

In einem ersten Experiment wurden die Formen zweier Tumorsphäroide nach sechs Zeitschritten (entsprechend sechs Stunden Wachstum) verglichen. Für die Umgebung der Tumore werden zwei verschiedene initiale Glukosekonzentrationen G_0 angenommen (vgl. Abbildung 6.3). Schon nach dieser kurzen Zeit hat sich der Tumor, der in einer Umgebung mit einer geringeren Glukosekonzentration wächst, weiter ausgebreitet und mehr Zellen haben sich von ihrer ursprünglichen Position fortbewegt. Der Tumor, der in einer Umgebung mit einer höheren initialen Glukosekonzentration simuliert wird, besteht fast ausschließlich aus proliferierenden Zellen. Da eine Zellteilung länger als sechs Stunden dauert, hat sich entsprechend die Form des Tumors gegenüber der Ausgangssituation kaum verändert.

Dies reproduziert sehr gut das Verhalten, das in *In-vitro*-Experimenten beobachtet wird (vgl. ebenfalls Abbildung 6.3), wenn man für einen direkten Vergleich die Form der Zellen außer Acht lässt. Diese ist im vorgestellten Modell nicht variabel und weicht daher von der Realität ab. Die Ergebnisse korrespondieren sehr gut zum *Go or Grow* Prinzip und zum *Warburg-Effekt*. Bei Verfügbarkeit von ausreichend

Glukose teilt sich die Mehrheit der Zellen, während bei einer Mangelversorgung mit Glukose die Überzahl der Zellen mittels Migration versucht, sich in Richtung besserer Nährstoffbedingungen zu bewegen.

Das beschriebene Verhalten wird durch die Ergebnisse des zweiten Experiments bestätigt, in dem vier Simulationen mit verschiedenen initialen Glukosekonzentrationen G_0 im Bereich von $0{,}3\,\mathrm{g\,l^{-1}}$ bis $4{,}5\,\mathrm{g\,l^{-1}}$ über einen längeren Zeitraum (bis die erste Zelle den Rand des betrachteten Gebietes erreicht) verglichen werden (vgl. Abbildungen 6.4 und 6.5).

Bei einer geringen Glukosekonzentration breitet sich der Tumor schnell aus und nach relativ wenig Zeitschritten erreicht die erste Zelle den Rand des Gebietes Ω. Außerdem besteht der entsprechende simulierte Tumor aus relativ wenigen Zellen, die vor allem am Rand sehr lose räumlich verteilt sind. Da die Glukosekonzentration gering ist, haben nur wenige Zellen das Potenzial, sich zu teilen. Die meisten Zellen bewegen sich von ihrer ursprünglichen Position weg und somit vom zentralen Sphäroid fort in Richtung des Randes. Deshalb erreicht relativ schnell eine erste Zelle den Rand und die Simulation wird beendet. Die Zellen in der Mitte des Tumors nehmen alleine deshalb den Zustand *still* an, weil sie räumlich keinen Platz haben, um sich zu teilen oder zu bewegen.

Unter Annahme einer höheren Glukosekonzentration wachsen die Tumore langsamer, d. h. es werden mehr Simulationszeitschritte benötigt. Die Wachstumsgeschwindigkeit nimmt mit zunehmender Glukosekonzentration ab. Die Anzahl der Zellen, aus denen ein Tumor besteht, wächst hingegen an. Insbesondere zu Beginn der Simulation sind die Zellen sehr dicht gepackt und nur wenige Zellen lösen sich geringfügig vom eigentlichen Kern des Tumors. Bei einer höheren Glukosekonzentration haben mehr Zellen das Potenzial, sich zu teilen, und weniger Zellen migrieren in Richtung des Randes. Allerdings verfügen nur die Zellen am Rand des Sphäroids über ausreichend Platz, um eine Tochterzelle zu platzieren, so dass die Zellen im Kern des Tumors sich weder bewegen noch teilen können. Da die Zellen Glukose verbrauchen, um diese in Energie umzuwandeln, nimmt im Laufe der Simulation die Glukosekonzentration ab. Die Abnahme ist am ausgeprägtesten in den Bereichen, in denen sich Tumorzellen befinden, also in der Mitte des betrachteten Gebietes. Deshalb ändert sich das Verhalten der Zellen bei höheren initialen Glukosekonzentrationen ab einem bestimmten Zeitpunkt (z. B. ab ungefähr $t = 600$ Stunden für $G_0 = 4{,}5\,\mathrm{g\,l^{-1}}$): Es migrieren mehr Zellen. Hierdurch wird der Abstand zwischen einzelnen Zellen größer und mehr proliferierende Zellen haben Platz für eine Tochterzelle. Der Kranz, der den stillen Tumorkern umgibt, wird somit breiter.

Dieser Effekt erklärt auch, warum in Abbildung 6.7(b) die Kurve zur Anzahl der Zellen, aus denen der Tumor im letzten Zeitschritt besteht, für zunehmende G_0 abflacht. Da nur die Zellen am Rand des Tumorsphäroids ausreichend Platz haben, um sich zu teilen oder zu bewegen, nimmt die Anzahl der Zellen für $G_0 = 2{,}25\,\mathrm{g\,l^{-1}}$

und $G_0 = 4{,}5\,\mathrm{g\,l^{-1}}$ zunächst in einem ähnlichen Maße zu (vgl. Abbildung 6.6). Diese durch Proliferation geprägte Phase dauert bei einer höheren Glukosekonzentration länger als bei einer geringeren Glukosekonzentration, da insgesamt für mehr Zellen ausreichend Nährstoffe zur Verfügung stehen. Allerdings ist auch bei einem hohen G_0 irgendwann der Moment erreicht, an dem so viel Glukose verbraucht wurde und die Konzentration g so gering ist, dass weniger Zellen proliferieren und mehr Zellen migrieren. Hierdurch steht den proliferierenden Zellen mehr Freiraum zur Verfügung, um Tochterzellen zu platzieren. Erst in dieser Situation wächst die Zellzahl sehr schnell. Da außerdem die Größe des Gebietes eine Beschränkung der Größe der Tumorzellpopulation vorgibt, ist der Unterschied in der Anzahl der Zellen zwischen verschiedenen Glukosekonzentrationen relativ gering.

Das nahezu lineare Wachstum der Anzahl der benötigten Simulationszeitschritte in Abhängigkeit von der initialen Glukosekonzentration G_0 lässt sich vor allem auf die Zeitverzögerung bei der Proliferation zurückführen. Da Migration ein viel schnellerer Prozess als Proliferation ist, wird die tatsächliche Zellteilung im vorgestellten Modell zeitlich verzögert. Dies wird realisiert, indem proliferierende Zellen zunächst 20 Zeitschritte warten, bevor sie eine Tochterzelle generieren. Je mehr Zellen proliferieren, umso mehr Zellen befinden sich in der Wartephase, und umso langsamer entwickelt sich somit ein Tumor. Da die Anzahl proliferierender Zellen mit zunehmendem G_0 ansteigt, dauert es entsprechend länger bis die erste Zelle den Rand $\partial\Omega$ des Gebietes Ω erreicht.

Die Anzahl der benötigten Simulationszeitschritte sowie die Anzahl der Zellen im letzten Zeitschritt können für jede Simulationskonfiguration als Indikator der jeweiligen Tumor-Aggressivität interpretiert werden: Die Anzahl der Zellen repräsentiert quantitativ das Tumorvolumen, während die benötigte Anzahl an Zeitschritten ein Maß für die Tumor-Ausbreitungsgeschwindigkeit ist. Ein aggressiver Tumor zeichnet sich durch ein großes Volumen und eine schnelle Ausbreitungsgeschwindigkeit aus. Von den vier simulierten Tumoren zeigt der Tumor zur initialen Glukosekonzentration $G_0 = 2{,}25\,\mathrm{g\,l^{-1}}$ demnach das aggressivste Verhalten: Er breitet sich relativ schnell aus und erlangt dabei ein hohes Volumen.

Eine spezifische Eigenschaft des Glioblastoms zeigt sich hingegen am ausgeprägtesten in der Simulation mit der niedrigsten initialen Glukosekonzentration ($G_0 = 0{,}3\,\mathrm{g\,l^{-1}}$): Glioblastome weisen ein lokal invasives Wachstum auf (vgl. Abschnitt 2.1.1). Dies zeigt sich in den simulierten Tumoren an den einzelnen Zellen, die vom Tumorkern losgelöst sind. Während sich für $G_0 = 0{,}3\,\mathrm{g\,l^{-1}}$ einzelne Zellen sehr schnell vom Tumorkern entfernen, findet dies für höhere Glukosekonzentrationen erst in den späteren Zeitschritten statt. Es besteht somit ein Zusammenhang zwischen der Invasivität eines Tumors und der Verfügbarkeit an Nährstoffen.

Das Multiskalenmodell beinhaltet einige Zufallselemente, deren wesentliche Funktion eine realistischere Abbildung der biologischen Realität ist:

1. Die Auswahl eines Agenten a_a im Zustand *aktiv* zur Bearbeitung im aktuellen Zeitschritt erfolgt zufällig (Zeile 3 in Algorithmus 4.2).

2. Zur Bestimmung des neuen Phänotyps einer Zelle (migrierend, proliferierend oder still) wird auf zuvor berechnete Wahrscheinlichkeiten zurückgegriffen (Algorithmus 4.1 und Zeile 5 in Algorithmus 4.2).

3. Die neue Position einer migrierenden Zelle (Zeile 7 in Algorithmus 4.2) und die Position der Tochterzelle einer migrierenden Zelle (Zeile 22 in Algorithmus 4.2) werden zufällig bestimmt:

   a) Einerseits wird die Nachbarschaft zufällig gewählt,

   b) andererseits erfolgt die Auswahl der Position unter allen freien, attraktiven Nachbarn zufällig.

Hierfür wird bei 1., 3.a) und 3.b) eine Gleichverteilung aller verfügbaren Optionen angenommen.

Die zufällige Auswahl der Agenten und der Nachbarschaft reduziert die Modellartefakte, die auf die Gitterstruktur und die Unmöglichkeit der parallelen Verarbeitung mehrerer Agenten zurückzuführen sind. Wie an der 45°-Symmetrie der Ausbreitungsrichtung der Tumore in den Abbildungen 6.4 und 6.5 zu erkennen ist, lassen sich solche Artefakte jedoch nicht vollständig vermeiden. Die Bestimmung des Phänotyps mittels Wahrscheinlichkeiten und die zufällige Wahl der attraktiven Nachbarposition ermöglichen es, biologische Ungewissheiten in das Modell zu integrieren. Da biologische Prozesse nicht vollständig deterministisch sind, wird dies durch diese Zufallskomponenten im Multiskalenmodell umgesetzt.

Als eine Konsequenz der Verwendung dieser Zufallselemente resultiert aus zwei Simulationen mit denselben Parametern nie der gleiche Tumor (bezogen auf die Position und den Phänotyp einzelner Zellen). Jedoch ist der Aufbau immer vergleichbar zu den Tumoren, die in den Abbildungen 6.4 und 6.5 dargestellt sind. Da jedes Zufallselement jeweils nur einen Zeitschritt betrifft, variieren außerdem bei identischer Wahl der Parameter die Anzahl der Simulationszeitschritte und die Anzahl der Zellen nur geringfügig (vgl. auch Tabelle 6.1).

Während die Einbindung der Zufallselemente eine realistischere Abbildung der biologischen Prozesse und eine Reduzierung der Modellierungs-Artefakte ermöglicht, beeinflusst sie jedoch auch den Rechenaufwand der Simulationen. So ist etwa eine Vorberechnung von Teilergebnissen nicht möglich. In jedem Zeitschritt muss die Diffusion der Glukose auf dem Gebiet Ω und die Lösung des DGL-Systems für jeden Agenten neu berechnet werden. Des Weiteren ist es nicht möglich, den Modellierungsalgorithmus 4.2 zu parallelisieren, ohne Artefakte einzuführen. Deshalb müssen alle Berechnungen sequentiell erfolgen.

Der Rechenaufwand schränkt die tatsächlich modellierbare Größe und Dimension des Gebietes ein. Deshalb beschränkt sich dieses Modell bewusst auf die initiale Phase des Tumorwachstums und ignoriert viele weitere biologische Prozesse wie etwa Apoptose oder Angiogenese. Da diese jedoch erst später eine entscheidende Rolle spielen, lässt sich zusammenfassen, dass das Multiskalenmodell die initiale Phase der Progression von Glioblastomen realistisch abbildet.

6.3. Einfluss der Krebsstammzellhypothese

In den Experimenten zum Tumorwachstum, die im vorigen Abschnitt vorgestellt wurden, ist angenommen worden, dass alle Zellen über ein unbegrenztes Replikationspotenzial verfügen, d. h. alle Zellen können sich unbeschränkt oft teilen. Dies ist in der Realität nicht der Fall. Deshalb wurde in Abschnitt 4.4 erläutert, wie das Prinzip der Krebsstammzellen in das Multiskalenmodell integriert werden kann. Das in C++ programmierte Modell aus Abschnitt 6.2 wird vor diesem Hintergrund um die entsprechenden Elemente (Agenten vom Typ a_{gTZ}, Umsetzung von Mutationen, ...) ergänzt. Dies ermöglicht die Simulation von dynamischen, heterogenen Tumorpopulationen.

Um das Modell unter Einbeziehung der Krebsstammzellhypothese zu evaluieren, wird das Tumorwachstum wie in Abschnitt 6.2 im Gebiet Ω simuliert. Die Glukosekonzentration G_0 zu Beginn einer Simulation wird wie zuvor variiert, wobei $G_0 \in \{0{,}3\,\mathrm{g\,l^{-1}},\ 1{,}125\,\mathrm{g\,l^{-1}},\ 2{,}25\,\mathrm{g\,l^{-1}},\ 4{,}5\,\mathrm{g\,l^{-1}}\}$ gilt. Soweit nicht anders angegeben, werden zu Beginn der Simulation 797 Agenten kreisförmig im Zentrum von Ω platziert. Allerdings sind zu Beginn der Simulation ($t = 0$) nur $(\kappa(0) \cdot 100)\%$ ($\kappa(0) \in \{0,\ 0{,}25,\ 0{,}5,\ 0{,}75,\ 1\}$) der Agenten vom Typ a_{KSZ}, also Krebsstammzellen. Die Auswahl, welche Agenten zu Beginn vom Typ a_{KSZ} sind, erfolgt zufällig basierend auf einer Gleichverteilung. Nur die Agenten a_{KSZ} können beliebig oft den Zustand *proliferierend seit 0 Stunden* annehmen und somit beliebig oft einen neuen Agenten erzeugen. Die restlichen $((1-\kappa(0)) \cdot 100)\%$ der Agenten sind vom Typ a_{gTZ}, also gewöhnliche Tumorzellen, und können maximal $\Gamma \in \{10,\ 20\}$ oft einen neuen Agenten erzeugen. Diese Agenten verfügen über den dritten Status γ *Mal geteilt* mit $\gamma \in \{0,\ 1,\ \dots,\ \Gamma\}$. Zu Beginn der Simulation wird den $((1-\kappa(0)) \cdot 100)\%$ Agenten vom Typ a_{gTZ} der Wert $\gamma \in \{0,\ 1,\ \dots,\ \Gamma\}$ des Zustandes γ *Mal geteilt* zufällig zugewiesen, wobei eine Gleichverteilung der γ angenommen wird.

Erzeugt ein Agent vom Typ a_{KSZ} einen neuen Agenten, so findet mit der Wahrscheinlichkeit $\xi \in \{0{,}5,\ 0{,}99\}$ (der sogenannten *Mutationsrate*) eine Mutation statt und der neu erzeugte Agent ist vom Typ a_{gTZ}. Mit der Wahrscheinlichkeit $1-\xi$ ist der neu erzeugte Agent erneut vom Typ a_{KSZ}. Der Anteil Krebsstammzellen an einer Tumorpopulation ist eher gering, was durch die Wahl der Werte für ξ

sichergestellt wird. Erzeugt ein Agent vom Typ a_{gTZ} einen neuen Agenten, so ist dieser in jedem Fall wieder vom Typ a_{gTZ}.

6.3.1. Ergebnisse

Wie zuvor werden Experimente zur Simulation des Tumorwachstums unter verschiedenen Glukosebedingungen G_0 durchgeführt. Zunächst wird die Mutationsrate $\xi = 0{,}5$ festgehalten und die maximale Anzahl der Teilungen $\Gamma \in \{10,\ 20\}$ sowie der initiale Anteil an Krebsstammzellen $\kappa(0) \in \{0{,}25,\ 0{,}75\}$ werden variiert. Die qualitativen Ergebnisse sind in Abbildung 6.8 dargestellt.

In dieser Abbildung repräsentiert ein großer Rechteckblock jeweils die Ergebnisse einer spezifischen Kombination von Γ und $\kappa(0)$. Von links nach rechts ist in jeder Zeile die zeitliche Entwicklung der räumlichen Ausbreitung eines Tumors in zeitlichen Abständen von $\Delta t = 100$ abgebildet. In jedem Rechteckblock steigt von oben nach unten die initiale Glukosekonzentration G_0. Der oberste Rechteckblock (a) korrespondiert zu einer Simulation mit $\Gamma = 10$ und $\kappa(0) = 0{,}25$. Im Rechteckblock (b) wurde der initiale Anteil Stammzellen variiert zu $\kappa(0) = 0{,}75$. In den unteren beiden Rechteckblöcken sind maximal 20 Teilungen eines Agenten vom Typ a_{gTZ} möglich ($\Gamma = 20$), wobei in Rechteckblock (c) $\kappa(0) = 0{,}25$ und im untersten Rechteckblock (d) $\kappa(0) = 0{,}75$ gilt.

Anders als in Abbildungen 6.4 und 6.5 repräsentiert ein gelber Punkt einen Agenten vom Typ a_{KSZ} und somit eine Krebsstammzelle. Graue Punkte repräsentieren Agenten vom Typ a_{gTZ}, also gewöhnliche Tumorzellen. Je dunkler der Grauton, um so größer ist der Wert γ des Zustandes γ *Mal geteilt*, d. h. um so häufiger hat sich die entsprechende gewöhnliche Tumorzelle bereits geteilt.

Bei allen Konfigurationen wird ein kleiner gelber Kreis von einem Kranz dunkelgrauer Punkte umgeben. Es befinden sich somit Agenten a_{KSZ}, die Krebsstammzellen repräsentieren, im Zentrum, während vornehmlich Agenten a_{gTZ}, die gewöhnliche Tumorzellen darstellen, einen relativ breiten, dichten, umgebenden Kranz bilden. Im ersten und dritten Rechteckblock, die zu $\kappa(0) = 0{,}25$ korrespondieren, ist der Anteil Krebsstammzellen im gesamten Zeitverlauf und für alle initialen Glukosekonzentrationen G_0 gering. Auch im dichten Tumorkern befinden sich viele gewöhnliche Tumorzellen. Dem gegenüber wird bei einem höheren initialen Anteil Stammzellen, $\kappa(0) = 0{,}75$, eine Trennung zwischen Krebsstammzellen im Kern und gewöhnlichen Tumorzellen im umgebenden Kranz deutlich.

In fast allen Simulationen (außer für die Konfiguration $\Gamma = 10$; $\kappa(0) = 0{,}75$ und $G_0 = 4{,}5\,\mathrm{g\,l^{-1}}$) sind nach wenigen Zeitschritten einzelne Agenten vom Typ a_{gTZ}

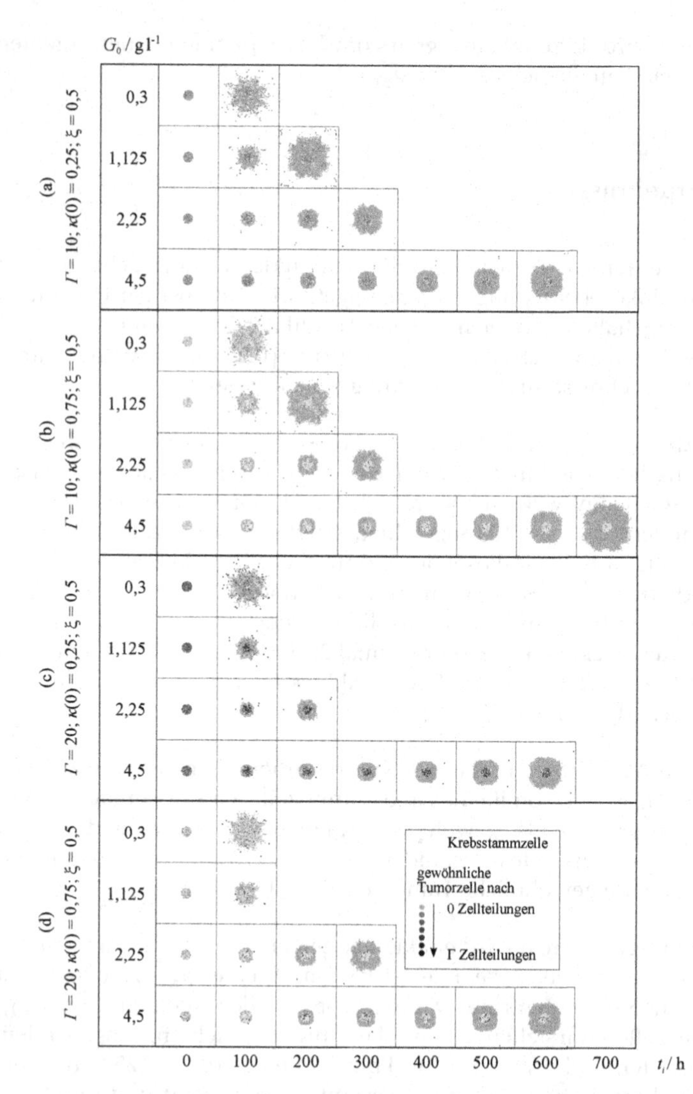

Abbildung 6.8.: Vergleich der räumlichen Tumorausbreitung zu unterschiedlichen initialen Glukosekonzentrationen G_0 mit der Mutationswahrscheinlichkeit $\xi = 0{,}5$. Jeweils ein großer Rechteckblock korrespondiert zu einer Kombination aus maximaler Anzahl der Zellteilungen $\Gamma \in \{10, 20\}$ und initialem Anteil der Stammzellen $\kappa(0) \in \{0{,}25, 0{,}75\}$. Gelbe Punkte sind Stammzellen, graue Punkte gewöhnliche Tumorzellen. Je dunkler eine graue Zelle ist, um so häufiger hat sie sich bereits geteilt.

losgelöst vom Tumorkern und bewegen sich in Richtung des Randes $\partial\Omega$ des Gebietes. Diese Agenten erreichen früh den Rand und verursachen ein frühes Ende der Simulation. Dieses Verhalten tritt bei $\Gamma = 10$ früher auf als bei $\Gamma = 20$.

Vernachlässigt man die verschiedenen Agententypen, so ist für alle Konfigurationen in Abbildung 6.8 ein ähnliches Verhalten wie in Abschnitt 6.2 zu beobachten: Mit zunehmender initialer Glukosekonzentration G_0 steigt die Zahl der benötigten Simulationszeitschritte an. Des Weiteren sind bei einer geringen initialen Glukosekonzentration die einzelnen Agenten relativ breit verstreut, während sie bei höherem G_0 sehr dicht beieinander liegen.

In einem zweiten Experiment wird die Tumorentwicklung bei einer Mutationsrate der Krebsstammzellen von $\xi = 0{,}99$ untersucht. Erneut wird die maximale Anzahl der Teilungen $\Gamma \in \{10, 20\}$ der gewöhnlichen Tumorzellen sowie der initiale Anteil an Krebsstammzellen $\kappa(0) \in \{0{,}25, 0{,}75\}$ variiert. Wie zuvor werden je Konfiguration vier Simulationen mit unterschiedlichen initialen Glukosekonzentrationen $G_0 \in \{0{,}3\,\mathrm{g\,l^{-1}}, 1{,}125\,\mathrm{g\,l^{-1}}, 2{,}25\,\mathrm{g\,l^{-1}}, 4{,}5\,\mathrm{g\,l^{-1}}\}$ durchgeführt.

Die Ergebnisse dieser Simulationen sind in Abbildung 6.9 dargestellt. Die Art der Darstellung erfolgt hier analog zu Abbildung 6.8, d. h. jeder Rechteckblock repräsentiert eine Konfiguration für die G_0 variiert wird. Die Beobachtungen, die für Abbildung 6.8 für die Mutationsrate $\xi = 0{,}5$ gemacht wurden, lassen sich grundsätzlich auf Abbildung 6.9 für $\xi = 0{,}99$ übertragen. Allerdings bestehen die Tumore zu späteren Zeitpunkten tendenziell aus weniger Agenten vom Typ a_{KSZ}, also Krebsstammzellen, und haben einen höheren Anteil gewöhnlicher Tumorzellen.

Ein weiteres Experiment deckt den Fall ab, dass zu Beginn einer Simulation ausschließlich Agenten vom Typ a_{KSZ}, also Krebsstammzellen, existieren (der Fall $\kappa(0) = 1$). Die maximale Anzahl der Teilungen der gewöhnlichen Tumorzellen Γ wird erneut variiert mit $\Gamma \in \{10, 20\}$ und für die Mutationsrate ξ wird $\xi \in \{0{,}5, 0{,}99\}$ angenommen. Da es unrealistisch ist, dass Stammzellen ohne gewöhnliche Tumorzellen in einer großen Anzahl auftreten, wird im Gegensatz zu den vorigen Experimenten zu Beginn der Simulation ($t = 0$) ein kleinerer Tumorsphäroid in der Mitte des Gebietes platziert. Dessen Radius beträgt nur 5 Agenten statt wie zuvor 16 (vgl. Abschnitt 6.2). Insgesamt besteht der Tumor zu Beginn somit aus 81 Agenten. Die Ergebnisse dieser Simulationen sind in Abbildung 6.10 dargestellt.

Erneut repräsentiert ein Rechteckblock eine Konfiguration der Simulationen unter Annahme einer variierenden initialen Glukosekonzentration G_0. In den oberen beiden Rechteckblöcken beträgt die maximale Anzahl der Teilungen $\Gamma = 10$. Im Block (a) wird für die Mutationsrate $\xi = 0{,}5$ und in Block (b) $\xi = 0{,}99$ angenommen. In den beiden unteren Rechteckblöcken gilt $\Gamma = 20$ und die Mutationsrate ξ beträgt in Block (c) $\xi = 0{,}5$ und in Block (d) $\xi = 0{,}99$. Die Farbkodierung folgt dem gleichen Schema wie in Abbildung 6.8.

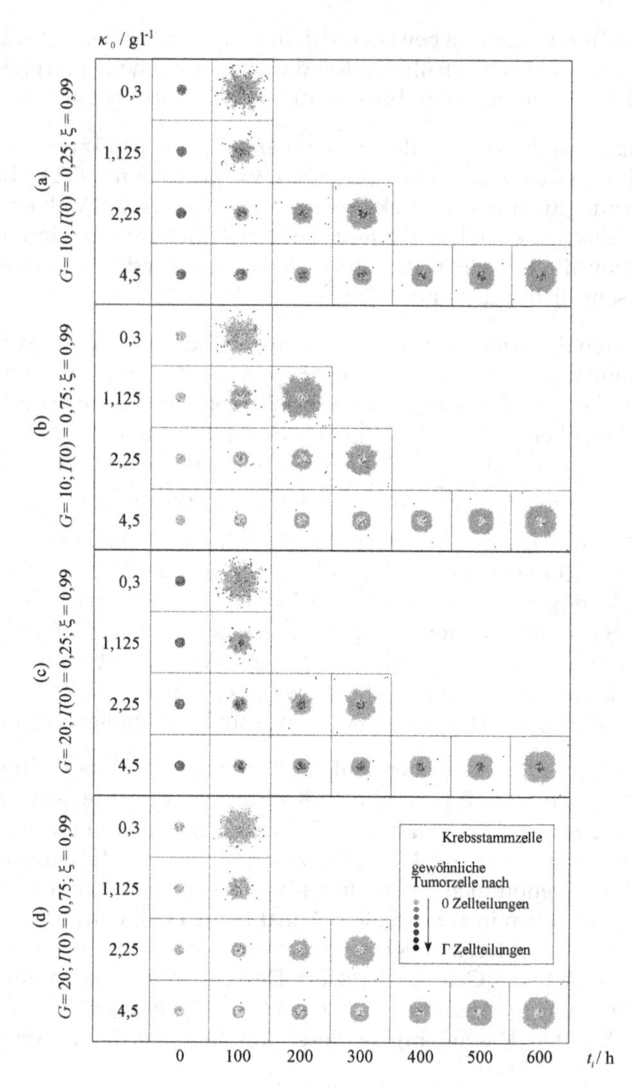

Abbildung 6.9.: Vergleich der räumlichen Tumorausbreitung zu unterschiedlichen initialen Glukosekonzentrationen G_0 mit der Mutationswahrscheinlichkeit $\xi = 0{,}99$. Jeweils ein großer Rechteckblock korrespondiert zu einer Kombination aus maximaler Anzahl der Zellteilungen $\Gamma \in \{10, 20\}$ und initialem Anteil der Stammzellen $\kappa(0) \in \{0{,}25, 0{,}75\}$. Gelbe Punkte sind Stammzellen, graue Punkte gewöhnliche Tumorzellen. Je dunkler eine graue Zelle ist, um so häufiger hat sie sich bereits geteilt.

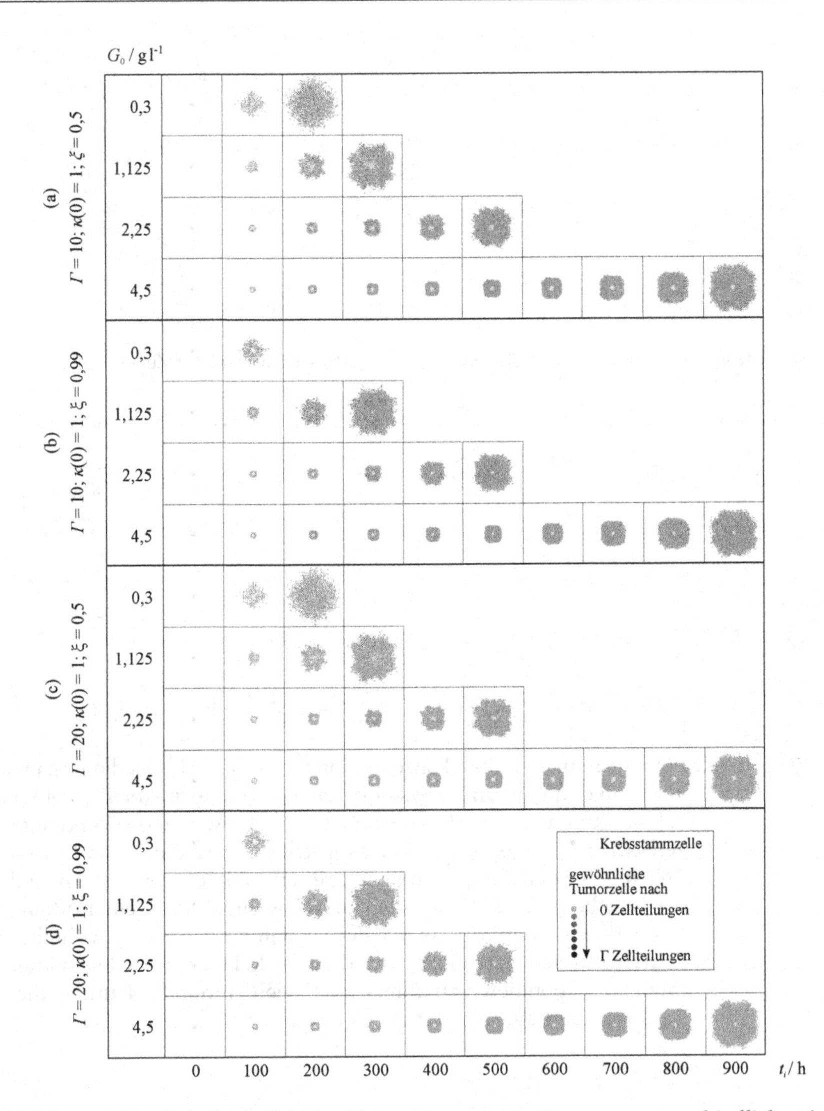

Abbildung 6.10.: Vergleich der räumlichen Tumorausbreitung zu unterschiedlichen initialen Glukosekonzentrationen G_0 mit einem initialen Anteil Stammzellen $\kappa(0) = 1$ und einem initialen Tumorradius von fünf Agenten. Jeweils ein großer Rechteckblock korrespondiert zu einer Kombination aus maximaler Anzahl der Zellteilungen $\Gamma \in \{10, 20\}$ und Mutationswahrscheinlichkeit $\xi \in \{0{,}5, 0{,}99\}$. Gelbe Punkte sind Stammzellen, graue Punkte gewöhnliche Tumorzellen. Je dunkler eine graue Zelle ist, um so häufiger hat sie sich bereits geteilt.

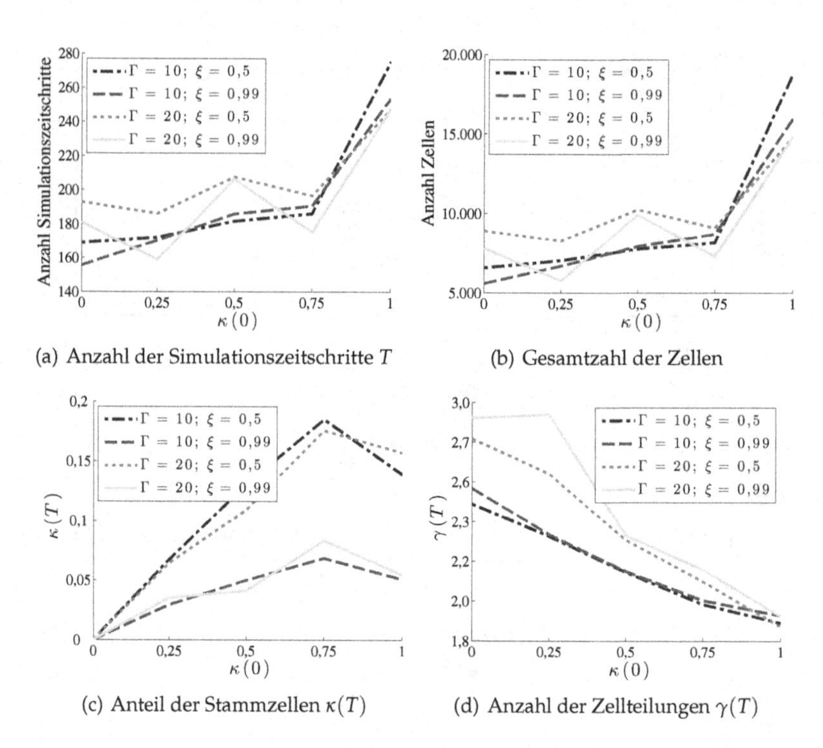

(a) Anzahl der Simulationszeitschritte T

(b) Gesamtzahl der Zellen

(c) Anteil der Stammzellen $\kappa(T)$

(d) Anzahl der Zellteilungen $\gamma(T)$

Abbildung 6.11.: Für eine initiale Glukosekonzentration $G_0 = 1{,}125\,\mathrm{g\,l^{-1}}$ ist die Abhängigkeit einiger quantitativer Systemwerte vom initialen Anteil an Stammzellen $\kappa(0)$ dargestellt. In (a) ist die benötigte Anzahl der Simulationszeitschritte T angegeben. Abbildungsteil (b) zeigt die Gesamtzahl der Zellen im letzten Simulationszeitschritt und Teil (c) zeigt den Anteil der Stammzellen $\kappa(T)$ an allen Zellen im letzten Simulationszeitschritt. In (d) ist die durchschnittliche Anzahl der Zellteilungen γ aller gewöhnlichen Tumorzellen im letzten Zeitschritt dargestellt. Die verschiedenen Linienarten korrespondieren zu unterschiedlichen Werten für Γ und ξ, die in den Legenden angegeben sind.

Zunächst fällt an Abbildung 6.10 auf, dass ein Tumor bei einer niedrigeren Mutationsrate ($\xi = 0{,}5$) aus mehr gelben Punkten, d. h. mehr Krebsstammzellen, als bei einer hohen Mutationsrate ($\xi = 0{,}99$) besteht. Weiterhin sind die einzelnen Agenten für alle Konfigurationen weiter verstreut als in Abbildungen 6.8 und 6.9. Der dichte Kern ist kleiner und es lösen sich keine einzelnen Agenten vom Tumor. Der gesamte Tumor breitet sich in alle Richtungen gleichmäßig aus.

Zusätzlich zu den qualitativen Auswertungen in Abbildungen 6.8 - 6.10 präsentieren Abbildungen 6.11 und 6.12 eine quantitative Auswertung von Experimenten mit Stammzellen und gewöhnlichen Tumorzellen. Für alle diese Experimente wird ein Radius von 16 Agenten für den Tumorsphäroid zu Beginn der Simulation angenommen. Der initiale Anteil der Stammzellen $\kappa(0)$, die maximale Anzahl möglicher Teilungen einer gewöhnlichen Tumorzelle Γ, die Mutationsrate ξ sowie die initiale Glukosekonzentration G_0 werden wie zuvor variiert. Jede Konfiguration wird dreimal simuliert, um den Zufallskomponenten des Modells Rechnung zu tragen. Die folgenden Ergebnisse basieren auf den Mittelwerten dieser je drei Simulationen. Die Standardabweichung ist nicht dargestellt, da sie sehr gering ist.

Abbildung 6.11 korrespondiert zu Simulationen mit einer initialen Glukosekonzentration $G_0 = 1{,}125\,\mathrm{g\,l^{-1}}$. Diese Abbildung steht stellvertretend für die Experimente mit anderen Glukosekonzentrationen $G_0 \neq 1{,}125\,\mathrm{g\,l^{-1}}$, die vergleichbare Ergebnisse liefern. In Abbildungsteil 6.11(a) ist die Anzahl der Zeitschritte T dargestellt, die in einer Simulation benötigt wird, damit die erste Zelle den Rand $\partial\Omega$ des Gebietes erreicht. Abbildungsteil 6.11(b) zeigt die Gesamtzahl aller Zellen und 6.11(c) den Anteil $\kappa(T)$ Krebsstammzellen im letzten Simulationszeitschritt. In Teil 6.11(d) ist die Anzahl durchlaufener Zellteilungen $\gamma(T)$ als Durchschnitt über alle Agenten a_{gTZ} im letzten Zeitschritt abgebildet. Auf der Abszisse ist jeweils der variierende initiale Anteil $\kappa(0)$ von Agenten vom Typ a_{KSZ} aufgetragen. Die verschiedenen Kombinationen der maximalen Anzahl der Zellteilungen Γ der gewöhnlichen Tumorzellen und der Mutationsrate ξ der Krebsstammzellen sind durch die verschiedenen Linienstile repräsentiert, die in den Legenden in Abbildung 6.11 erläutert sind.

Grundsätzlich verlaufen die Kurven in Abhängigkeit von $\kappa(0)$ für alle Kombinationen aus Γ und ξ ähnlich. Mit zunehmendem initialem Anteil $\kappa(0)$ Krebsstammzellen steigt die Anzahl der benötigten Simulationszeitschritte T (im extremen Fall $\Gamma = 10$ und $\xi = 0{,}5$ um mehr als 100 Zeitschritte für $\kappa(0) = 1$ im Vergleich zu $\kappa(0) = 0$). Die Anzahl der Agenten steigt ebenfalls und verdreifacht sich sogar für den Fall $\Gamma = 10$ und $\xi = 0{,}5$. Die durchschnittliche Anzahl durchlaufener Zellteilungen $\gamma(T)$ hingegen nimmt ab, wenn $\kappa(0)$ zunimmt. In allen Fällen beträgt die durchschnittliche Anzahl durchlaufener Zellteilungen $\gamma(T)$ weniger als 3 Zellteilungen. In diesen drei Abbildungen (6.11(a), 6.11(b) und 6.11(d)) ähneln sich jeweils die beiden Kurven mit $\Gamma = 10$ und $\Gamma = 20$.

Für alle Konfigurationen nimmt $\kappa(T)$, d. h. der Anteil der Agenten vom Typ a_{KSZ} im letzten Zeitschritt T, zu, bis bei $\kappa(0) = 0{,}75$ ein Maximum erreicht ist und $\kappa(T)$ wieder geringfügig abnimmt. Insgesamt liegt der Anteil der Krebsstammzellen jedoch im letzten Zeitschritt unter 20 %. Sehr auffällig ist in Abbildungsteil 6.11(c), dass die Kurven jeweils für $\xi = 0{,}5$ und $\xi = 0{,}99$ einen sehr ähnlichen Verlauf nehmen, wobei mit der geringeren Mutationsrate $\xi = 0{,}5$ ein höherer Anteil an Krebsstammzellen $\kappa(T)$ erreicht wird.

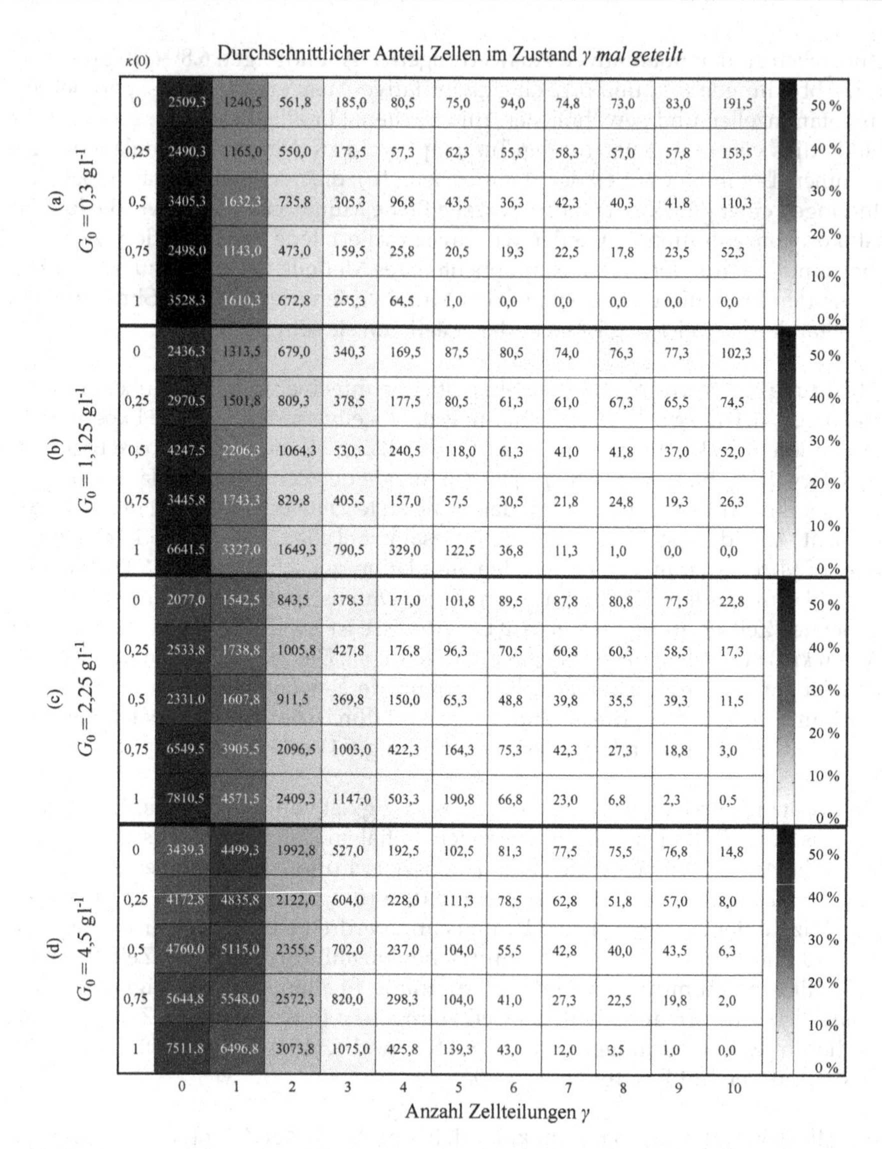

Abbildung 6.12.: Der durchschnittliche Anteil Zellen im letzten Simulationszeitschritt T im Zustand γ *Mal geteilt* für $\Gamma = 10$, $\xi = 0{,}99$ und vier verschiedene initiale Glukosekonzentrationen G_0. Für jedes G_0 sind sowohl die absolute Anzahl der Zellen (die Zahlen in den Rechtecken) als auch der relative Anteil (gegeben durch die Farbkodierung der Rechtecke) für verschiedene $\kappa(0)$ (initialer Anteil Stammzellen) dargestellt.

Für eine ausführlichere Analyse der durchlaufenen Anzahl der Zellteilungen pro Agent ist in Abbildung 6.12 für verschiedene Konfigurationen der Anteil gewöhnlicher Tumorzellen im Zustand γ *Mal geteilt* ($\gamma \in \{0, \ldots, 10\}$) im letzten Simulationszeitschritt dargestellt. Für die zugrundeliegenden Experimente wird die maximale Anzahl möglicher Teilungen einer gewöhnlichen Tumorzelle Γ festgehalten als $\Gamma = 10$. Die Mutationsrate beträgt in allen Experimenten $\xi = 0{,}99$. Der initiale Anteil Stammzellen $\kappa(0)$ sowie die initiale Glukosekonzentration G_0 werden wie zuvor variiert.

Jeweils ein Rechteckblock repräsentiert Simulationen mit derselben initialen Glukosekonzentration G_0, wobei G_0 von oben nach unten zunimmt. Innerhalb der Rechteckblöcke korrespondiert jede Zeile zu einem festen $\kappa(0)$, das von oben nach unten verlaufend ansteigt. Von links nach rechts steigt die Anzahl bereits durchlaufener Zellteilungen γ an, so dass jedes Quadrat für eine Konfiguration den Anteil Agenten im Zustand γ *Mal geteilt* im letzten Zeitschritt angibt. Die Zahlen in den Quadraten stellen die absolute Anzahl der Agenten im jeweiligen Zustand dar, während die Farbe des Quadrates den relativen Anteil an der Gesamtzahl durch die Farblegende auf der rechten Seite kodiert.

Es lässt sich an Abbildung 6.12 beobachten, dass sich die Mehrheit der Agenten im letzten Simulationszeitschitt im Zustand *0 Mal geteilt* oder *1 Mal geteilt* befindet. In allen Simulationen nimmt ab $\gamma = 1$ der Anteil Zellen mit zunehmendem γ ab. Nur für $\gamma = 10$ sind die absoluten Agentenzahlen in vielen Simulationen etwas höher als für $\gamma = 9$ (insbesondere für niedrige initiale Glukosekonzentrationen). Ab $\gamma = 4$ liegt für alle Konfigurationen der relative Anteil Agenten im Zustand γ *Mal geteilt* im einstelligen Prozentbereich.

Mit zunehmender initialer Glukosekonzentration G_0 sinkt der relative Anteil der Agenten im Zustand *0 Mal geteilt*. Allerdings nimmt im Gegensatz dazu der relative Anteil von Zellen, die sich bereits ein- oder zweimal geteilt haben, zu. Für ein festes G_0 steigt außerdem mit zunehmendem initialen Anteil $\kappa(0)$ der Agenten vom Typ a_{KSZ} der Anteil der Zellen, die sich noch nie geteilt haben. Ab $\gamma = 1$ nimmt der Anteil von Agenten im Zustand γ *Mal geteilt* mit zunehmendem $\kappa(0)$ jedoch tendenziell ab.

6.3.2. Diskussion

Biologische Experimente mit Glioblastomzellen haben gezeigt, dass nur ein Teil aller Glioblastomzellen das Potenzial zur unbegrenzten Replikation hat und neue Tumore entstehen lassen kann (vgl. Kapitel 2 und Singh et al. (2004); Yuan et al. (2004)). Diese Zellen werden als *Krebsstammzellen* bezeichnet und verfügen über die Fähigkeit zur Selbstreproduktion. Aufgrund der Instabilität des Genoms (vgl. Abschnitt 2.1, Punkt 9 der Liste der Charakteristik von Tumorzellen) können die Krebsstammzellen zu gewöhnlichen Tumorzellen mutieren, die nur über ein beschränktes Replikationspotenzial verfügen.

Dieses Prinzip wurde in das Multiskalenmodell integriert, indem ein weiterer Agententyp eingeführt wurde. Dieser repräsentiert gewöhnliche Tumorzellen, die sich nur beschränkt oft teilen können. Dieses erweiterte Modell wird für verschiedene Anteile der Krebsstammzellen zu Beginn der Simulation $\kappa(0)$, unterschiedliche Mutationsraten ξ sowie zwei Anzahlen maximaler Zellteilungen Γ untersucht.

Die Umsetzung des Multiskalenmodells unter Berücksichtigung der Krebsstammzellhypothese erfordert nur einen geringfügig erhöhten Rechenaufwand im Vergleich zum Modell aus Abschnitt 6.2. Für die gewöhnlichen Tumorzellen muss ein dritter Zustand gespeichert werden und für alle aktiven Agenten kommen zwei zusätzliche Abfragen hinzu.

Aus der Medizin und Biologie ist bekannt, dass nur ein geringer Anteil aller Tumorzellen Krebsstammzellen sind (Zhou et al. 2009; Visvader u. Lindeman 2012). Diese Krebsstammzellen mutieren mit hoher Wahrscheinlichkeit (Enderling u. Hahnfeldt 2011), weswegen der Anteil an gewöhnlichen Tumorzellen im zeitlichen Verlauf der Tumorentwicklung im Verhältnis übermäßig zunimmt. Unabhängig vom Krebsstammzell-Anteil am Tumorsphäroid zu Beginn eines Experimentes liegt deshalb in allen Simulationen der Anteil Krebsstammzellen im letzten Zeitschritt unter 20 % (vgl. Abbildung 6.11(c)). Für sehr hohe Mutationsraten ($\xi = 0{,}99$) liegt der simulierte Anteil Krebsstammzellen im einstelligen Prozentbereich, was gut mit experimentellen Daten (Zhou et al. 2009) übereinstimmt. Ein Anteil von über 10 % ist dagegen eher unrealistisch. Eine Mutationsrate von nur $\xi = 0{,}5$, wie sie in den Simulationen auch getestet wurde, ist damit sehr unwahrscheinlich und realitätsfern.

Unter der Annahme der Krebsstammzellhypothese entwickelt sich in den Simulationen ein Tumor, bei dem sich die Krebsstammzellen vor allem im stillen Tumorkern befinden. Die gewöhnlichen Tumorzellen bilden einen Kranz aus migrierenden und proliferierenden Zellen um diesen Kern.

Die Existenz von Krebsstammzellen kann relevante Auswirkungen auf das Ergebnis verschiedener Therapieformen haben: Wird bei einer Resektion der sichtbare Tumorkern entfernt (vgl. Abschnitt 2.1.1), so bleiben einzelne weiter entfernte Zellen zurück. Befinden sich darunter Krebsstammzellen, so bildet/-n sich wahrscheinlich ein oder mehrere Rezidiv/e an einer neuen Stelle. Wird ein Tumor (inklusive eines umliegenden Sicherheitsradiusses) mittels Radiotherapie behandelt, so werden zwar die gewöhnlichen Tumorzellen zerstört und der Tumor schrumpft. Da jedoch Krebsstammzellen unter dem Verdacht stehen, gegen Radio- und Chemotherapie resistent zu sein (vgl. Abschnitt 2.1.1 und Huang et al. (2010); Gao et al. (2013)), kann sich der Tumor basierend auf den zurückbleibenden, verteilt platzierten Krebsstammzellen an der Originalposition erneut bilden.

Im Vergleich zu den Experimenten in Abschnitt 6.2, in denen die Tumore ausschließlich aus Krebsstammzellen bestehen, zeichnen sich die Tumore, die aus einer Mischung von Krebsstammzellen und gewöhnlichen Tumorzellen zusammengesetzt sind, durch ein schnelleres Wachstum aus. Während Krebsstammzellen sich unbegrenzt häufig teilen können, gibt es gewöhnliche Tumorzellen, die sich bereits Γ Mal geteilt haben und somit nur noch migrieren können oder den Zustand *still* annehmen. Diese Zellen bewegen sich tendenziell vom Tumor fort, wodurch die Zellen im Tumor weniger dicht platziert sind. Hierdurch infiltrieren die Tumorzellen das umliegende Gewebe mehr (vgl. Abschnitt 2.1.1) und eine erste Zelle erreicht früher den Rand des Gebietes $\partial\Omega$, so dass die Simulation beendet wird.

Eine geringere Anzahl an Stammzellen resultiert in einer schnelleren Ausbreitung des Tumors. Hierbei ist es unerheblich, ob ein geringerer Anteil an Stammzellen $\kappa(0)$ zu Beginn der Experimente oder eine höhere Mutationsrate ξ die Ursache sind. Insbesondere bei höheren initialen Glukosekonzentrationen lösen sich vereinzelt gewöhnliche Tumorzellen vom Resttumor, der aus vielen proliferierenden Zellen besteht. Die Zellen haben bereits ihre maximale Anzahl an Zellteilungen Γ erreicht und migrieren in Richtung des Randes. Dieser Effekt könnte jedoch ein Artefakt des Modells sein, das viele weitere relevante zelluläre Prozesse (wie Zell-Zell-Adhäsion, Seneszenz und Zell-Tod) nicht berücksichtigt.

In den Simulationen, in denen der initiale Tumorsphäroid zwar kleiner ist, aber ausschließlich aus Krebsstammzellen besteht, fällt auf, dass die simulierten Tumore nur einen kleinen festen Tumorkern haben, der von einem sehr breiten Kranz weniger dicht verteilter Tumorzellen umgeben ist. Diese veränderte Form des Tumors im Vergleich zu den anderen Simulationen lässt sich auf den kleineren Radius des initialen Tumorsphäroids zurückführen. Zellen im Inneren des Tumorkerns haben keinen Platz, um sich zu bewegen oder eine Tochterzelle zu platzieren. Je größer der Tumorkern ist, um so weniger Zellen können migrieren oder proliferieren. In Simulationen mit einem kleineren initialen Tumorsphäroid bestehen die Tumore zwar zu Beginn aus weniger Zellen, von diesen hat jedoch im Verhältnis ein größerer Anteil das Potenzial zur Migration oder Proliferation, was den sehr breiten Kranz aktiver Zellen erklärt.

Interpretiert man für eine gewöhnliche Tumorzelle die Anzahl bereits durchlaufener Zellteilungen γ als das Alter der Zelle, so resultiert ein höherer Stammzellanteil in durchschnittlich jüngeren Zellen. Für einen initialen Stammzellanteil von $\kappa(0) = 100\,\%$ ist dabei der Einfluss der maximalen Anzahl der Zellteilungen Γ vernachlässigbar. Da die Simulationen nach wenigen hundert Stunden beendet werden, ist es jedoch möglich, dass der Effekt verschiedener Obergrenzen für die Anzahl durchlaufener Zellteilungen auf das durchschnittliche Alter der gewöhnlichen Tumorzellen erst später auftritt. Je jünger gewöhnliche Tumorzellen sind, um so häufiger können sie sich potenziell im weiteren Verlauf der Tumorprogression teilen und zum weiteren Tumorwachstum beitragen. Somit geht ein höherer Stammzellanteil mit einem größeren Wachstum des Tumors einher.

Auf die Altersverteilung der gewöhnlichen Tumorzellen hat die initiale Glukosekonzentration G_0 einen größeren Einfluss als der initiale Stammzellanteil $\kappa(0)$. Mit zunehmendem G_0 proliferieren mehr Zellen. Die Tochterzellen werden im noch leeren Rand um den Tumorkern herum platziert, und beginnen ihrerseits mit der Proliferation. Da nur die außen liegenden Zellen ausreichend Platz für die Positionierung von Tochterzellen haben, ist der Anteil der gewöhnlichen Tumorzellen, die sich ein oder zweimal geteilt haben verhältnismäßig hoch. Grundsätzlich hat sich jedoch für alle Simulationskonfigurationen die Mehrheit der Zellen am Ende einer Simulation maximal einmal geteilt und hat somit das Potenzial für viele weitere Zellteilungen.

Insgesamt führt die Einbindung der Krebsstammzellhypothese, die in diesem Abschnitt diskutiert wurde, zu einem heterogenen Tumoraufbau. Jeder Tumor besteht aus einer Mischung von

- proliferierenden, migrierenden und stillen Zellen,
- gewöhnlichen Tumorzellen und Krebsstammzellen sowie
- gewöhnlichen Tumorzellen verschiedenen Alters γ.

Diese Heterogenität ist charakteristisch für Glioblastome (vgl. Abschnitt 2.1.1 und Bonavia et al. 2011; Sottoriva et al. 2013) und ist einer der Gründe, warum für die Modellierung der mikroskopischen Ebene auf einen rechnergestützten Modellierungsansatz zurückgegriffen wurde (vgl. Abschnitt 3.2). Tatsächlich erstreckt die Heterogenität sich zusätzlich auf die unterschiedlichen genetischen Profile der Tumorzellen, die in diesem Modell vernachlässigt wurden. Bei der Entwicklung und Analyse von Therapien muss die Heterogenität der Tumore berücksichtigt werden, da Zellen mit verschiedenen Genotypen potenziell sehr unterschiedlich auf die gleiche Therapie ansprechen. Auch bei der Analyse von Tumorgewebeproben gilt es zu beachten, dass diese aufgrund der Heterogenität des Tumors nur Hinweise auf die Eigenschaften eines Teils aller Zellen gibt.

KAPITEL 7

Sensitivitätsanalyse des Multiskalenmodells

Das DGL-System, das im Multiskalenmodell die Prozesse auf der molekularen Ebene beschreibt, beinhaltet 31 Parameter in Form von Reaktionskonstanten. Bezogen auf das Stabilitätsverhalten des DGL-Systems wurde die Abhängigkeit von der Wahl dieser Parameter bereits in Kapitel 5 untersucht.

Im vorigen Kapitel 6 wurde das Tumorwachstum unter verschiedenen Glukosebedingungen analysiert. Diese Untersuchung soll in diesem Kapitel auf den Einfluss der 31 Reaktionskonstanten des molekularen Interaktionsnetzwerkes ausgeweitet werden. Hierzu wird eine Sensitivitätsanalyse des Multiskalenmodells durchgeführt.

Abschnitt 7.1 gibt eine motivierende Einführung in das Konzept der Sensitivitätsanalyse. Darauf aufbauend beschäftigt sich Abschnitt 7.2 mit einer Sensitivitätsanalyse erster Ordnung des Multiskalenmodells. In Abschnitt 7.3 wird eine Erweiterung dieser Sensitivitätsanalyse vorgestellt und deren Anwendung auf das Multiskalenmodell diskutiert.

7.1. Grundlagen von Sensitivitätsanalysen

Nahezu jedes Modell enthält einen oder mehrere Parameter. Dies können physikalische Größen sein – wie Gewicht, Geschwindigkeit oder Druck – oder den

Parametern kann eine biologische oder medizinische Bedeutung zukommen – wie etwa Radiosensitivität von Gewebe oder Reaktionskonstanten. Diese Parameter können variieren, je nachdem, welche „Situation“ durch eine Simulation abgebildet wird. Im Fall von Modellen in der Biologie und Medizin variieren viele Parameter von Patient zu Patient, von Gewebe zu Gewebe, von Zelle zu Zelle und/oder im Verlauf der Zeit (Droz 1992; Undevia et al. 2005; Greve et al. 2012; van Riel et al. 2013).

Die potenzielle Variabilität der Parameter muss bei der Schätzung oder Bestimmung der Parameterwerte im Laufe des Modell-Entwicklungsprozesses berücksichtigt werden. Hierzu ist es hilfreich, zu untersuchen, wie sich das simulierte System verändert, wenn ein oder mehrere Parameter modifiziert werden. Eine *Sensitivitätsanalyse* stellt ein Konzept für derartige Untersuchungen zur Verfügung (Savageau 1971; Rabitz et al. 1983).

Mittels einer solchen Analyse wird die Abhängigkeit des Systems von den Parametern des zugrundeliegenden Modells ausgewertet. Eine Sensitivitätsanalyse ermöglicht weiterhin die Identifikation von Parametern, die das System besonders stark beeinflussen. Bezogen auf Tumorwachstumsmodelle kommt solchen Parametern eine besondere Bedeutung zu: Einerseits können sie Hinweise auf die weitere Progression eines Tumors geben, wie dies anhand des Expressionslevels einiger Proteine oder miRNAs bereits möglich ist (vgl. Abschnitte 2.1.1, 2.2.2). Andererseits können sie einen Ansatzpunkt für die Entwicklung von Therapien darstellen, da einflussreiche Parameter auf Reaktionen hinweisen, deren Regulierung das Tumorwachstum beeinflussen kann.

Grundsätzlich lassen sich Sensitivitätsanalysen anhand ihrer Ordnung unterscheiden (vgl. Rabitz et al. 1983). Im Rahmen einer Sensitivitätsanalyse erster Ordnung wird in jeder Simulation sukzessive genau ein Parameter verändert und die Auswirkungen jeder einzelnen Modifikation auf das System werden untersucht. Bei einer Sensitivitätsanalyse höherer Ordnung hingegen erstreckt sich in jeder Simulation die Veränderung gleichzeitig über mehrere Parameter. Dies erlaubt die Identifikation von Parametern, die nur im Zusammenspiel einen großen Einfluss auf das System haben. Der Vorteil einer Sensitivitätsanalyse erster Ordnung liegt in dem vergleichsweise geringen Rechenaufwand. Bei einer Sensitivitätsanalyse höherer Ordnung stehen dem eine hohe Komplexität und hohe Berechnungskosten gegenüber.

Für Tumorwachstumsmodelle ist es unter dem Aspekt der Suche nach potenziellen Therapieansätzen ausreichend, sich zunächst auf eine Sensitivitätsanalyse erster Ordnung zu beschränken. Aktuell verwendete und erforschte Therapien setzen sehr spezifisch an einzelnen Reaktionen oder Molekülen an. Die parallele Variation einer großen Anzahl an Parametern ist in der Praxis bisher nicht realistisch und deshalb zunächst nicht nötig. In Abschnitt 7.2 wird daher zunächst eine Sensitivitätsanalyse erster Ordnung diskutiert, bevor in Abschnitt 7.3 eine Erweiterung vorgestellt wird, mit deren Hilfe gezielt zwei Parameter zur gleichzeitigen Modifizierung ausgewählt werden.

Grundsätzlich ist bei einer Sensitivitätsanalyse der erste Schritt die Identifikation der Parameter k_i, die sukzessive variiert werden sollen. Für jeden Parameter k_i wird ein Intervall festgelegt, aus dem die modifizierten Werte k_i' gewählt werden. Des Weiteren werden für das System Endpunkte $\mathcal{M}_e$ definiert, die in den Simulationen gemessen werden. Zunächst wird eine Simulation mit den Original-Parameterwerten k_i durchgeführt und die Endpunkte $\mathcal{M}_e$ werden ermittelt und festgehalten. Im Anschluss werden in Simulationen mit den modifizierten Parametern k_i' die entsprechenden Endpunkte $\mathcal{M}_e'$ bestimmt. Diese Simulationsergebnisse lassen sich mit Hilfe der *Sensitivitätskoeffizienten* $\mathcal{S}_e^i$ analysieren, die die Änderung der System-Endpunkte relativ zur Modifikation der Parameter angeben (vgl. Rabitz et al. 1983):

$$\mathcal{S}_e^i = \frac{(\mathcal{M}_e' - \mathcal{M}_e)/\mathcal{M}_e}{(k_i' - k_i)/k_i}. \tag{7.1}$$

Bei den meisten Sensitivitätsanalysen befinden sich die variierten Parameter k_i und das gemessene Systemverhalten $\mathcal{M}_e$ auf der gleichen Modellierungsebene (z. B. Bentele et al. 2004; Mayawala et al. 2005; Chen et al. 2009; Lignet et al. 2013). In die Klasse dieser Analysen fällt gewissermaßen auch die Untersuchung des Stabilitätsverhaltens des DGL-Systems in Kapitel 5. Dort wurde die Abhängigkeit der Stabilität von der Wahl der Parameter berücksichtigt, ohne jedoch Sensitivitätskoeffizienten zu berechnen. In diesem Fall beziehen sich sowohl die Parameter k_i als auch der System-Endpunkt *instabil* oder *asymptotisch stabil* auf die Differentialgleichungen.

Für Modelle, die nur eine Modellierungsebene abdecken, ist eine derartige Einskalen-Sensitivitätsanalyse ein angemessenes Werkzeug. Im Fall eines Multiskalenmodells liefert eine Analyse, die auf eine Ebene beschränkt ist, jedoch auch nur Informationen zu einer einzelnen Ebene und vernachlässigt das Zusammenwirken der verschiedenen Skalen. Insbesondere wird nicht das System, das durch das Modell abgebildet wird, als Ganzes berücksichtigt.

Für ein Multiskalenmodell, das die Entwicklung von Lungenkrebs auf der molekularen und mikroskopischen Ebene beschreibt, haben Wang et al. (2008, 2012) einen Multiskalenansatz einer Sensitivitätsanalyse vorgeschlagen. Die molekulare Ebene des Modells wird durch ein DGL-System beschrieben, für das im Zuge der Sensitivitätsanalyse die Parameter in Form der Anfangswerte variiert werden. Die Endpunkte des Systems werden hingegen auf der mikroskopischen Ebene in Form der benötigten Simulationsschritte und der Anzahl lebender Zellen gemessen. Das Multiskalenmodell wird somit mittels einer Multiskalen-Sensitivitätsanalyse untersucht. Die im folgenden Abschnitt beschriebene Multiskalen-Sensitivitätsanalyse ist durch dieses Vorgehen motiviert. Sie grenzt sich jedoch insbesondere dadurch ab, dass nicht die Anfangswerte des DGL-Systems, sondern sämtliche Reaktionsparameter variiert werden. Zudem wird die Abhängigkeit des Modells von der initialen Glukosekonzentration berücksichtigt.

7.2. Multiskalen-Sensitivitätsanalyse erster Ordnung

In diesem Abschnitt soll eine Sensitivitätsanalyse erster Ordnung für das Tumorwachstumsmodell durchgeführt werden, das in den vorigen Kapiteln eingeführt und diskutiert wurde. Um dem Multiskalencharakter des Modells gerecht zu werden, wird sich auch die Sensitivitätsanalyse über mehrere Skalen erstrecken: Variiert werden die Reaktionskonstanten des molekularen Interaktionsnetzwerkes, das durch das DGL-System (4.45) - (4.53) repräsentiert wird (vgl. Abschnitt 4.1.4). Die Auswirkungen dieser Modifizierungen auf das Verhalten des simulierten Tumors werden hingegen auf der mikroskopischen Ebene in Form von Tumorvolumen und Tumorausbreitungsgeschwindigkeit gemessen.

In Abschnitt 7.2.1 wird das genaue Vorgehen der Sensitivitätsanalyse beschrieben, bevor in den Abschnitten 7.2.2 und 7.2.3 die Ergebnisse der Analyse präsentiert und diskutiert werden.

7.2.1. Vorgehen

Ziel der Sensitivitätsanalyse ist es, die Abhängigkeit des Verhaltens des simulierten Tumors von den Reaktionsparametern des molekularen Interaktionsnetzwerkes zu untersuchen. Hierzu werden nacheinander die 31 Reaktionskonstanten $k_i \in \{k_1, k_1^i, k_2, \ldots, k_{18}^{c2}\}$, die in Tabelle 4.2 mit ihren Ausgangswerten aufgelistet sind, variiert. Konkret wird jeder Parameter k_i mit einem Faktor $b \in \mathbb{R}^+$ multipliziert, so dass $k_i' = k_i \cdot b$ gilt. Dies geschieht simultan für alle Agenten und ihre zugehörigen DGL-Systeme.

Bezeichnet $\mathcal{M}_e$ einen gemessenen Endpunkt des unmodifizierten Systems, so wird der gemessene Endpunkt des variierten Systems mit $\mathcal{M}_e^{k_i,b}$ bezeichnet, wenn der Parameter k_i mit dem Faktor b multipliziert wurde. Die Berechnung der korrespondierenden Sensitivitätskoeffizienten $\mathcal{S}_e^{k_i,b}$ ergibt sich aus Gleichung 7.1 zu

$$\mathcal{S}_e^{k_i,b} = \frac{(\mathcal{M}_e^{k_i,b} - \mathcal{M}_e)/\mathcal{M}_e}{(k_i \cdot b - k_i)/k_i} = \frac{\mathcal{M}_e^{k_i,b}/\mathcal{M}_e - 1}{b - 1}. \tag{7.2}$$

Insgesamt werden vier verschiedene Endpunkte des simulierten Systems gemessen. Mit $\mathcal{M}_T$ und $\mathcal{M}_T^{k_i,b}$ wird die Anzahl der Zeitschritte, bis die Simulation beendet wird, bezeichnet. Wie bereits in Kapitel 6 ist diese Zahl ein Maß für die Ausbreitungsgeschwindigkeit des Tumors. Die Gesamtzahl aller Agenten im letzten Zeitschritt wird als Endpunkt $\mathcal{M}_{total}$ bzw. $\mathcal{M}_{total}^{k_i,b}$ festgehalten. Dieser Endpunkt ist somit ein Anhaltspunkt für das Volumen des Tumors. Die Anzahl aller Agenten, die sich im letzten Zeitschritt im Zustand *migrierend* befinden, wird durch die Endpunkte $\mathcal{M}_{mig}$ bzw. $\mathcal{M}_{mig}^{k_i,b}$ repräsentiert. $\mathcal{M}_{prolif}$ und $\mathcal{M}_{prolif}^{k_i,b}$ fassen hingegen die Anzahl aller proliferierenden Zellen im letzten Zeitschritt zusammen. Die letzten beiden Endpunkte geben somit Hinweise zum Aufbau des Tumors und zum Tumorwachstumverhaltens. Die korrespondierenden Sensitivitätskoeffizienten $\mathcal{S}_T^{k_i,b}$, $\mathcal{S}_{total}^{k_i,b}$, $\mathcal{S}_{mig}^{k_i,b}$ und $\mathcal{S}_{prolif}^{k_i,b}$ werden analog definiert.

Während die Endpunkte $\mathcal{M}_e^{k_i,b}$ das Verhalten des Tumors bei variierten Parametern in absoluten Zahlen darstellen, wird durch die Sensitivitätskoeffizienten $\mathcal{S}_e^{k_i,b}$ die relative Auswirkung der Variation einzelner Parameter auf das Tumorwachstum repräsentiert.

7.2.2. Ergebnisse

Die Sensitivitätsanalyse wird durchgeführt, indem zunächst nacheinander alle 31 Parameter k_i mit allen Faktoren $b \in B \subset \mathbb{Q}^+$ multipliziert werden und für jede Parameter-Faktor-Kombination das Modell simuliert wird. Um sowohl kleine als auch extreme Änderungen der Parameter k_i zu untersuchen, wird die aus 20 Elementen bestehende Menge $B = \{0{,}01,\ 0{,}1,\ 0{,}5,\ 0{,}8,\ 0{,}9,\ 0{,}95,\ 0{,}98,\ 0{,}99,\ 1{,}01,\ 1{,}02,\ 1{,}05,\ 1{,}1,\ 1{,}2,\ 1{,}5,\ 1{,}9,\ 1{,}99,\ 5,\ 10,\ 50,\ 100\}$ gewählt.

Die Sensitivitätsanalyse ist in C++ als Erweiterung des Modells aus Kapitel 4 implementiert. Wie in Abschnitt 6.2 besteht ein Tumor ausschließlich aus Agenten vom Typ a_{KSZ}, d. h. Zellen mit einem unbeschränkten Replikationspotenzial. Im Zuge der Proliferation erzeugen diese Agenten ausschließlich neue Agenten vom Typ a_{KSZ}. Wie zuvor ist außerdem jede Simulation von der initialen Glukosekonzentration G_0 abhängig. Die außerordentliche Bedeutung von G_0 für das Simulationsergebnis wurde bereits in Kapitel 6 diskutiert. Aus diesem Grund wird das Modell für jede Parametervariation $k_i' = k_i \cdot b$ für vier verschiedene initiale Glukosewerte G_0 simuliert. Damit ergeben sich insgesamt 2480 verschiedene Simulationskonfigurationen. Um die Zufallselemente des Modells zu berücksichtigen, werden außerdem für jede Konfiguration $(G_0;\ k_i')$ drei Simulationen durchgeführt und aus den ermittelten Ergebnissen wird jeweils der Mittelwert gebildet. Insgesamt werden somit 7440 Simulationen ausgeführt.

Wie zuvor wird eine Simulation beendet, sobald die erste Zelle den Rand $\partial\Omega$ des Gebietes erreicht. Zum Abschluss einer jeden Simulation wird die Anzahl der benötigten Simulationszeitschritte T als Endpunkt $\mathcal{M}_T^{k_i,b}(G_0)$ und die Gesamtzahl der Zellen in diesem letzten Zeitschritt als Endpunkt $\mathcal{M}_{total}^{k_i,b}(G_0)$ festgehalten. Außerdem werden die Anzahl migrierender und proliferierender Zellen im letzten Simulationszeitschritt gemessen und mit $\mathcal{M}_{mig}^{k_i,b}(G_0)$ und $\mathcal{M}_{prolif}^{k_i,b}(G_0)$ bezeichnet.

Theoretische Untersuchung Bevor die Ergebnisse der Simulationen präsentiert werden, werden zunächst einige theoretische Schlüsse aus der Definition der Sensitivitätskoeffizienten $\mathcal{S}_e^{k_i,b}$ gezogen:

- Wird ein Parameter mit einem Faktor $b < 1$ multipliziert (d. h. $k_i' < k_i$) und resultiert diese Variation in einem verminderten Endpunkt $\mathcal{M}_e^{k_i,b} < \mathcal{M}_e$, so resultiert dies in einem positiven Sensitivitätskoeffizienten $\mathcal{S}_e^{k_i,b} > 0$. Dies gilt ebenso, falls ein Parameter mit einem Faktor $b > 1$ multipliziert wird und der Wert des resultierenden Endpunktes dadurch ansteigt $\mathcal{M}_e^{k_i,b} > \mathcal{M}_e$. Ändern sich Parameter und Endpunkt also in die gleiche Richtung (Zunahme oder Abnahme), so ergibt dies einen positiven Sensitivitätskoeffizienten. Geht jedoch die Zunahme eines Parameters mit der Abnahme eines Endpunktes einher oder umgekehrt ($k_i' < k_i$ und $\mathcal{M}_e^{k_i,b} > \mathcal{M}_e$ oder $k_i' > k_i$ und $\mathcal{M}_e^{k_i,b} < \mathcal{M}_e$), so resultiert dies in einem negativen Sensitivitätskoeffizienten $\mathcal{S}_e^{k_i,b} < 0$.
- Wird ein Parameter k_i mit zwei verschiedenen Faktoren b_1 und b_2 multipliziert, für die gilt $0 < b_1 < b_2$, und resultieren diese Parametervariationen im gleichen Wert eines Endpunktes ($\mathcal{M}_e^{k_i,b_1} = \mathcal{M}_e^{k_i,b_2}$), so gilt für die zugehörigen Sensitivitätskoeffizienten $|\mathcal{S}_e^{k_i,b_1}| > |\mathcal{S}_e^{k_i,b_2}|$.
- Wird ein Parameter k_i mit zwei verschiedenen Faktoren b_1 und b_2 multipliziert, die $1 - b_1 = b_2 - 1$ erfüllen (d. h. sie beschreiben die gleiche prozentuale Änderung in verschiedene Richtungen), und resultieren die beiden Simulationen unter dieser Annahme in identischen Endpunkten $\mathcal{M}_e^{k_i,b_1} = \mathcal{M}_e^{k_i,b_2}$, so gilt für die entsprechenden Sensitivitätskoeffizienten $\mathcal{S}_e^{k_i,b_1} = -\mathcal{S}_e^{k_i,b_2}$.

Auswertung der Sensitivitätskoeffizienten Nach der theoretischen Betrachtung der Sensitivitätskoeffizienten werden nun die Ergebnisse der durchgeführten Simulationen präsentiert.

Abbildung 7.1 zeigt die Sensitivitätskoeffizienten $\mathcal{S}_e^{k_1,b}$ für den Parameter k_1. Jeder Marker repräsentiert dabei den Sensitivitätskoeffizienten $\mathcal{S}_e^{k_1,b}$ für festes b und festes G_0 als Durchschnitt von jeweils drei Simulationen. In Abbildungsteil 7.1(a) sind die

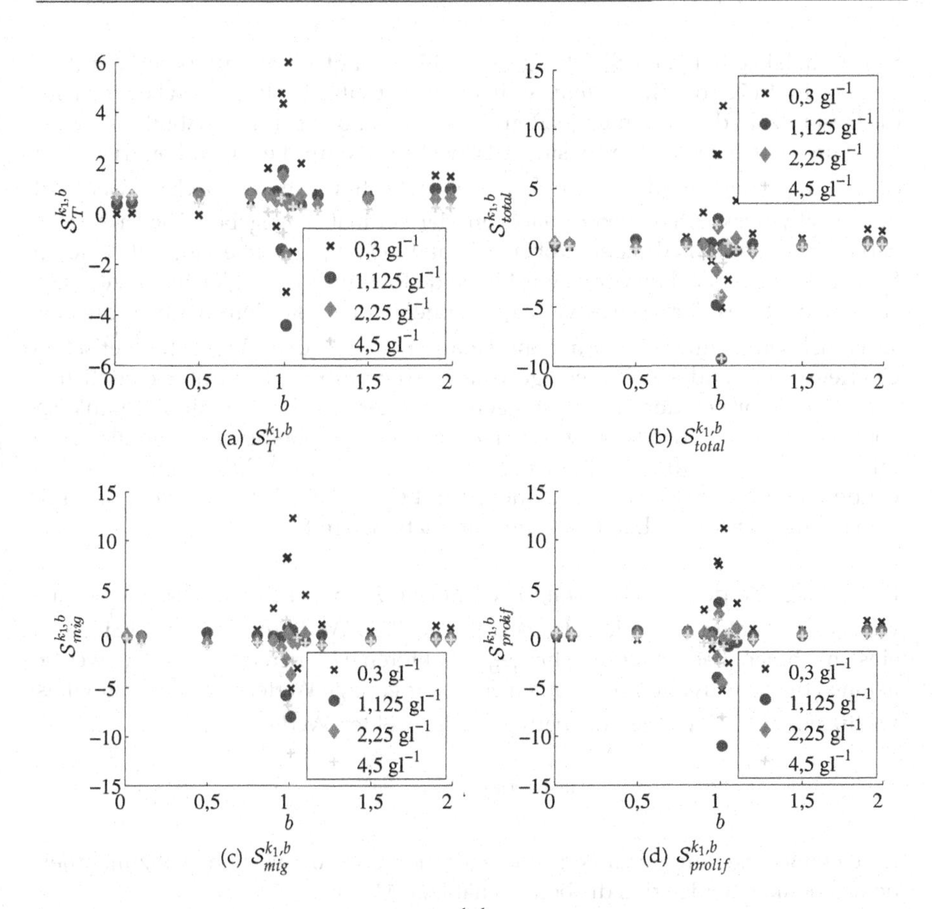

(a) $\mathcal{S}_T^{k_1,b}$

(b) $\mathcal{S}_{total}^{k_1,b}$

(c) $\mathcal{S}_{mig}^{k_1,b}$

(d) $\mathcal{S}_{prolif}^{k_1,b}$

Abbildung 7.1.: Sensitivitätskoeffizienten $\mathcal{S}_e^{k_1,b}$ für den Parameter k_1 für vier verschiedene initiale Glukosekonzentrationen G_0 für die Endpunkte (a) Anzahl benötigter Simulationszeitschritte T, (b) Gesamtzahl der Zellen im letzten Zeitschritt, (c) Anzahl migrierender und (d) Anzahl proliferierender Zellen im letzten Zeitschritt. Jeder Marker repräsentiert das durchschnittliche Ergebnis dreier Simulationen mit der gleichen Parameter-Faktor-Variation und der gleichen initialen Glukosekonzentration. Die Bedeutung der Form und Farbe der einzelnen Marker ist durch die Legenden gegeben.

Sensitivitätskoeffizienten $\mathcal{S}_T^{k_1,b}$ für die Anzahl benötigter Simulationszeitschritte T dargestellt. In 7.1(b) gilt $e = total$, d. h. die Sensitivitätskoeffizienten bezogen auf die Gesamtzahl der Zellen im letzten Zeitschritt sind abgebildet. Abbildungsteile 7.1(c) und 7.1(d) zeigen die Sensitivitätskoeffizienten für die Anzahl migrierender $\mathcal{S}_{mig}^{k_1,b}$ bzw. proliferierender Zellen $\mathcal{S}_{prolif}^{k_1,b}$ im letzten Simulationszeitschritt. Der Wert der Sensitivitätskoeffizienten ist dabei auf der Ordinate angegeben. Die Faktoren b variieren entlang der Abszisse, wobei in Abbildung 7.1 die Darstellung auf Faktoren $b < 2$ beschränkt ist. Hierdurch wird in beide Richtungen die gleiche prozentuale Abweichung des Parameters $k_i' = k_i \cdot b$ abgebildet. Außerdem nehmen die Sensitivitätskoeffizienten $\mathcal{S}_e^{k_1,b}$ für hohe Faktoren b nach den obigen theoretischen Überlegungen tendenziell niedrige Werte (nahe null) an. Die unterschiedlichen Farben und Formen der Marker spiegeln die unterschiedlichen initialen Glukosekonzentrationen G_0 wieder. Dunkelblaue Kreuze korrespondieren zu Simulationen mit $G_0 = 0{,}3\,\mathrm{g\,l^{-1}}$ und violette Kreise zu $G_0 = 1{,}125\,\mathrm{g\,l^{-1}}$. Mit orangen Rauten werden die Ergebnisse aus Simulationen mit $G_0 = 2{,}25\,\mathrm{g\,l^{-1}}$ dargestellt und mit gelben Pluszeichen die Ergebnisse aus Simulationen mit $G_0 = 4{,}5\,\mathrm{g\,l^{-1}}$.

Es lässt sich an den Ergebnissen in Abbildung 7.1 beobachten, dass alle Sensitivitätskoeffizienten $\mathcal{S}_e^{k_1,b}$ die betragsmäßig größten Werte für Faktoren b nahe an eins annehmen. Betrachtet man hingegen Faktoren b im Bereich null oder zwei, so nehmen die Sensitivitätskoeffizienten eher sehr geringe Werte an. Alle Sensitivitätskoeffizienten $\mathcal{S}_e^{k_1,b}$ nehmen die betragsmäßig größten Werte

$$\mathfrak{m}_e = \max_{b,G_0} |\mathcal{S}_e^{k_1,b}(G_0)|$$

für eine niedrige initiale Glukosekonzentration $G_0 = 0{,}3\,\mathrm{g\,l^{-1}}$ an. Mit zunehmendem G_0 sinken tendenziell die betragsmäßigen Maxima.

Für die 30 weiteren untersuchten Parameter $k_1^i, k_2, \ldots, k_{18}^{c2}$ ähnelt der Verlauf der Sensitivitätskoeffizienten in Abhängigkeit vom Faktor b und der initialen Glukosekonzentration G_0 den Abbildungen 7.1(a) - 7.1(d). Unterschiede treten vor allem in Hinblick auf den Wertebereich der Sensitivitätskoeffizienten auf. Auch die initialen Glukosekonzentrationen G_0, für die das betragsmäßige Maximum der $\mathcal{S}_e^{k_i,b}$ angenommen wird, variieren mitunter. Aus diesem Grund wird darauf verzichtet, die korrespondierenden Abbildungen in dieser Arbeit zu präsentieren. Stattdessen fasst Tabelle 7.1 für alle vier Sensitivitätskoeffizienten und für alle Parameter k_i das betragsmäßige Maximum $\mathfrak{m}_e^{k_i}$ über alle Faktoren b und alle G_0 zusammen, wobei gilt

$$\mathfrak{m}_e^{k_i} = \max_{b,G_0} |\mathcal{S}_e^{k_i,b}(G_0)|. \tag{7.3}$$

Tabelle 7.1.: Die betragsmäßig maximalen Sensitivitätskoeffizienten $\mathcal{S}_e^{k_i,b}$ für alle Parameter k_i. Das Maximum $\mathfrak{m}_e^{k_i} = \max_{b,G_0} |\mathcal{S}_e^{k_i,b}(G_0)|$ wird über alle Faktoren b und alle initialen Glukosekonzentrationen G_0 berechnet und ist dimensionslos (dl.).

k_i	$\mathcal{S}_T^{k_i,b}$		$\mathcal{S}_{total}^{k_i,b}$		$\mathcal{S}_{mig}^{k_i,b}$		$\mathcal{S}_{prolif}^{k_i,b}$	
	$\mathfrak{m}_T^{k_i}$ dl.	G_0 $\mathrm{g\,l^{-1}}$	$\mathfrak{m}_{total}^{k_i}$ dl.	G_0 $\mathrm{g\,l^{-1}}$	$\mathfrak{m}_{mig}^{k_i}$ dl.	G_0 $\mathrm{g\,l^{-1}}$	$\mathfrak{m}_{prolif}^{k_i}$ dl.	G_0 $\mathrm{g\,l^{-1}}$
k_1	5,98	0,3	11,91	0,3	12,28	0,3	11,13	0,3
k_1^i	6,60	0,3	14,88	0,3	17,38	0,3	13,06	0,3
k_2	13,20	0,3	21,69	0,3	22,99	0,3	20,78	0,3
k_3	6,80	0,3	9,88	0,3	10,55	0,3	9,56	0,3
k_4	17,94	0,3	38,42	0,3	43,66	0,3	34,89	0,3
k_5	11,75	0,3	21,53	0,3	22,49	0,3	21,61	0,3
k_6	11,18	0,3	15,95	1,125	17,10	1,125	15,08	1,125
k_7	6,80	0,3	13,55	0,3	16,12	0,3	11,37	0,3
k_8	5,57	0,3	13,63	2,25	15,01	2,25	12,92	2,25
k_9	11,14	0,3	11,14	2,25	12,16	2,25	10,59	2,25
k_{10}	8,25	0,3	13,76	0,3	14,77	0,3	13,16	0,3
k_{11}^{m1}	5,58	1,125	12,54	1,125	13,45	1,125	11,71	1,125
k_{11}^{c1}	3,71	0,3	11,33	2,25	11,95	2,25	10,95	2,25
k_{11}^{m2}	7,73	0,3	14,87	0,3	16,39	0,3	14,91	0,3
k_{11}^{c2}	12,43	0,3	14,21	0,3	16,55	0,3	12,31	0,3
k_{12}^i	8,66	0,3	18,44	0,3	20,67	0,3	16,93	0,3
k_{12}	8,25	0,3	15,22	0,3	17,52	0,3	13,79	0,3
k_{13}^{m1}	10,93	0,3	21,62	0,3	23,88	0,3	19,88	0,3
k_{13}^{c1}	5,36	0,3	10,57	0,3	10,65	0,3	10,56	0,3
k_{13}^{m2}	11,96	0,3	19,50	0,3	19,63	0,3	19,31	0,3
k_{13}^{c2}	7,01	1,125	15,41	0,3	15,51	0,3	15,46	0,3
k_{14}	8,66	0,3	18,14	0,3	21,16	0,3	14,95	0,3
k_{15}^i	6,49	1,125	12,11	1,125	10,14	1,125	14,23	1,125
k_{15}	14,85	0,3	32,23	0,3	36,54	0,3	29,02	0,3
k_{16}	9,04	0,3	15,40	0,3	17,48	0,3	13,18	0,3
k_{17}^m	9,90	0,3	11,81	0,3	11,73	0,3	11,71	0,3
k_{17}^c	6,80	0,3	14,18	0,3	15,80	0,3	12,30	0,3
k_{18}^{m1}	7,01	0,3	13,86	0,3	15,18	0,3	12,85	0,3
k_{18}^{c1}	6,19	0,3	12,30	1,125	13,24	1,125	10,97	1,125
k_{18}^{m2}	3,92	0,3	8,52	0,3	9,44	0,3	8,54	1,125
k_{18}^{c2}	9,95	0,3	20,23	1,125	22,69	1,125	18,10	1,125

Für jeden Endpunkt und jeden Parameter ist in Tabelle 7.1 in einer weiteren Spalte die initiale Glukosekonzentration G_0 gegeben, für die das entsprechende Maximum angenommen wird. Die korrespondierenden Faktoren b sind nicht aufgelistet, da diese immer nahe bei eins liegen (vgl. Abbildung 7.1).

Die Maxima $\mathfrak{m}_e^{k_i}$ liegen für die verschiedenen Endpunkte in unterschiedlichen Wertebereichen (vgl. Abbildung 7.1). Für die Anzahl benötigter Zeitschritte gilt $3{,}71 \leq \mathfrak{m}_T^{k_i} \leq 17{,}94$. Das betragsmäßige Maximum $\mathfrak{m}_{total}^{k_i}$ der Sensitivitätskoeffizienten für die Gesamtzahl der Zellen im letzten Zeitschritt nimmt Werte zwischen 8,52 und 38,42 an. Bezogen auf die Anzahl migrierender Zellen im letzten Zeitschritt liegen die betragsmäßig maximalen Sensitivitätskoeffizienten $\mathfrak{m}_{mig}^{k_i}$ im Intervall $[9{,}44,\ 43{,}66]$. Für die Anzahl proliferierender Zellen gilt $8{,}54 \leq \mathfrak{m}_{prolif}^{k_i} \leq 34{,}89$.

Für alle Endpunkte werden die betragsmäßigen Maxima $\mathfrak{m}_e^{k_i}$ der Sensitivitätskoeffizienten hauptsächlich für $G_0 = 0{,}3\,\mathrm{g\,l^{-1}}$ angenommen. Nur in wenigen Fällen resultiert eine höhere initiale Glukosekonzentration $G_0 = 1{,}125\,\mathrm{g\,l^{-1}}$ oder $G_0 = 2{,}25\,\mathrm{g\,l^{-1}}$ im betragsmäßig höchsten Sensitivitätskoeffizienten. Das Maximum aller $\mathfrak{m}_e^{k_i}$ wird für alle Endpunkte e für den Parameter k_4 angenommen. Das Minimum aller $\mathfrak{m}_e^{k_i}$ wird mit Ausnahme des Endpunktes $e = T$ für den Parameter k_{18}^{m2} erreicht.

Wechselbeziehung zwischen $\mathcal{M}_T^{k_i,b}$ und $\mathcal{M}_{total}^{k_i,b}$ Bisher wurde anhand der Sensitivitätskoeffizienten untersucht, wie sich die Endpunkte des Systems relativ zur Variation der Parameter k_i verändern. Im Folgenden soll die Änderung der Endpunkte an sich betrachtet werden, wobei insbesondere auf die Wechselwirkung von $\mathcal{M}_T^{k_i,b}$ und $\mathcal{M}_{total}^{k_i,b}$ eingegangen wird.

Hierzu wird die *relative Abweichung* $\delta\mathcal{M}_e^{k_i,b}$ mittels

$$\delta\mathcal{M}_e^{k_i,b} := \frac{\mathcal{M}_e^{k_i,b} - \mathcal{M}_e}{\mathcal{M}_e} = \frac{\mathcal{M}_e^{k_i,b}}{\mathcal{M}_e} - 1 \tag{7.4}$$

für $e \in \{T,\ total\}$ definiert. Aus der Definition folgt unmittelbar, dass für $\mathcal{M}_e^{k_i,b} < \mathcal{M}_e$ eine negative relative Abweichung $\delta\mathcal{M}_e^{k_i,b} < 0$ resultiert und umgekehrt für $\mathcal{M}_e^{k_i,b} > \mathcal{M}_e$ eine positive relative Abweichung $\delta\mathcal{M}_e^{k_i,b} > 0$. Gilt $\delta\mathcal{M}_e^{k_i,b} = \theta$, so lässt sich dies in $\mathcal{M}_e^{k_i,b} = (\theta + 1) \cdot \mathcal{M}_e$ übersetzen.

In Abbildung 7.2 ist die Wechselbeziehung zwischen der relativen Abweichung der Anzahl benötigter Simulationszeitschritte $\delta\mathcal{M}_T^{k_i,b}$ und der relativen Abweichung der Gesamtzahl aller Zellen im letzten Zeitschritt $\delta\mathcal{M}_{total}^{k_i,b}$ abgebildet. Hierbei sind alle Parameter k_i, alle Faktoren $b \in B$ und alle initialen Glukosekonzentrationen G_0

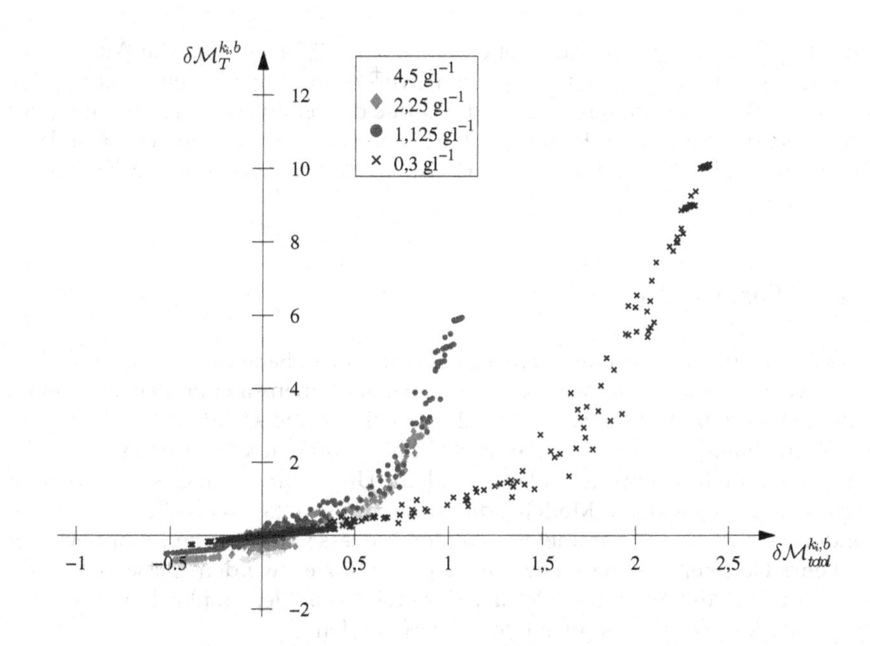

Abbildung 7.2.: Wechselbeziehung zwischen der relativen Abweichung der Anzahl benötigter Simulationszeitschritte $\delta\mathcal{M}_T^{k_i,b}$ und der relativen Abweichung der Gesamtzahl der Zellen im letzten Zeitschritt $\delta\mathcal{M}_{total}^{k_i,b}$ für alle untersuchten Parametervariationen. Jeder Marker repräsentiert das durchschnittliche Ergebnis dreier Simulationen mit der gleichen Parameter-Faktor-Variation und der gleichen initialen Glukosekonzentration. Die Bedeutung der Form und Farbe der einzelnen Marker ist durch die Legende gegeben.

berücksichtigt. Entlang der Abszisse sind die berechneten relativen Abweichungen $\delta\mathcal{M}_{total}^{k_i,b}$ bezogen auf die Gesamtzahl der Zellen aufgetragen. Die Ordinate gibt die relativen Abweichungen $\delta\mathcal{M}_T^{k_i,b}$ der Anzahl benötigter Simulationszeitschritte an. Jeder Marker repräsentiert den Durchschnitt von drei Simulationen mit derselben Konfiguration (G_0; $k_i \cdot b$) und wie zuvor weisen die verschiedenen Formen und Farben der Marker auf die verschiedenen initialen Glukosekonzentrationen G_0 hin.

Grundsätzlich gilt für alle initialen Glukosekonzentrationen G_0, dass eine zunehmende relative Abweichung $\delta\mathcal{M}_{total}^{k_i,b}$ bezogen auf die Gesamtzahl der Zellen mit einer zunehmenden relativen Abweichung $\delta\mathcal{M}_T^{k_i,b}$ der Anzahl benötigter Simulationszeitschritte einhergeht und umgekehrt. Dies ist am deutlichsten für $G_0 = 0{,}3\,\mathrm{g\,l^{-1}}$ zu beobachten. Für diese initiale Glukosekonzentration wird die Anzahl der Zellen $\mathcal{M}_{total}$ in einigen Konfigurationen nahezu ver-3,5-facht und die Anzahl der benötigten Zeitschritte $\mathcal{M}_T$ sogar mehr als ver-11-facht. Mit zunehmender initialer Glukosekonzentration G_0 nimmt die Größe der relativen Abweichung beider Endpunkte ab. Keine Simulation resultiert in einer Verminderung der Anzahl der Zellen im letzten Zeitschritt und einem Anstieg der Anzahl benötigter Simulationszeitschritte.

7.2.3. Diskussion

Modelle, die biologische oder medizinische Zusammenhänge abbilden, beinhalten für gewöhnlich viele Parameter. Diese Parameter können einer großen Variabilität unterliegen (Droz 1992; Greve et al. 2012). Deshalb ist eine wichtige Frage in diesem Zusammenhang, wie einzelne Parameter das gesamte modellierte System beeinflussen und ob ihre Störung große oder kleine Unterschiede im Gesamtverhalten verursachen. Bezogen auf Modelle, die Krankheitsprozesse darstellen, gilt ein besonderes Interesse den Parametern, die den Prozess verlangsamen, stoppen oder umkehren können, wenn sie entsprechend modifiziert werden. Diese Parameter können als Prädiktoren für den Verlauf der Progression der Krankheit (vgl. Kapitel 2) und als Ansatz für Therapien interpretiert werden.

In einem rein mathematischen Modell ist es oft möglich, die Abhängigkeit des Systems von den Parametern mit mathematischen Methoden zu untersuchen. Bei rechnergestützten Modellen (vgl. Kapitel 3) ist es hingegen nicht möglich, das Verhalten des Systems analytisch vorherzusagen (vgl. Barnes u. Chu 2010) und somit auch nicht die Abhängigkeit von einzelnen Parametern. Es ist bei dieser Form der Modellierung deshalb nötig, Simulationen mit variierten Parametern durchzuführen, um Aussagen zu den Auswirkungen auf das System treffen zu können. Dies geht mit einem entsprechend hohen Rechenaufwand einher.

In Kapitel 4 wurde ein Multiskalenmodell des Wachstums von Glioblastomen vorgestellt. Dieses Modell bildet Prozesse auf der molekularen und der mikroskopischen Ebene mittels eines DGL-Systems und eines agentenbasierten Modells (ABM) ab. Die Abhängigkeit des Verhaltens des Modells von der Wahl der Parameter wird in diesem Kapitel mit einer Multiskalen-Sensitivitätsanalyse untersucht. Die meisten Sensitivitätsanalysen sind auf die Auswertung einer einzelnen Modellierungsebene beschränkt. Eine Ausnahme wurde in Wang et al. (2008, 2012) für ein Lungenkrebsmodell vorgestellt. Hier werden die Anfangswerte eines DGL-Systems auf der molekularen Ebene variiert und deren Auswirkungen auf die mikroskopischen Ebene untersucht.

In der vorliegenden Arbeit wurde zum ersten Mal ein Ansatz vorgestellt, für ein Multiskalen-Tumorwachstumsmodell alle Reaktionsparameter eines DGL-Systems systematisch zu variieren und die Auswirkungen dieser Modifikation auf einer anderen Modellierungsebene zu messen. Dabei wurde der Einfluss verschiedener Glukosebedingungen berücksichtigt. Die Untersuchungen beschränken sich zunächst auf eine Sensitivitätsanalyse erster Ordnung, da ein Bezug zu potenziellen Therapie-Ansatzpunkten im Vordergrund steht.

Es wurden Simulationen durchgeführt, in denen nacheinander alle 31 Reaktionsparameter modifiziert wurden. Die Parameter wurden sowohl geringfügig (Multiplikation mit den Faktoren 0,99 und 1,01) als auch in hohem Maße (Multiplikation mit den Faktoren 0,01 und 100) abgeändert. Basierend auf den Simulationsergebnissen wurden Sensitivitätskoeffizienten zur Auswertung von vier System-Endpunkten berechnet. Insbesondere wird die Anzahl benötigter Simulationszeitschritte, die Gesamtzahl der Zellen, sowie die Anzahl migrierender und proliferierender Zellen im letzten Zeitschritt ausgewertet.

Sowohl theoretische Überlegungen als auch die in Abbildung 7.1 stellvertretend für alle Parameter dargestellten Resultate ergeben, dass kleine Änderungen der Parameter in den betragsmäßig größten Sensitivitätskoeffizienten resultieren. Faktoren b nahe eins verursachen somit die größten Veränderungen des Systems relativ zu Modifikation der Parameter. Keine Parameter-Faktor-Kombination fällt hierbei durch ein außerordentliches Verhalten auf.

Da dieselbe Parameter-Faktor-Kombination für unterschiedliche initiale Glukosekonzentrationen G_0 sowohl in positiven als auch negativen Sensitivitätskoeffizienten resultiert (vgl. Abbildung 7.1; vor allem Faktoren b nahe eins), ist es nicht möglich, eine eindeutige Aussage zu den Auswirkungen einer kleinen Veränderung eines Parameters zu treffen. Größere Modifikationen (Faktoren b nahe null oder nahe zwei) resultieren für den Parameter k_1 hingegen immer in positiven Sensitivitätskoeffizienten für alle Endpunkte. Mit Hilfe der theoretischen Überlegungen lässt sich daraus schließen, dass eine deutliche Verkleinerung des Parameters ($b < 1$) in einer Verminderung der Endpunkte ($\mathcal{M}_e^{k_1,b} < \mathcal{M}_e$) resultiert und eine Vergrößerung des Parameters ($b > 1$) in einem Anstieg der Endpunkte ($\mathcal{M}_e^{k_1,b} > \mathcal{M}_e$). Somit nimmt die Anzahl benötigter Simulationszeitschritte T ab, wenn der Parameter k_1 reduziert wird und umgekehrt. Analog sinkt die Anzahl der Zellen, wenn k_1 vermindert wird.

Für fast alle Parameter und fast alle Endpunkte e wird der maximale Sensitivitätskoeffizient für eine niedrige initiale Glukosekonzentration $G_0 = 0{,}3\,\mathrm{g\,l^{-1}}$ angenommen. In Kapitel 6 wurde gezeigt, dass ein Tumor in einer niedrigen Glukoseumgebung sich am schnellsten ausbreitet (kleines T) sowie sehr lose gepackt ist und aus relativ wenigen Zellen besteht. Für höhere Glukosekonzentrationen nehmen T und die Anzahl der Zellen (gesamt, migrierend und proliferierend) dagegen höhere Werte an. Eine gleiche absolute Abweichung $\mathcal{M}_e^{k_i,b}(G_0) - \mathcal{M}_e(G_0)$ resultiert damit für $G_0 = 0{,}3\,\mathrm{g\,l^{-1}}$ in einer größeren relativen Abweichung

$(\mathcal{M}_e^{k_i,b}(G_0) - \mathcal{M}_e(G_0))/\mathcal{M}_e(G_0)$ im Vergleich zu Simulationen, denen die Annahme einer höheren initialen Glukosekonzentration G_0 zugrunde liegt.

In Tabelle 7.1 kommt den beiden Parametern k_4 und k_{18}^{m2} eine besondere Rolle zu. Für k_4 wird das Maximum aller betragsmäßig maximalen Sensitivitätskoeffizienten ($\max_{k_i} \mathfrak{m}_e^{k_i}$) angenommen. k_4 bezeichnet die als konstant angenommene Rate der Produktion von MO25mRNA und ist damit in die Steuerung der Konzentration von MO25 involviert. Dieser Parameter spielt eine frühe Rolle im molekularen Interaktionsnetzwerk und ist somit wichtig für die darauffolgende Signalübertragung und damit das Verhalten des modellierten Systems, was die hohen Sensitivitätskoeffizienten erklärt. Für die drei Endpunkte $e \in \{total,\ mig,\ prolif\}$ zur Auswertung der Zellzahlen wird für k_{18}^{m2} hingegen der kleinste aller betragsmäßig maximalen Sensitivitätskoeffizienten ($\min_{k_i} \mathfrak{m}_e^{k_i}$) angenommen. k_{18}^{m2} beschreibt die Michaelis-Konstante für die Inhibierung der Aktivierung von mTORC1 durch $AMPK_p$. k_{18}^{m2} ist somit nur relevant für den letzten Abschnitt des Netzwerkes. Dieser Parameter beeinflusst nur das Protein mTORC1, das in die Proliferationsentscheidung einer Zelle involviert ist. Deshalb sind die zugehörigen Sensitivitätskoeffizienten eher gering.

Die unterschiedlichen Wertebereiche der maximalen Sensitivitätskoeffizienten, die in Tabelle 7.1 dargestellt sind, lassen sich auf die unterschiedlichen Wertebereiche und Abweichungen der verschiedenen Endpunkte zurückführen. Die Anzahl der Zellen ist deutlich höher als die Anzahl der Zeitschritte, so dass größere Schwankungen wahrscheinlicher sind. Deshalb variieren die Zellzahlen mehr als die Anzahl der Simulationszeitschritte.

Aus den Sensitivitätskoeffizienten können keine weiteren Schlüsse zur Bedeutung der einzelnen Parameter gezogen werden. Deshalb wird nun die Wechselbeziehung zwischen der relativen Abweichung der Gesamtzahl der Zellen $\delta\mathcal{M}_{total}^{k_i,b}$ und der relativen Abweichung der Anzahl benötigter Zeitschritte $\delta\mathcal{M}_T^{k_i,b}$ ausgewertet.

Der offensichtlichste Zusammenhang liegt darin, dass ein Anstieg von $\delta\mathcal{M}_{total}^{k_i,b}$ (d. h. der Gesamtzahl der Zellen) mit einer Zunahme von $\delta\mathcal{M}_T^{k_i,b}$ (d. h. der Anzahl benötigter Simulationszeitschritte) einhergeht. Ein Wachstum der Gesamtzahl der Zellen ist nur bei einer höheren Anzahl proliferierender Zellen möglich. Da Proliferation ein deutlich langsamerer Prozess als Migration ist, breitet sich ein aus einer größeren Anzahl an Zellen bestehender Tumor somit langsamer aus. Die relativen Abweichungen sind für $G_0 = 0{,}3\,\mathrm{g\,l^{-1}}$ deutlich größer als für höhere initiale Glukosekonzentrationen G_0 (vgl. Abbildung 7.2). Dieser Effekt lässt sich wie oben auf die ursprünglich geringe Anzahl der Zellen und Simulationszeitschritte T zurückführen.

Wie zuvor kann man T als die Ausbreitungsgeschwindigkeit des Tumors und die Gesamtzahl der Zellen als einen Indikator des Tumorvolumens interpretieren. Da für keine Parametervariation ein Marker im linken oberen Quadranten in Abbildung 7.2 resultiert, verursacht auch keine Parametervariation einen langsamer wachsenden Tumor ($\delta\mathcal{M}_T^{k_i,b} > 0$) mit einem geringeren Volumen ($\delta\mathcal{M}_{total}^{k_i,b} < 0$) als die Standardsimulation. Eben dieses Verhalten wäre jedoch das Ziel einer Tumortherapie. Deshalb lässt sich schließen, dass kein einzelner Parameter geeignet ist, so modifiziert zu werden, dass er einen therapeutischen Effekt hat.

Eine Erweiterung der Sensitivitätsanalyse auf die gleichzeitige Variation mehrerer Parameter würde die Untersuchung des Zusammenspiels mehrerer Reaktionen und Moleküle ermöglichen. Im folgenden Abschnitt soll deshalb für eine Parameterauswahl die gleichzeitige Variation zweier Parameter unter Hinblick auf einen therapeutischen Effekt untersucht werden.

7.3. Erweiterung der Sensitivitätsanalyse erster Ordnung

Ein Ziel von Krebstherapien ist es, das Wachstum von Tumoren zu stoppen. Ein erster Schritt in diese Richtung liegt in der Beeinflussung der Tumorausbreitungsgeschwindigkeit und des Tumorvolumens. Eine Senkung dieser beiden Tumorcharakteristika bedeutet ein weniger aggressives Wachstum des Tumors.

Im vorherigen Abschnitt konnte für das in dieser Arbeit vorgestellte Tumorwachstumsmodell kein einzelner Parameter identifiziert werden, der den obigen Effekt hervorruft, wenn er modifiziert wird. In diesem Abschnitt werden deshalb jeweils zwei Parametervariationen miteinander kombiniert, die für sich allein genommen einen signifikanten Teileffekt haben. Die Auswirkungen dieser kombinierten Modifikation werden analysiert.

7.3.1. Vorgehen

In einem ersten Schritt werden alle Parameter k_i identifiziert, die mit einem Anstieg der Anzahl benötigter Simulationszeitschritte (d. h. ein hoher Wert $\delta\mathcal{M}_T^{k_i,b}$) oder mit einer Abnahme der Gesamtzahl der Zellen im letzten Zeitschritt (d. h. ein niedriger Wert $\delta\mathcal{M}_{total}^{k_i,b}$) einhergehen. Insbesondere werden alle Parameter k_{i+} mit den zugehörigen Faktoren $b_{j+(i+)}$ ermittelt, für die unter Annahme einer niedrigen initialen Glukosekonzentration $G_0 = 0{,}3\,\mathrm{g\,l^{-1}}$ die Bedingung

$$\delta\mathcal{M}_T^{k_{i+},b_{j+(i+)}}(0{,}3\,\mathrm{g\,l^{-1}}) > 9{,}5 \qquad (7.5)$$

erfüllt ist. Hierbei gibt die Indexfunktion $j^+(i^+)$ der Faktoren an, dass für einen Parameter k_{i^+} die Multiplikation mit mehreren Faktoren $b_{j^+(i^+)} \in B$ dazu führen kann, dass Bedingung (7.5) erfüllt ist. (7.5) ist für eine niedrige initiale Glukosekonzentration $G_0 = 0{,}3\,\mathrm{g\,l^{-1}}$ formuliert, da die relativen Abweichungen $\delta\mathcal{M}_T^{k_i,b}$ unter diesen Bedingungen am höchsten sind (vgl. die Marker rechts oben in Abbildung 7.2).

Des Weiteren werden alle Parameter k_{i^-} mit den zugehörigen Faktoren $b_{j^-(i^-)}$ bestimmt, für die für eine hohe initiale Glukosekonzentration $G_0 = 4{,}5\,\mathrm{g\,l^{-1}}$ die Bedingung

$$\delta\mathcal{M}_{total}^{k_{i^-},b_{j^-(i^-)}}(4{,}5\,\mathrm{g\,l^{-1}}) < -0{,}2 \tag{7.6}$$

erfüllt ist. Wie zuvor kann zu einem Parameter k_{i^-} die Multiplikation mit mehreren Faktoren $b_{j^-(i^-)}$ in Simulationen resultieren, die Bedingung (7.6) erfüllen, was durch die Indexfunktion $j^-(i^-)$ ausgedrückt wird. Bedingung (7.6) wird für $G_0 = 4{,}5\,\mathrm{g\,l^{-1}}$ ausgewertet, da die relativen Abweichungen $\delta\mathcal{M}_{total}^{k_i,b}$ für hohe initiale Glukosekonzentrationen die niedrigsten Werte annehmen (entsprechend den Markern unten links in Abbildung 7.2).

Basierend auf der Identifikation der Parameter k_{i^+}, k_{i^-} und der Faktoren $b_{j^+(i^+)}$, $b_{j^-(i^-)}$ werden jeweils zwei Parameter k_{i^+}, k_{i^-} gleichzeitig variiert, wobei für die Multiplikation des einen Parameters k_{i^+} mit $b_{j^+(i^+)}$ die Bedingung (7.5) und für die Multiplikation des anderen Parameters k_{i^-} mit $b_{j^-(i^-)}$ die Bedingung (7.6) erfüllt ist. Dabei werden unmögliche Kombinationen ($k_{i^+} = k_{i^-}$ mit $b_{j^+(i^+)} \neq b_{j^-(i^-)}$) selbstverständlich ausgeschlossen. Für jede dieser Kombinationen werden Simulationen durchgeführt und die Endpunkte $\mathcal{M}_T^{(k_{i^+},b_{j^+(i^+)});(k_{i^-},b_{j^-(i^-)})}$ und $\mathcal{M}_{total}^{(k_{i^+},b_{j^+(i^+)});(k_{i^-},b_{j^-(i^-)})}$ festgehalten.

7.3.2. Ergebnisse

Die Parameter k_{i^+}, k_{i^-} werden basierend auf den Ergebnissen aus Abschnitt 7.2 identifiziert. Hierfür wird im Wesentlichen auf die berechneten und in Abbildung 7.2 dargestellten $\delta\mathcal{M}_e^{k_i,b}$, $e \in \{T, total\}$, zurückgegriffen.

In Tabelle 7.2 sind in der ersten Spalte die Parameter k_{i^+} aufgelistet, die nach Multiplikation mit den in Spalte zwei angegebenen Faktoren $b_{j^+(i^+)}$ Bedingung (7.5) erfüllen. Die Einträge in der dritten und vierten Spalte geben analog die Parameter k_{i^-} mit den Faktoren $b_{j^-(i^-)}$ an, die mittels $k_{i^-} \cdot b_{j^-(i^-)}$ Bedingung (7.6) zur Folge haben.

Tabelle 7.2.: Parameter k_{i^+}, k_{i^-} und die zugehörigen Faktoren $b_{j^+(i^+)}$, $b_{j^-(i^-)}$, deren Simulationen in einem hohen $\delta\mathcal{M}_T^{k_{i^+},b_{j^+(i^+)}}(0{,}3\,\mathrm{g\,l^{-1}})$ (vgl. Bedingung (7.5)) oder einem niedrigen $\delta\mathcal{M}_{total}^{k_{i^-},b_{j^-(i^-)}}(4{,}5\,\mathrm{g\,l^{-1}})$ (vgl. Bedingung (7.6)) resultieren.

k_{i^+}	$b_{j^+(i^+)}$	k_{i^-}	$b_{j^-(i^-)}$
k_1	10, 50, 100	k_1	0,01
-	-	k_1^i	0,01
k_2	10, 50, 100	k_2	0,01
k_4	0,01, 0,1	k_4	50, 100
k_5	0,01, 0,1	k_5	50, 100
k_6	0,01, 0,1	k_6	50, 100
k_8	10, 50, 100	-	-
k_9	0,01, 0,1	k_9	50, 100
k_{10}	10, 50, 100	k_{10}	0,01
-	-	k_{11}^{c1}	10, 50, 100
k_{11}^{m2}	50, 100	-	-
k_{11}^{c2}	0,01, 0,1	k_{11}^{c2}	5, 10, 50, 100
-	-	k_{12}^i	0,01, 0,1
k_{12}	5, 10, 50, 100	k_{12}	0,01, 0,1

Tabelle 7.2 listet 14 der insgesamt 31 Reaktionsparameter auf. Hiervon übernehmen zwei Parameter ausschließlich die Funktion k_{i^+}, drei Parameter ausschließlich die Funktion k_{i^-} und neun Parameter resultieren bei entsprechender Modifikation in der Erfüllung von Bedingung (7.5) und Bedingung (7.6). Die Faktoren $b_{j^+(i^+)}$ und $b_{j^-(i^-)}$ liegen entweder nahe bei null ($\{0{,}01,\ 0{,}1\}$) oder sind verhältnismäßig groß ($\{5,\ 10,\ 50,\ 100\}$).

Die Parameter k_{i^+} und Faktoren $b_{j^+(i^+)}$ sind nach Bedingung (7.5) so gewählt, dass die relative Abweichung $\delta\mathcal{M}_T^{k_{i^+},b_{j^+(i^+)}}$ der benötigten Anzahl an Simulationszeitschritten für eine niedrige initiale Glukosekonzentration $G_0 = 0{,}3\,\mathrm{g\,l^{-1}}$ hoch ist. Im Folgenden soll deshalb untersucht werden, ob die relative Abweichung $\delta\mathcal{M}_T^{k_{i^+},b_{j^+(i^+)}}$ auch für höhere initiale Glukosekonzentrationen $G_0 > 0{,}3\,\mathrm{g\,l^{-1}}$ verhältnismäßig hohe Werte annimmt. Deshalb werden die selektierten relativen Abweichungen $\delta\mathcal{M}_T^{k_{i^+},b_{j^+(i^+)}}(G_0)$ für alle ausgewählten k_{i^+} und $b_{j^+(i^+)}$ aus Tabelle 7.2 mit der Verteilung aller $\delta\mathcal{M}_T^{k_i,b}(G_0)$ verglichen. Aus diesem Vergleich ergibt sich, dass für alle getesteten initialen Glukosekonzentrationen G_0 die relativen Abweichungen $\delta\mathcal{M}_T^{k_{i^+},b_{j^+(i^+)}}(G_0)$ zu den jeweils maximalen 5 % der $\delta\mathcal{M}_T^{k_i,b}(G_0)$ gehören.

Analog werden die Parameter k_{i-} und Faktoren $b_{j-(i-)}$ laut Bedingung (7.6) so bestimmt, dass für eine hohe initiale Glukosekonzentration $G_0 = 4{,}5\,\mathrm{g\,l^{-1}}$ die relative Abweichung der Gesamtzahl der Zellen $\delta\mathcal{M}_{total}^{k_{i-},b_{j-(i-)}}$ einen möglichst niedrigen Wert annimmt. Auch für diesen Fall wird deshalb analysiert, wie sich die ausgewählten relativen Abweichungen $\delta\mathcal{M}_{total}^{k_{i-},b_{j-(i-)}}$ für kleinere $G_0 < 4{,}5\,\mathrm{g\,l^{-1}}$ im Vergleich zu den restlichen $\delta\mathcal{M}_{total}^{k_i,b}(G_0)$ einordnen lassen. Aus der Untersuchung der Daten folgt, dass die relativen Abweichungen $\delta\mathcal{M}_{total}^{k_{i-},b_{j-(i-)}}(G_0)$ für $0{,}3\,\mathrm{g\,l^{-1}} < G_0 \leq 4{,}5\,\mathrm{g\,l^{-1}}$ zu den jeweils niedrigsten 8 % aller relativen Abweichungen $\delta\mathcal{M}_{total}^{k_i,b}(G_0)$ gehören. Für $G_0 = 0{,}3\,\mathrm{g\,l^{-1}}$ nehmen die relativen Abweichungen $\delta\mathcal{M}_{total}^{k_{i-},b_{j-(i-)}}(0{,}3\,\mathrm{g\,l^{-1}})$ zum Teil prozentual etwas größere Werte an. Sie erreichen aber maximal die relative Abweichung $\delta\mathcal{M}_{total}^{k_{i-},b_{j-(i-)}}(0{,}3\,\mathrm{g\,l^{-1}}) = 0{,}15$. Dies ist ein verhältnismäßig geringer Wert im Vergleich zum Maximum aller relativen Abweichungen über alle k_i und alle b, das bei

$$\max_{k_i,b}\left(\delta\mathcal{M}_{total}^{k_i,b}(0{,}3\,\mathrm{g\,l^{-1}})\right) = 2{,}39.$$

liegt.

Insgesamt folgt, dass mittels der Bedingungen (7.5) und (7.6) solche Parameter k_{i+},k_{i-} und Faktoren $b_{j+(i+)}$, $b_{j-(i-)}$ ausgewählt werden, die jeweils für eine feste initiale Glukosekonzentration G_0 in verhältnismäßig großen relativen Abweichungen $\delta\mathcal{M}_{T}^{k_{i+},b_{j+(i+)}}$ und relativen Abweichungen $\delta\mathcal{M}_{total}^{k_{i-},b_{j-(i-)}}$ mit vergleichsweise niedrigen Werten resultieren.

Dieser Vergleich der relativen Abweichungen $\delta\mathcal{M}_{T}^{k_{i+},b_{j+(i+)}}$ und $\delta\mathcal{M}_{total}^{k_{i-},b_{j-(i-)}}$ mit den restlichen relativen Abweichungen $\delta\mathcal{M}_{T}^{k_i,b}$ und $\delta\mathcal{M}_{total}^{k_i,b}$ ist in Abbildung 7.3 dargestellt. Die Abbildung zeigt die gleichen Daten wie Abbildung 7.2 jedoch mit einer anderen farblichen Gestaltung. Die $\delta\mathcal{M}_{T}^{k_i,b}$ sind in grau abgebildet, wobei die verschiedenen Markerformen die verschiedenen initialen Glukosekonzentrationen G_0 kodieren (vgl. die Legende in Abbildung 7.2). Die violetten Marker heben die Ergebnisse der Simulationen mit den variierten Parametern k_{i+} hervor. In dunkelblau sind für alle G_0 die Ergebnisse der Simulationen mit den modifizierten Parametern k_{i-} dargestellt.

Aus den Parametern k_{i+} und k_{i-} sowie den Faktoren $b_{j+(i+)}$ und $b_{j-(i-)}$ ergeben sich insgesamt 603 mögliche Kombinationen von Parameter-Faktor-Variationen $(k_{i+} \cdot b_{j+(i+)}) \times (k_{i-} \cdot b_{j-(i-)})$, die parallel umgesetzt werden können. Für jede dieser Kombinationen werden zu jeder der vier getesteten initialen Glukosekonzentrationen G_0 (wie zuvor $G_0 \in \{0{,}3\,\mathrm{g\,l^{-1}},\ 1{,}125\,\mathrm{g\,l^{-1}},\ 2{,}25\,\mathrm{g\,l^{-1}},\ 4{,}5\,\mathrm{g\,l^{-1}}\}$) drei Simulationen durchgeführt, um die Zufallselemente des Modells zu berücksichtigen. In jeder

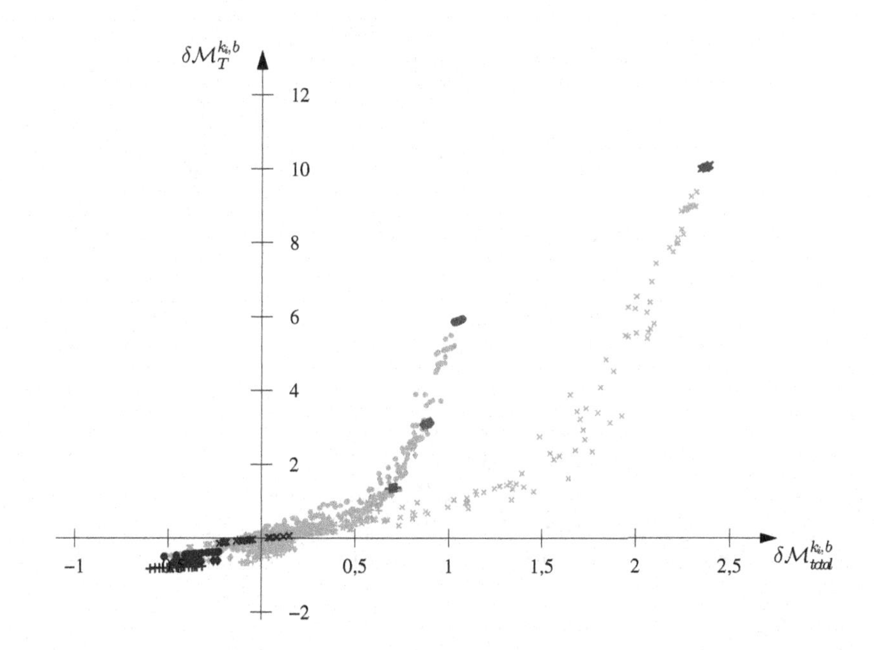

Abbildung 7.3.: Wechselbeziehung zwischen der relativen Abweichung der Anzahl benötigter Simulationszeitschritte $\delta\mathcal{M}_T^{k_i,b}$ und der relativen Abweichung der Gesamtzahl der Zellen im letzten Zeitschritt $\delta\mathcal{M}_{total}^{k_i,b}$ für alle untersuchten Parametervariationen unter Hervorhebung der Simulationen, deren Parameter-Variationen die Bedingungen (7.5) (violett) und (7.6) (dunkelblau) erfüllen. Alle weiteren Simulationen sind durch graue Marker abgebildet. Jeder Marker repräsentiert das durchschnittliche Ergebnis dreier Simulation mit der gleichen Parameter-Faktor-Variation und der gleichen initialen Glukosekonzentration. Verschiedene Formen der Marker repräsentieren verschiedene initiale Glukosekonzentrationen G_0.

Simulation wird die Anzahl benötigter Zeitschritte (bis die erste Zelle den Rand $\partial\Omega$ des Gebietes erreicht) und die Gesamtzahl der Zellen im letzten Zeitschritt festgehalten. Aus diesen jeweils drei Werten wird für jede Konfiguration der Durchschnitt gebildet und die relative Abweichung der Endpunkte $\delta\mathcal{M}_e^{(k_{i+}\cdot b_{j+(i+)})\times(k_{i-}\cdot b_{j-(i-)})}(G_0)$ (kurz $\delta\mathcal{M}_e$) berechnet ($e \in \{T, total\}$).

Die Wechselbeziehung zwischen den auf diese Art berechneten relativen Abweichungen $\delta\mathcal{M}_{total}$ und $\delta\mathcal{M}_T$ ist in Abbildung 7.4 dargestellt. Wie zuvor ist entlang der Abszisse die relative Abweichung der Gesamtzahl der Zellen im letzten Zeitschritt $\delta\mathcal{M}_{total}$ und entlang der Ordinate die relative Abweichung der Anzahl benötigter Simulationszeitschritte $\delta\mathcal{M}_T$ aufgetragen. Jeder Marker korrespondiert

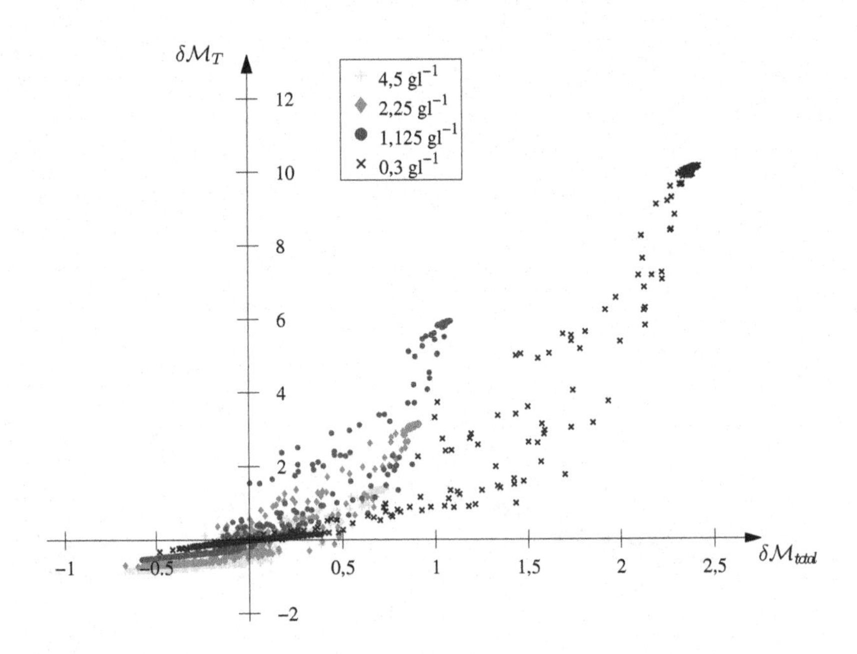

Abbildung 7.4.: Wechselbeziehung zwischen der relativen Abweichung der Anzahl benötigter Simulationszeitschritte $\delta\mathcal{M}_T^{k_i,b}$ und der relativen Abweichung der Gesamtzahl der Zellen im letzten Zeitschritt $\delta\mathcal{M}_{total}^{k_i,b}$ für alle untersuchten kombinierten Parametervariationen. Jeder Marker repräsentiert das durchschnittliche Ergebnis einer Simulation mit der gleichen Parameter-Faktor-Variation und der gleichen initialen Glukosekonzentration. Die Bedeutung der Form und Farbe der einzelnen Marker ist durch die Legende gegeben.

zu einer Konfiguration $(G_0; (k_{i^+} \cdot b_{j^+(i^+)}) \times (k_{i^-} \cdot b_{j^-(i^-)}))$, wobei durch die unterschiedlichen Markerfarben und -formen die verschiedenen initialen Glukosekonzentrationen G_0 unterschieden werden (vgl. Legende in Abbildung 7.4).

Grundsätzlich sind die in Abbildung 7.4 dargestellten Ergebnisse vergleichbar zu Abbildung 7.2. Mit einer zunehmenden relativen Abweichung der Zellzahl $\delta\mathcal{M}_{total}$ steigt die relative Abweichung der Zahl benötigter Zeitschritte $\delta\mathcal{M}_T$ und umgekehrt. Außerdem sind die größten relativen Abweichungen für die niedrigste initiale Glukosekonzentration $G_0 = 0{,}3\,\mathrm{g\,l^{-1}}$ zu beobachten.

Im Gegensatz zu den Experimenten des vorigen Abschnitts befinden sich jedoch für $G_0 \geq 1{,}125\,\mathrm{g\,l^{-1}}$ einige Marker im oberen linken Quadranten, d. h. die Experimente

Tabelle 7.3.: Kombinationen aus zwei Parameter-Faktor-Variationen $(k_{i_1} \cdot b_{j_1}) \times (k_{i_2} \cdot b_{j_2})$, die in $\delta\mathcal{M}_T > 0{,}01$ und $\delta\mathcal{M}_{total} < -0{,}01$ resultieren. In der ersten und zweiten Spalte sind die Parameter k_{i_1} und Faktoren b_{j_1} angegeben. Die dritte Spalte listet die korrespondierenden Variationen $k_{i_2} \cdot b_{j_2}$ für die initiale Glukosekonzentration $G_0 = 1{,}125\,\mathrm{g\,l^{-1}}$ auf. Die vierte und fünfte Spalte geben jeweils die entsprechenden Variationen $k_{i_2} \cdot b_{j_2}$ für die initialen Glukosekonzentrationen $G_0 = 2{,}25\,\mathrm{g\,l^{-1}}$ und $G_0 = 4{,}5\,\mathrm{g\,l^{-1}}$ wieder.

k_{i_1}	b_{j_1}	$k_{i_2} \cdot b_{j_2}$ für $G_0 =$ 1,125 $\mathrm{g\,l^{-1}}$	2,25 $\mathrm{g\,l^{-1}}$	4,5 $\mathrm{g\,l^{-1}}$
k_1	0,01	-	-	$k_7 \cdot 100$
	10	-	$k_{11}^{c2} \cdot 5$	-
	50	$k_{10} \cdot 0{,}01$	$k_9 \cdot 100$; $k_{11}^{c2} \cdot 10$	$k_1^i \cdot 0{,}01$; $k_9 \cdot \{50, 100\}$; $k_{10} \cdot 0{,}01$
k_1^i	0,01	-	$k_8 \cdot 50$	$k_8 \cdot 50$
k_2	0,01	-	-	$k_4 \cdot 0{,}01$; $k_5 \cdot 0{,}01$
	50	$k_1^i \cdot 0{,}01$; $k_9 \cdot 100$; $k_{10} \cdot 0{,}01$	$k_1^i \cdot 0{,}01$; $k_9 \cdot 100$; $k_{10} \cdot 0{,}01$	$k_9 \cdot 100$; $k_{10} \cdot 0{,}01$; $k_{11}^{c2} \cdot 10$
k_4	50	$k_2 \cdot 100$; $k_6 \cdot 0{,}01$; $k_{10} \cdot 100$	$k_9 \cdot 0{,}01$	$k_8 \cdot 100$
k_5	50	-	-	$k_8 \cdot 100$; $k_9 \cdot 0{,}01$
k_{11}^{c2}	5	$k_8 \cdot 10$; $k_9 \cdot 0{,}1$; $k_{10} \cdot 10$; $k_{12} \cdot 5$	$k_4 \cdot 0{,}1$; $k_5 \cdot 0{,}1$ $k_6 \cdot 0{,}01$; $k_{10} \cdot 50$	$k_8 \cdot 10$; $k_9 \cdot 0{,}1$
	10	$k_{12} \cdot 10$	-	-
	50	$k_8 \cdot 100$; $k_9 \cdot 0{,}01$	$k_8 \cdot 100$; $k_{12} \cdot 50$	$k_8 \cdot 100$; $k_9 \cdot 0{,}01$; $k_{10} \cdot 100$; $k_{12} \cdot 50$
	100	-	$k_{12} \cdot 100$	-

mit den zugehörigen Konfigurationen ergeben

$$\mathcal{M}_T^{(k_{i+} \cdot b_{j+(i+)}) \times (k_{i-} \cdot b_{j-(i-)})} > \mathcal{M}_T \text{ und } \mathcal{M}_{total}^{(k_{i+} \cdot b_{j+(i+)}) \times (k_{i-} \cdot b_{j-(i-)})} < \mathcal{M}_{total}.$$

Für $G_0 = 0{,}3\,\mathrm{g\,l^{-1}}$ gibt es keinen Marker im oberen linken Quadranten.

Die Konfigurationen, die zu den Markern im linken oberen Quadranten führen, sind in Tabelle 7.3 zusammengefasst. Berücksichtigt werden alle Marker, die

$$\delta\mathcal{M}_T > 0{,}01 \text{ und } \delta\mathcal{M}_{total} < -0{,}01 \tag{7.7}$$

erfüllen. Der Abstand von 0,01 zur null stellt dabei sicher, dass Simulationen ausgeschlossen werden, die in kaum veränderten Endpunkten resultieren. Die Auflistung der Parameter und Faktoren erfolgt hierbei nicht sortiert nach k_{i+} und k_{i-}. Stattdessen bezeichnen aus Darstellungsgründen ab jetzt k_{i_1} und k_{i_2} die Parameter, die mittels Multiplikation mit den Faktoren b_{j_1} und b_{j_2} in der gleichen Simulation zu $k_{i_1} \cdot b_{j_1}$ und $k_{i_2} \cdot b_{j_2}$ variiert werden.

In der ersten und zweiten Spalte von Tabelle 7.3 sind k_{i_1} und b_{j_1} gegeben. Für die drei verschiedenen initialen Glukosekonzentrationen $G_0 = 1{,}125\,\mathrm{g\,l^{-1}}$, $G_0 = 2{,}25\,\mathrm{g\,l^{-1}}$ und $G_0 = 4{,}5\,\mathrm{g\,l^{-1}}$ sind in den Spalten drei bis fünf alle Variationen $k_{i_2} \cdot b_{j_2}$ aufgelistet, so dass für die Simulationen mit der Konfiguration $(k_{i_1} \cdot b_{j_1}) \times (k_{i_2} \cdot b_{j_2})$ Bedingung (7.7) erfüllt ist.

Drei Kombinationen erfüllen für alle drei initialen Glukosekonzentrationen G_0 Bedingung (7.7):

- $(k_2 \cdot 50) \times (k_9 \cdot 100)$
- $(k_2 \cdot 50) \times (k_{10} \cdot 0{,}01)$
- $(k_{11}^{c2} \cdot 50) \times (k_8 \cdot 100)$.

Die anderen Kombinationen erfüllen (7.7) nur für eine oder zwei der getesteten Glukosekonzentrationen G_0.

Die Anzahl der möglichen Kombinationen $(k_{i_1} \cdot b_{j_1}) \times (k_{i_2} \cdot b_{j_2})$, in denen eine feste Parameter-Faktor-Variation $k_{i_1} \cdot b_{j_1}$ zu (7.7) führt, variiert stark zwischen den einzelnen Parametern und Faktoren. $k_1 \cdot 0{,}01$ resultiert nur in Kombination mit $k_7 \cdot 100$ für $G_0 = 4{,}5\,\mathrm{g\,l^{-1}}$ in (7.7). Demgegenüber gibt es zehn Konfigurationen $(G_0;\ (k_{11}^{c2} \cdot 5) \times (k_{i_2} \cdot b_{j_2}))$, deren zugehörige Simulationsergebnisse (7.7) erfüllen.

7.3.3. Diskussion

Dieses Kapitel beschäftigt sich mit der Identifikation von Parametern des Multiskalenmodells, denen eine besondere Rolle für das Tumorwachstum zukommt. Insbesondere wurden Parameter bestimmt, deren Variation in den *In-silico*-Simulationen zu einer Verlangsamung des Tumorwachstums bei gleichzeitiger Abnahme des Tumorvolumens führen. Die Sensitivitätsanalyse im vorigen Abschnitt konnte keinen Hinweis auf einen einzelnen Parameter geben, der einen solchen Effekt hat. Eine Sensitivitätsanalyse höherer Ordnung würde die Möglichkeit bieten, alle potenziellen Interaktionen mehrerer Reaktionen zu identifizieren. Dies geht allerdings mit einem entsprechend hohen Rechenaufwand einher. Unter der Ausnutzung von entsprechendem Vorwissen lässt sich dieser Aufwand jedoch reduzieren.

Zunächst wurden deshalb einige Parameter ausgewählt, deren Variation entweder in Simulationen eines signifikant langsamer wachsenden Tumors oder in Simulationen eines deutlich kleineren Tumors resultieren. Die Auswahl wurde in diesem Abschnitt genutzt, um die Sensitivitätsanalyse erster Ordnung zu erweitern. Es wurden daraus je zwei Parameter mit zugehörigen Faktoren bestimmt, die im Folgenden in der gleichen Simulation variiert wurden. Gesucht wurden solche Kombinationen zweier Parameter, die in einem kleineren, langsamer wachsenden Tumor resultieren.

Die Parameter wurden so ausgewählt, dass die Tumore der zugehörigen Simulationen entweder aus einer geringeren Anzahl an Zellen bestehen (genauer: für $G_0 = 4{,}5\,\mathrm{g\,l^{-1}}$ weniger als 80 % der Anzahl der Zellen in der Standardsimulation) oder mehr Simulationszeitschritte benötigen (genauer: für $G_0 = 0{,}3\,\mathrm{g\,l^{-1}}$ mehr als 10,5-mal so viele wie im Vergleich zur Standardsimulation). Für diese Auswahl ließ sich feststellen, dass alle so identifizierten Parameter an Reaktionen beteiligt sind, die relativ früh im Netzwerk stattfinden (bis zur Steuerung der Konzentration von $AMPK_p$). An erster Stelle sind Reaktionen betroffen, die die miR-451- und MO25-Konzentration regulieren. Diese beiden Moleküle beeinflussen alle weiteren relevanten Reaktionen und Moleküle des untersuchten Signalweges und haben somit einen großen Einfluss auf das molekulare Interaktionsnetzwerk und damit das Multiskalenmodell.

Obwohl die Bedingungen zur Auswahl der Parameter an spezifische Glukosewerte geknüpft waren, übernehmen die Parameter auch für andere Glukosekonzentrationen eine besondere Stellung. Simulationen mit Variationen der ausgewählten Parameter resultieren entweder bei jedem initialen Glukosegehalt in einer deutlich verlangsamten Tumorausbreitung oder für $G_0 > 0{,}3\,\mathrm{g\,l^{-1}}$ in einem verringerten Tumorvolumen. Anhand der variierten Parameter lassen sich somit Vorhersagen zur Progression des Glioblastomwachstums treffen (vgl. Abschnitte 2.1.1 und 2.2.2). Die Parametervariationen etwa, die in Abbildung 7.3 zu Markern relativ weit oben rechts führen, gehen mit einem langsamer wachsenden Tumor einher, der eine hohe Zelldichte hat. Im Gegensatz dazu resultieren Parameteränderungen, zu denen in Abbildung 7.3 Marker unten links korrespondieren, zu schnell wachsenden Tumoren, deren Zellen weit verstreut sind. Diese Form eines Tumors ist tendenziell mit einer schlechteren Prognose für den Patienten verbunden, da die Zellen weit gestreut sind und bei einer Resektion ein höheres Risiko für zurückbleibende Zellen besteht. In Zukunft könnten die ausgewählten Parameter und ihre Ausprägung als ergänzende molekulare Eigenschaft in die Prognose der Tumorprogression einbezogen werden. Hierbei kann ein Parameter je nachdem, ob er stark vermindert oder signifikant vergrößert wird, einen entgegengesetzten Effekt hervorrufen. Um relevante Effekte zu erreichen, bedarf es allerdings grundsätzlich relativ extremer Parametermodifikationen (durch Multiplikation mit sehr kleinen oder großen Faktoren).

Die im Anschluss durchgeführte gleichzeitige Variation zweier ausgewählter Parameter resultiert in Simulationsergebnissen mit einem ähnlichen Verhalten, wie in Abschnitt 7.2 für die Modifikation eines einzelnen Parameters zu beobachten war. Eine Zunahme des Tumorvolumens geht meist mit einer Verlangsamung der Ausbreitung des Tumors einher und umgekehrt. Dies ist – wie zuvor – bedingt durch den Anstieg proliferierender Zellen und die Tatsache, dass Proliferation ein zeitintensiver Prozess ist.

Dennoch ließen sich mit diesem Vorgehen für mittlere bis hohe initiale Glukosekonzentrationen einige Kombinationen von Parametermodifikationen identifizieren, die in einem kleineren Tumorvolumen und einer langsameren Ausbreitung resultieren. Diese Modifikationen ergeben somit einen weniger aggressiv wachsenden Tumor. Je nach initialer Glukosekonzentration sind unterschiedliche Parameter-Kombinationen für den gewünschten Effekt verantwortlich. Die drei Kombinationen, für die sich sowohl für mittlere wie auch hohe initiale Glukosekonzentrationen ein weniger aggressiver Tumor herausbildet, beinhalten alle einen Parameter, der in eine MO25-regulierende Reaktion involviert ist. Dies zeigt, dass die Regulierung der Konzentration von MO25 eine wesentliche Rolle in der Entwicklung eines Glioblastoms übernimmt (vgl. auch Abschnitt 7.2). Darüber hinaus liefert das Multiskalenmodell damit einen ersten Ansatz für die Entwicklung einer Therapie, die die diskutierten molekularen Interaktionen zum Ziel hat.

Da das in dieser Arbeit vorgestellte Modell keine Form des Tumorsterbens (weder Apoptose noch Nekrose) umsetzt, sondern Tumorzellen entweder proliferieren, migrieren oder still sind, breiten sich die simulierten Tumore immer weiter aus. Insbesondere ist es unmöglich, einen schrumpfenden Tumor zu simulieren. Dies gilt es bei der Auswertung der Sensitivitätsanalyse in Hinblick auf einen Therapie-Erfolg zu berücksichtigen. Ein leichter Rückgang der Zellzahl und eine geringe Verlangsamung – wie sie durch gezielte Modifikation zweier Parameter in dieser Arbeit erreicht werden – kann deshalb unter diesem Hintergrund bereits als Therapieerfolg interpretiert werden.

KAPITEL 8

Zusammenfassung und Ausblick

8.1. Zusammenfassung

In dieser Arbeit wurde ein neues Multiskalenmodell vorgestellt, das die frühe Phase der Progression des aggressiven Hirntumors Glioblastom abbildet. Das Modell stellt Prozesse auf der molekularen und mikroskopischen Ebene dar. Es soll dazu beitragen, Faktoren, die das Wachstum beeinflussen, zu identifizieren sowie Hinweise auf neue Therapieansätze zu liefern.

Um mehrere Skalen abzubilden, wurde ein hybrides Modell auf der mikroskopischen Ebene mit dem Modell eines molekularen Interaktionsnetzwerkes gekoppelt. Das Modell des molekularen Interaktionsnetzwerkes wurde in dieser Arbeit entwickelt und bildet einen Glioblastom-relevanten Signalweg ab, der von Godlewski et al. (2010) beschrieben wurde. Es wurde hergeleitet, wie sich die zeitlich veränderlichen Konzentrationen der beteiligten Moleküle mathematisch durch ein System nichtlinearer gewöhnlicher Differentialgleichungen beschreiben lassen. Die Zuweisung von Zellzuständen und -aktionen basiert in diesem Modell auf der Auswertung der intrazellulären Molekülkonzentrationen und stellt die Verknüpfung der beiden Modellierungsebenen dar. Einige Zufallselemente wurden in das Modell integriert, um Modellierungsartefakte zu reduzieren. Zusätzlich wird damit die Biologie besser abgebildet, die auch in der Realität nicht vollständig deterministisch ist.

Das Multiskalenmodell wurde ausgewertet, indem zunächst das DGL-System theoretisch untersucht wurde. Darauf aufbauend wurden *In-silico*-Simulationen durchgeführt, um das Modell zu validieren und neue Daten zu gewinnen.

In einem ersten Schritt wurde untersucht, ob die modellierten Zusammenhänge der Molekülkonzentrationen und -aktivitäten vergleichbar zu *In-vitro*-Ergebnissen sind. Dies lies sich mit Hilfe von Simulationen der molekularen Ebene bestätigen. Aus den Simulationen ergaben sich außerdem Indizien, die die von Godlewski et al. (2010) aufgestellte Hypothese, die von einer negativen Rückkopplung im Rahmen der Signalkette ausgeht, unterstützen.

In einem nächsten Schritt wurde analysiert, ob das Multiskalenmodell eine wirklichkeitsgetreue Darstellung des Tumorwachstums ermöglicht. Das Modell bildet wesentliche Eigenschaften lebender Systeme ab, da Stoffwechsel, Fortpflanzung und Reizbarkeit der Zellen Teil des Modells sind. Die Simulationen zeigen einen realistischen Tumoraufbau: Ein stiller Tumorkern ist von migrierenden und proliferierenden Tumorzellen umgeben. Dabei zeigten die Simulationen, dass das Tumorwachstum wesentlich vom Glukosegehalt abhängt. In einer Umgebung mit einer geringen Glukosekonzentration breitet sich ein Tumor schnell aus und es finden nur wenige Zellteilungen statt. Ein Tumor dagegen, der auf viel Glukose zurückgreifen kann, wächst langsamer und besteht dafür aus mehr Zellen, die dichter beieinander liegen. Dies reproduziert Ergebnisse, die ebenfalls von Godlewski et al. (2010) präsentiert wurden. Das aggressivste Tumorwachstum hat sich in Simulationen ergeben, die von einer mittleren verfügbaren Glukosekonzentration ausgehen: Die Tumore breiten sich vergleichsweise schnell aus und bestehen aus einer großen Zahl Zellen. Tumore hingegen, die unter schlechten Glukosebedingungen kultiviert werden, zeichnen sich durch ein sehr invasives Wachstum aus. In der vorliegenden Arbeit wurde somit gezeigt, dass die Nährstoffbedingungen, in denen ein Tumor wächst, einen wesentlichen Einfluss auf die Aggressivität und Invasivität des Wachstums haben.

In dieser Arbeit wurde ebenfalls vorgestellt, wie das Multiskalenmodell um die Modellierung der Krebsstammzellhypothese erweitert werden kann. Grundsätzlich ist der Aufbau der auf diese Art simulierten Tumore vergleichbar zu den ursprünglichen Experimenten, in denen die Krebsstammzellhypothese nicht eingebunden ist. Tendenziell breiten sich die Tumore jedoch schneller aus als zuvor. Es wurde gezeigt, dass dabei der Aufbau des Tumors wesentlich von den Eigenschaften der gewöhnlichen Tumorzellen abhängt. Weiterhin ergab sich, dass nur eine sehr hohe Mutationsrate der Krebsstammzellen realistische Ergebnisse liefert. Nur in diesem Fall liegt der Krebsstammzellanteil an der Tumorgesamtpopulation im einstelligen Prozentbereich, was gut mit experimentellen Daten korreliert (Zhou et al. 2009).

Neben der Glukosekonzentration haben viele weitere Parameter einen maßgeblichen Einfluss auf das Wachstum des simulierten Tumors. Hierbei sind vor allem die Reaktionskonstanten des molekularen Netzwerks von Interesse. Diese liefern

Hinweise darauf, welche Reaktionen das Wachstum vornehmlich beeinflussen. In der vorliegenden Arbeit wurde der Einfluss der Reaktionskonstanten mittels einer Sensitivitätsanalyse ausgewertet. Um das Multiskalenmodell adäquat zu untersuchen, wurde eine Sensitivitätsanalyse vorgestellt, die sich ebenfalls über mehrere Modellierungsebenen erstreckt und erstmals verschiedene Nährstoffbedingungen berücksichtigt.

Die Untersuchung der Wechselwirkung zwischen der Ausbreitungsgeschwindigkeit und dem Tumorvolumen ergab, dass für alle getesteten Parametermodifikationen eine Verlangsamung des Tumorwachstums mit einer zunehmenden Größe des Tumors einhergeht und umgekehrt. Das Ziel einer Therapie muss jedoch ein kleinerer, langsamer wachsender Tumor sein. Somit wurde in dieser Arbeit experimentell gezeigt, dass kein Parameter auf sich gestellt als Ansatz für neue Therapien geeignet ist. Die Modifikationen einiger Parameter resultieren jedoch in einer ausgeprägten Verlangsamung der Ausbreitungsgeschwindigkeit oder der deutlichen Reduzierung des Volumens der jeweils simulierten Tumore. Diese Parameter sind somit geeignet, um Vorhersagen zum Krankheitsverlauf zu treffen und könnten in Zukunft in Ergänzung zu bereits bekannten molekularen Indikatoren in die Prognose der Tumor-Progression einbezogen werden.

Abschließend wurde die Auswirkung der simultanen Modifikation zweier Parameter untersucht, die gezielt aus der oben beschriebenen Teilmenge aller Parameter gewählt wurden. Einige Kombinationen konnten daraufhin identifiziert werden, die einen Therapieerfolg simulieren, d. h. die zugehörigen *In-silico*-Experimente resultierten in kleineren, langsamer wachsenden Tumoren. Diese Parameter gehören immer zu Reaktionen, die in die Regulierung der Konzentration des Proteins MO25 involviert sind. Damit ergibt sich, dass MO25 eine entscheidende Rolle für das Wachstum von Glioblastomen spielt und die Regulierung von MO25 unter dem Aspekt der Entwicklung neuer Therapien auch von Biologen, Pharmazeuten und Medizinern untersucht werden sollte.

Insgesamt wurde in der vorliegenden Arbeit ein neues Multiskalenmodell zur Abbildung des Wachstums von Glioblastomen hergeleitet und diskutiert. Das Modell konnte durch den Vergleich mit *In-vitro*-Daten validiert werden und anhand durchgeführter Simulationen ließen sich Rückschlüsse für die Biologie und Medizin ziehen. Insbesondere liefert das Modell Hinweise auf neue prognostische Marker für die Progression von Glioblastomen und auf neue Therapieansätze.

8.2. Ausblick

Das Multiskalenmodell, das in dieser Arbeit vorgestellt und analysiert wurde, bildet einige ausgewählte Prozesse ab, die für das frühe Wachstum von Glioblastomen relevant sind. Zahlreiche weitere Aspekte (vgl. u. a. die Liste der Merkmale von bösartigen Tumoren von Hanahan u. Weinberg (2000, 2011)) wurden bisher bewusst vernachlässigt und stellen Erweiterungsmöglichkeiten des Modells dar.

Die Zellen des vorgestellten Modells sind bisher unsterblich, was offensichtlich nicht die Realität widerspiegelt. Die beiden Formen des Zelltodes – Apoptose und Nekrose – sollten deshalb mit ihrer tumorspezifischen Regulierung in das Modell integriert werden. Entscheidend für das erfolgreiche Wachstum von Glioblastomen ist die Neuentstehung von Blutgefäßen (Angiogenese). Potentielle Modellerweiterungen sind deshalb die Abbildung der Ausschüttung relevanter Wachstumsfaktoren und das tatsächliche Wachstum neuer Kapillaren in Reaktion auf diese Faktoren. Ebenso ist es denkbar, weitere Wachstumsfaktoren mit den zugehörigen Signalketten, zusätzliche Nährstoffe und die Regulierung des Zellzyklus im Modell zu berücksichtigen.

Ein weiteres Merkmal von Glioblastomen stellen die heterogenen genetischen Profile der Tumorzellen dar, die durch die Instabilität des Genoms verursacht werden. Formen der Mutation können in das Modell integriert werden, indem die abgebildeten Signalketten durch unterschiedliche Parameterwahlen verschiedene Genotypen modellieren. Zusätzliche Komponenten, die im Multiskalenmodell bisher nicht berücksichtigt werden und somit Ausbaumöglichkeiten darstellen, sind das Immunsystem, die extrazelluläre Matrix und Effekte wie Verdrängung und Adhäsion. Eine Erweiterung des Modells auf Signalketten, die Formen interzellulärer Kommunikation mittels Botenstoffen abbilden, würde es außerdem ermöglichen, die Synchronisierung von Tumorzellen zu untersuchen. In diesem Zusammenhang ist von Interesse, ob die dynamischen internen Zustände der Zellen sich einander angleichen und ob das Wachstum des Tumors bestimmten Regeln folgt (beispielsweise in Form von Wellen verläuft).

Die Abbildung etablierter Therapien (Radiotherapie, Chemotherapie oder Kinase-Inhibitoren) im Modell stellt eine weitere Ausbauoption dar. Eine solche Modellierung würde es ermöglichen, neue Kenntnisse zur Funktionsweise der Therapien zu erlangen sowie Optimierungsmöglichkeiten für diese aufzuzeigen. In dem Zusammenhang wäre auch eine Erweiterung der vorgestellten Multiskalen-Sensitivitätsanalyse denkbar. Eine solche Analyse sollte für das Modell durchgeführt werden, in das die Krebsstammzellhypothese sowie die Regulierung des Zelltodes und eventuell weitere Erweiterungen integriert sind. Weiterhin können auch andere Systemendpunkte, beispielsweise der Ausbreitungsradius, untersucht werden. Außerdem kann analysiert werden, ob die gleichzeitige Variation einer großen Anzahl von Parametern (bis hin zu allen Parametern) theoretisch in einem Therapie-Erfolg resultiert. Dies würde es erlauben, das Modell im Hinblick auf neue Therapie-Ansatzpunkte ausführlicher zu untersuchen und die Effekte von Therapien detaillierter zu simulieren. Auch ließen sich daraus Schlüsse ziehen, in welche Richtung die medizinische Forschung sich verstärkt orientieren könnte.

Um die räumliche Modellierung von Tumoren realistischer zu gestalten, sollte außerdem das agentenbasierte Modell erweitert werden. Zelluläre Potts-Modelle oder gitterfreie Modelle stellen gute Alternativen dar, um der variablen Form der Zellen gerecht zu werden. Zudem kann das modellierte Gebiet auf drei Dimensionen ausgedehnt werden. Die inhomogene intrazelluläre Verteilung der Molekülkonzentrationen ließe sich durch das Hinzufügen von Strukturen darstellen, die biologische Kompartimente abbilden. Eine Modellierung von Masse und Volumen der Tumorzellen wäre außerdem sinnvoll, um das Wachstum einzelner Zellen zu beschreiben.

Darüber hinaus wäre auf lange Sicht eine Erweiterung des Multiskalenansatzes auf die makroskopische Ebene wünschenswert. So könnten mit Hilfe der Bildung von Durchschnitten über eine gewisse Anzahl benachbarter Zellen Parameter bestimmt werden, die auf der makroskopischen Ebene beispielsweise in eine Reaktions-Diffusions-Gleichung integriert werden können.

Des Weiteren wäre eine Ausweitung der Stabilitätsanalyse von Interesse. Es ist denkbar, im Rahmen einer solchen Analyse auch Werte zuzulassen, die biologisch nicht sinnvoll sind und deshalb in dieser Arbeit ausgeschlossen wurden. Hieraus könnten sich Erkenntnisse zu Instabilitäten des Systems gewöhnlicher Differentialgleichungen ergeben.

Aus Sicht der Numerik und Optimierung des Rechenaufwandes wäre es sinnvoll, ein anderes Lösungsverfahren für die partielle Differentialgleichung zu verwenden. Das bisher genutzte Crank-Nicholson-Verfahren ist relativ einfach und fortschrittlichere Algorithmen, eine adaptive Zeitschrittweitensteuerung und Parallelisierung stellen Optimierungsmöglichkeiten dar. Auch die Lösung der DGL-Systeme in den einzelnen Zellen könnte parallel für mehrere Zellen ausgeführt werden, um Rechenzeit einzusparen. Allerdings müssen hierbei die Zufallselemente berücksichtigt werden und es sollte sichergestellt werden, dass keine neuen Artefakte induziert werden. Diese Optimierungsansätze sind vor allem von großer Bedeutung, wenn das modellierte Gebiet ausgedehnt wird und die Anzahl der betrachteten Prozesse (und damit der Gleichungen) zunimmt.

Im Hinblick auf alle Modellerweiterungen und zusätzlichen Analysen sollte ein essentieller Punkt nicht außer Acht gelassen werden. Es gilt zu untersuchen und zu berücksichtigen, für welchen Zeitraum Prognosen, die sich aus dem Modell ergeben, eine ausreichende Güte besitzen. Eine zuverlässige und genaue Wettervorhersage, die auf meteorologischen Modellen basiert, ist nur für relativ kurze Zeiträume (wenige Stunden bis Tage) möglich. Ebenso ist zu erwarten, dass sich mit Tumorwachstumsmodellen Krankheitsverläufe nicht über mehrere Jahre verlässlich vorhersagen lassen. Doch vielleicht ist eine zuverlässige Prognose einiger Wochen oder Monate bereits in vielerlei Hinsicht ausreichend.

ANHANG A

Details zur Stabilitätsanalyse

A.1. Berechnung der Gleichgewichtspunkte für die Analyse in Kapitel 5

Ziel ist es, die Lösung $\hat{w}$ des Gleichungssystems $f(w) = 0$ zu bestimmen, wobei das Vektorfeld $f(w)$ die rechte Seite des DGL-Systems (4.45) - (4.53) bezeichnet. Da f nichtlinear ist, gibt es keinen allgemeingültigen Algorithmus für diese Berechnung. Aufgrund der Struktur der einzelnen Gleichungen lässt sich dennoch eine analytische Lösung berechnen. Hierfür ist ein schrittweises Vorgehen nötig.

Basierend auf den Gleichungen (4.45) - (4.53) wird zunächst das Vektorfeld $f(w,g) = (f_1(w,g), \ldots, f_9(w,g))$ definiert:

$$\begin{aligned}
f_1(w,g) = f_1(w_1,w_2,w_5,g) &:= \frac{g^*}{w_1^*} \cdot \frac{k_1^i \cdot k_1 \cdot \varphi_c(g)}{k_1^i + w_5^* \cdot w_5} - w_2^* \cdot k_2 \cdot w_1 \cdot w_2 - k_6 \cdot w_1, \\
f_2(w,g) = f_2(w_1,w_2) &:= -w_1^* \cdot k_2 \cdot w_1 \cdot w_2 + k_4/w_2^* - k_7 \cdot w_2, \\
f_3(w,g) = f_3(w_1,w_2,w_3) &:= \frac{w_1^* \cdot w_2^*}{w_3^*} \cdot k_2 \cdot w_1 \cdot w_2 - k_3 \cdot w_3, \\
f_4(w,g) = f_4(w_2,w_4,w_5) &:= \frac{w_2^*}{w_4^*} \cdot k_5 \cdot w_2 - k_8 \cdot w_4 - w_5^* \cdot k_9 \cdot w_4 \cdot (1 - w_5) \\
&\quad + \frac{w_5^*}{w_4^*} \cdot k_{10} \cdot w_5,
\end{aligned}$$

$$
\begin{aligned}
f_5(\boldsymbol{w},g) = f_5(w_4,w_5) \quad &:= w_4^* \cdot k_9 \cdot w_4 \cdot (1-w_5) - k_{10} \cdot w_5,\\
f_6(\boldsymbol{w},g) = f_6(w_5,w_6,g) \quad &:= \frac{w_5^* \cdot k_{11}^{c1} \cdot (1-w_5)\cdot(1-w_6)}{k_{11}^{m1} + w_6^* \cdot (1-w_6)}\\
&\quad + \frac{w_5^* \cdot k_{11}^{c2} \cdot w_5 \cdot (1-w_6)}{k_{11}^{m2} + w_6^* \cdot (1-w_6)} - \frac{k_{12}^i \cdot k_{12} \cdot w_6}{k_{12}^i + V(g)},\\
f_7(\boldsymbol{w},g) = f_7(w_6,w_7) \quad &:= \frac{w_6^* \cdot k_{13}^{c1} \cdot (1-w_6)\cdot(1-w_7)}{k_{13}^{m1} + w_7^* \cdot (1-w_7)}\\
&\quad + \frac{w_6^* \cdot k_{13}^{c2} \cdot w_6 \cdot (1-w_7)}{k_{13}^{m2} + w_7^* \cdot (1-w_7)} - k_{14} \cdot w_7,\\
f_8(\boldsymbol{w},g) = f_8(w_7,w_8) \quad &:= \frac{k_{15}^i \cdot k_{15} \cdot (1-w_8)}{k_{15}^i + w_7^* \cdot w_7} - k_{16} \cdot w_8,\\
f_9(\boldsymbol{w},g) = f_9(w_6,w_8,w_9) \quad &:= -\frac{w_8^* \cdot k_{17}^c \cdot w_8 \cdot w_9}{k_{17}^m + w_9^* \cdot w_9} + \frac{w_6^* \cdot k_{18}^{c2} \cdot w_6 \cdot (1-w_9)}{k_{18}^{m2} + w_9^* \cdot (1-w_9)}\\
&\quad + \frac{w_6^* \cdot k_{18}^{c1} \cdot (1-w_6)\cdot(1-w_9)}{k_{18}^{m1} + w_9^* \cdot (1-w_9)}.
\end{aligned}
$$

Die fünf Gleichungen $f_1(\boldsymbol{w},g) = 0, \ldots, f_5(\boldsymbol{w},g) = 0$ sind von den fünf Variablen $w_1, \ldots, w_5$ und dem Parameter g abhängig und können somit separat gelöst werden.

Aus der Gleichung $f_2(w_1,w_2) = 0$ ergibt sich durch elementare Umformungen eine gegenseitige Abhängigkeit der Variablen $\widehat{w}_1$ und $\widehat{w}_2$, die sich schreiben lässt als:

$$
\widehat{w}_2 = \frac{k_4}{w_2^* \cdot (w_1^* \cdot k_2 \cdot \widehat{w}_1 + k_7)} =: h_2(\widehat{w}_1). \tag{A.1}
$$

Setzt man diesen Zusammenhang in die Gleichung $f_3(w_1,w_2,w_3) = 0$ ein, so ergibt sich $f_3(w_1,h_2(w_1),w_3) = 0$ und damit kann man für $\widehat{w}_3$ herleiten:

$$
\widehat{w}_3 = \frac{w_1^* \cdot w_2^*}{w_3^*} \cdot \frac{k_2}{k_3} \cdot h_2(\widehat{w}_1) \cdot \widehat{w}_1 =: h_3(\widehat{w}_1). \tag{A.2}
$$

Analog nutzt man Gleichung (A.1) aus, um aus der Gleichung $f_1(w_1,w_2,w_5,g) = f_1(w_1,h_2(w_1),w_5,g) = 0$ einen Zusammenhang zwischen $\widehat{w}_5$ und $\widehat{w}_1$ herzustellen:

$$
\widehat{w}_5 = \frac{g^*}{w_1^* \cdot w_5^*} \cdot \frac{k_1^i \cdot k_1 \cdot \varphi_c(g)}{w_2^* \cdot k_2 \cdot \widehat{w}_1 \cdot h_2(\widehat{w}_1) + k_6 \cdot \widehat{w}_1} - \frac{k_1^i}{w_5^*} =: h_5(\widehat{w}_1,g). \tag{A.3}
$$

Dies wiederum lässt sich in die Gleichung $f_5(w_4, w_5) = 0$ einsetzen, woraus durch Umstellen folgt:

$$\widehat{w}_4 = \frac{1}{w_4^*} \cdot \frac{k_{10}}{k_9} \cdot \frac{1}{\frac{1}{h_5(\widehat{w}_1, g)} - 1} =: h_4(\widehat{w}_1, g). \tag{A.4}$$

Unter Ausnutzung von (A.1), (A.3) und (A.4) kann die verbleibende Gleichung $f_4(w_2, w_4, w_5) = f_4(h_2(w_1), h_4(w_1, g), h_5(w_1, g)) = 0$ in eine kubische Gleichung

$$c_0^{(1)} + c_1^{(1)}(g) \cdot w_1 + c_2^{(1)}(g) \cdot w_1^2 + c_3^{(1)} \cdot w_1^3 = 0$$

zur Bestimmung von $\widehat{w}_1$ umgeformt werden. Mit $c_0^{(1)}, \ldots, c_3^{(1)}$ werden alle Vorfaktoren der einzelnen Potenzen von w_1 zusammengefasst, wobei $c_1^{(1)}$ und $c_2^{(1)}$ vom Parameter g abhängig sind.

Diese kubische Gleichung besitzt für jede Glukosekonzentration g maximal drei Lösungen $\widehat{w}_1^{(i)}$, $i \in \{1, 2, 3\}$. In Kapitel 3 wurde gezeigt, dass ausgehend von einer nicht-negativen Anfangsbedingung die Molekülkonzentrationen im Zuge der ablaufenden Reaktionen nicht negativ werden können. Außerdem können trivialerweise keine nicht-reellwertigen Konzentrationen auftreten. Deshalb sind von den drei Lösungen im Weiteren nur die mit $\widehat{w}_1^{(i)} \in \mathbb{R}$ und $\widehat{w}_1^{(i)} \geq 0$ relevant. Diese Lösungen werden im Folgenden als *biologisch mögliche* Lösungen bezeichnet. Für jede dieser biologisch möglichen Lösungen $\widehat{w}_1^{(i)}$ lassen sich aus den Gleichungen (A.1) - (A.4) die weiteren Elemente $\widehat{w}_2^{(i)}, \ldots, \widehat{w}_5^{(i)}$ des Gleichgewichts w berechnen.

Mit Hilfe dieser Lösungen lassen sich nun die noch verbleibenden Koordinaten $\widehat{w}_6$, $\widehat{w}_7$, $\widehat{w}_8$ und $\widehat{w}_9$ berechnen. Die Gleichung $f_6(w_5, w_6, g) = 0$ lässt sich in eine kubische Gleichung zur Bestimmung von $\widehat{w}_6$ in Abhängigkeit von $\widehat{w}_5^{(i)}$ und g umformen:

$$c_0^{(6)}(\widehat{w}_5^{(i)}, g) + c_1^{(6)}(\widehat{w}_5^{(i)}, g) \cdot w_6 + c_2^{(6)}(\widehat{w}_5^{(i)}, g) \cdot w_6^2 + c_3^{(6)} \cdot w_6^3 = 0.$$

Die Koeffizienten $c_0^{(6)}, \ldots, c_3^{(6)}$ fassen jeweils alle zugehörigen Vorfaktoren zusammen, wobei $c_0^{(6)}$, $c_1^{(6)}$ und $c_2^{(6)}$ von $\widehat{w}_5^{(i)}$ und g abhängen. Insgesamt ist es somit möglich, dass zu jedem $\widehat{w}_5^{(i)}$ bis zu drei Lösungen $\widehat{w}_6^{(i,j)}$, $j \in \{1, 2, 3\}$ existieren. Für eine biologisch mögliche Lösung gilt unter Berücksichtigung von Abschnitt 4.1.2 zusätzlich zu $\widehat{w}_6^{(i,j)} \in \mathbb{R}$ und $\widehat{w}_6^{(i,j)} \geq 0$ außerdem $\widehat{w}_6^{(i,j)} \leq 1$.

Aus der Gleichung $f_7(w_6, w_7) = 0$ ergibt sich analog eine kubische Gleichung für $\widehat{w}_7$ in Abhängigkeit von $\widehat{w}_6^{(i,j)}$:

$$c_0^{(7)}(\widehat{w}_6^{(i,j)}) + c_1^{(7)}(\widehat{w}_6^{(i,j)}) \cdot w_7 + c_2^{(7)}(\widehat{w}_6^{(i,j)}) \cdot w_7^2 + c_3^{(7)} \cdot w_7^3 = 0$$

mit den Koeffizienten $c_0^{(7)}, \ldots, c_3^{(7)}$. Von diesen Koeffizienten sind $c_0^{(7)}$, $c_1^{(7)}$ und $c_2^{(7)}$ von der zuvor berechneten Lösung $\widehat{w}_6^{(i,j)}$ abhängig. Von den bis zu drei möglichen Lösungen $\widehat{w}_7^{(i,j,k)}$, $k = 1, 2, 3$, die zu jedem $\widehat{w}_6^{(i,j)}$ existieren, sind erneut nur die Lösungen mit $\widehat{w}_7^{(i,j,k)} \in \mathbb{R}$, $\widehat{w}_7^{(i,j,k)} \geq 0$ und $\widehat{w}_7^{(i,j,k)} \leq 1$ relevant. Nur diese Lösungen sind biologisch möglich.

Die Gleichung $f_8(w_7, w_8) = 0$ lässt sich daraufhin in eine eindeutige Zuweisung für $\widehat{w}_8$ in Abhängigkeit von $\widehat{w}_7^{(i,j,k)}$ umformen:

$$\widehat{w}_8^{(i,j,k)} = \frac{k_{15}^i k_{15}}{k_{15}^i k_{15} + k_{16}(k_{15}^i + w_7^* \widehat{w}_7^{(i,j,k)})} =: h_8(\widehat{w}_7^{(i,j,k)}).$$

Als letztes Element des Gleichgewichts lässt sich $\widehat{w}_9$ nach Umformung von $f_9(w_6, w_8, w_9)$ als Lösung der kubischen Gleichung

$$\begin{aligned} c_0^{(9)}(\widehat{w}_6^{(i,j)}) + c_1^{(9)}(\widehat{w}_6, \widehat{w}_8^{(i,j,k)}) \cdot w_9 + c_2^{(9)}(\widehat{w}_6^{(i,j)}, \widehat{w}_8^{(i,j,k)}) \cdot w_9^2 \\ + c_3^{(9)}(\widehat{w}_6^{(i,j)}, \widehat{w}_8^{(i,j,k)}) \cdot w_9^3 = 0 \end{aligned}$$

berechnen. Wie zuvor bezeichnen $c_0^{(9)}, \ldots, c_3^{(9)}$ die zusammengefassten Vorfaktoren. Alle vier Koeffizienten hängen von der zuvor berechneten Variablen $\widehat{w}_6^{(i,j)}$ ab und die Koeffizienten $c_1^{(9)}$, $c_2^{(9)}$ und $c_3^{(9)}$ zusätzlich von $\widehat{w}_8^{(i,j,k)}$. Erneut existieren somit zu jedem $\widehat{w}_6^{(i,j)}$ und $\widehat{w}_8^{(i,j,k)}$ bis zu drei Lösungen $\widehat{w}_9^{(i,j,k,l)}$, $l = 1, 2, 3$ und nur die Lösungen, die $\widehat{w}_9^{(i,j,k,l)} \in \mathbb{R}$, $\widehat{w}_9^{(i,j,k,l)} \geq 0$ und $\widehat{w}_9^{(i,j,k,l)} \leq 1$ erfüllen, sind biologisch möglich.

A.2. Aufstellung der Jacobi-Matrix

Der Vollständigkeit halber werden an dieser Stelle die Elemente der Jacobi-Matrix $Df(w)$ aufgelistet, die nicht null sind. Die Jacobi-Matrix wird zur Bestimmung des Stabilitätsverhaltens der Gleichgewichtspunkte in Kapitel 5 benötigt.

$$f_1(\boldsymbol{w}) = f_1(w_1, w_2, w_5) \qquad \Rightarrow \frac{\partial f_1}{\partial w_i} \neq 0 \qquad \forall\, i \in \{1,\, 2,\, 5\}$$

$$\frac{\partial f_1}{\partial w_1} = -w_2^* \cdot k_2 \cdot w_2 - k_6$$

$$\frac{\partial f_1}{\partial w_2} = -w_2^* \cdot k_2 \cdot w_1$$

$$\frac{\partial f_1}{\partial w_5} = -\frac{g^* \cdot w_5^*}{w_1^*} \cdot \frac{k_1^i \cdot k_1 \cdot \varphi_c(g)}{(k_1^i + w_5^* \cdot w_5)^2}$$

$$f_2(\boldsymbol{w}) = f_2(w_1, w_2) \qquad \Rightarrow \frac{\partial f_2}{\partial w_i} \neq 0 \qquad \forall\, i \in \{1,\, 2\}$$

$$\frac{\partial f_2}{\partial w_1} = -w_1^* \cdot k_2 \cdot w_2$$

$$\frac{\partial f_2}{\partial w_2} = -w_1^* \cdot k_2 \cdot w_1 - k_7$$

$$f_3(\boldsymbol{w}) = f_3(w_1, w_2, w_3) \qquad \Rightarrow \frac{\partial f_3}{\partial w_i} \neq 0 \qquad \forall\, i \in \{1,\, 2,\, 3\}$$

$$\frac{\partial f_3}{\partial w_1} = \frac{w_1^* \cdot w_2^*}{w_3^*} \cdot k_2 \cdot w_2$$

$$\frac{\partial f_3}{\partial w_2} = \frac{w_1^* \cdot w_2^*}{w_3^*} \cdot k_2 \cdot w_1$$

$$\frac{\partial f_3}{\partial w_3} = -k_3$$

$$f_4(\boldsymbol{w}) = f_4(w_2, w_4, w_5) \qquad \Rightarrow \frac{\partial f_4}{\partial w_i} \neq 0 \qquad \forall\, i \in \{2,\, 4,\, 5\}$$

$$\frac{\partial f_4}{\partial w_2} = \frac{w_2^*}{w_4^*} \cdot k_5$$

$$\frac{\partial f_4}{\partial w_4} = -k_8 - w_5^* \cdot k_9 \cdot (1 - w_5)$$

$$\frac{\partial f_4}{\partial w_5} = w_5^* \cdot k_9 \cdot w_4 + \frac{w_5^*}{w_4^*} \cdot k_{10}$$

$$f_5(\boldsymbol{w}) = f_5(w_4, w_5) \qquad \Rightarrow \frac{\partial f_5}{\partial w_i} \neq 0 \qquad \forall\, i \in \{4,\, 5\}$$

$$\frac{\partial f_5}{\partial w_4} = w_4^* \cdot k_9 \cdot (1 - w_5)$$

$$\frac{\partial f_5}{\partial w_5} = -w_4^* \cdot k_9 \cdot w_4 - k_{10}$$

$$f_6(\boldsymbol{w}) = f_6(w_5, w_6) \qquad \Rightarrow \frac{\partial f_6}{\partial w_i} \neq 0 \qquad \forall\, i \in \{5,\, 6\}$$

$$\frac{\partial f_6}{\partial w_5} = -\frac{w_5^* \cdot k_{11}^{c1} \cdot (1 - w_6)}{k_{11}^{m1} + w_6^* \cdot (1 - w_6)} + \frac{w_5^* \cdot k_{11}^{c2} \cdot (1 - w_6)}{k_{11}^{m2} + w_6^* \cdot (1 - w_6)}$$

$$\frac{\partial f_6}{\partial w_6} = -\frac{w_5^* \cdot k_{11}^{c1} \cdot k_{11}^{m1} \cdot (1 - w_5)}{(k_{11}^{m1} + w_6^* \cdot (1 - w_6))^2} - \frac{w_5^* \cdot k_{11}^{c2} \cdot k_{11}^{m2} \cdot w_5}{(k_{11}^{m2} + w_6^* \cdot (1 - w_6))^2} - \frac{k_{12}^{i} \cdot k_{12}}{k_{12}^{i} + V}$$

$$f_7(\boldsymbol{w}) = f_7(w_6, w_7) \qquad \Rightarrow \frac{\partial f_7}{\partial w_i} \neq 0 \qquad \forall\, i \in \{6,\, 7\}$$

$$\frac{\partial f_7}{\partial w_6} = -\frac{w_6^* \cdot k_{13}^{c1} \cdot (1 - w_7)}{k_{13}^{m1} + w_7^* \cdot (1 - w_7)} + \frac{w_6^* \cdot k_{13}^{c2} \cdot (1 - w_7)}{k_{13}^{m2} + w_7^* \cdot (1 - w_7)}$$

$$\frac{\partial f_7}{\partial w_7} = -\frac{w_6^* \cdot k_{13}^{c1} \cdot k_{13}^{m1} \cdot (1 - w_6)}{(k_{13}^{m1} + w_7^* \cdot (1 - w_7))^2} - \frac{w_6^* \cdot k_{13}^{c2} \cdot k_{13}^{m2} \cdot w_6}{(k_{13}^{m2} + w_7^* \cdot (1 - w_7))^2} - k_{14}$$

$$f_8(\boldsymbol{w}) = f_8(w_7, w_8) \qquad \Rightarrow \frac{\partial f_8}{\partial w_i} \neq 0 \qquad \forall\, i \in \{7,\, 8\}$$

$$\frac{\partial f_8}{\partial w_7} = -\frac{w_7^* \cdot k_{15}^{i} \cdot k_{15} \cdot (1 - w_8)}{(k_{15}^{i} + w_7^* \cdot w_7)^2}$$

$$\frac{\partial f_8}{\partial w_8} = -\frac{k_{15}^{i} \cdot k_{15}}{k_{15}^{i} + w_7^* \cdot w_7} - k_{16}$$

$$f_9(\boldsymbol{w}) = f_9(w_6, w_8, w_9) \qquad \Rightarrow \frac{\partial f_9}{\partial w_i} \neq 0 \qquad \forall\, i \in \{6,\, 8,\, 9\}$$

$$\frac{\partial f_9}{\partial w_6} = -\frac{w_6^* \cdot k_{18}^{c1} \cdot (1 - w_9)}{k_{18}^{m1} + w_9^* \cdot (1 - w_9)} + \frac{w_6^* \cdot k_{18}^{c2} \cdot (1 - w_9)}{k_{18}^{m2} + w_9^* \cdot (1 - w_9)}$$

$$\frac{\partial f_9}{\partial w_8} = -\frac{w_8^* \cdot k_{17}^{c} \cdot w_9}{k_{17}^{m} + w_9^* \cdot w_9}$$

$$\frac{\partial f_9}{\partial w_9} = -\frac{w_8^* \cdot k_{17}^{c} \cdot k_{17}^{m} \cdot w_8}{(k_{17}^{m} + w_9^* \cdot w_9)^2} - \frac{w_6^* \cdot k_{18}^{c1} \cdot k_{18}^{m1} \cdot (1 - w_6)}{(k_{18}^{m1} + w_9^* \cdot (1 - w_9))^2} - \frac{w_6^* \cdot k_{18}^{c2} \cdot k_{18}^{m2} \cdot w_6}{(k_{18}^{m2} + w_9^* \cdot (1 - w_9))^2}$$

ANHANG 

Verzeichnis häufig verwendeter Abkürzungen

ABM	agentenbasierte Modellierung
AMP	Adenosinmonophosphat
AMPK	AMP activated protein kinase
DGL	Differentialgleichung
DGL-System	System gewöhnlicher Differentialgleichungen
DK	dimensionslose Konstante
DNA	Desoxyribonukleinsäure
EGF	epidermal growth factor
EGFR	EGF receptor
gDGL	gewöhnliche Differentialgleichung
LKB1	liver kinase B1
LKB1-STRAD	Proteinkomplex bestehend aus LKB1 und STRAD
LKB1-STRAD-MO25	Proteinkomplex bestehend aus LKB1, STRAD und MO25
miRNA	microRNA

MO25	mouse protein 25
mRNA	messenger RNA
mTORC1	mammalian target of rapamycin complex 1
Rheb	ras homolog enriched in brain
RISC	RNA induced silencing complex
RNA	Ribonukleinsäure
STRAD	sterile-20-related adaptor
tRNA	transfer RNA
TSC2	tuberous sclerosis complex 2
VEGF	vascular endothelial growth factor
WHO	World Health Organization

ANHANG C

Verzeichnis häufig verwendeter Variablen

Allgemein gilt bei Variablen, die sich auf ein Molekül beziehen, dass ein Großbuchstabe (z. B. X) den Namen des Moleküls repräsentiert und ein Kleinbuchstabe (z. B. x) die Konzentration des Moleküls.

a_{gTZ} Agent, der eine gewöhnliche Tumorzelle repräsentiert

a_{KSZ} Agent, der eine Krebsstammzelle repräsentiert

A Attraktivität einer Gitterzelle

b Faktor, mit dem im Zuge der Sensitivitätsanalyse ein Parameter multipliziert wird

D Diffusionskoeffizient für Glukose

f Vektorfeld zur Beschreibung der rechten Seite eines DGL-Systems

g, G Glukose(konzentration)

G_0 Anfangswert der Glukosekonzentration, d. h. initiale Glukosekonzentration $G_0 = g(0)$

k_i Reaktionskonstanten

m_i Moleküle (bzw. -konzentrationen) in der ersten Version des molekularen Interaktionsnetzwerkes (vgl. Abschnitt 4.1.1)

$\mathcal{M}_e$	messbare Endpunkte des Multiskalenmodells (vgl. Sensitivitätsanalyse in Kapitel 7)
P_{mig}	Wahrscheinlichkeit einer Zelle zu migrieren
P_{prolif}	Wahrscheinlichkeit einer Zelle zu proliferieren
r	Rate des Konsums von Glukose durch eine Tumorzelle
s	Stöchiometrie-Koeffizient
S	Stöchiometrie-Matrix
$\mathcal{S}_e$	Sensitivitätskoeffizient
t	Zeit
T	Anzahl benötigter Simulationszeitschritte; Endzeitpunkt
u_i	Gitterzelle
v_i	Reaktionsrate
V	Verhältnis von AMP:ATP
w_i, W_i	Moleküle (bzw. -konzentrationen) in der reduzierten Version des molekularen Interaktionsnetzwerkes (vgl. Abschnitt 4.1.4)
γ	Anzahl bereits durchlaufener Zellteilungen eines Agenten
Γ	maximale Anzahl an Zellteilungen, die ein Agent a_{gTZ} durchlaufen kann
κ	Anteil Krebsstammzellen an der gesamten Tumorpopulation zum Zeitpunkt t
λ	Eigenwert einer Matrix
$\lambda^{\mathfrak{L}}$	Lyapnuov Exponent
ξ	Mutationsrate der Krebsstammzellen a_{KSZ}
Ω	Gebiet, auf dem simuliert wird

Literaturverzeichnis

Akhavan et al. 2010
AKHAVAN, D.; CLOUGHESY, T. F.; MISCHEL, P. S.: mTOR signaling in glioblastoma: lessons learned from bench to bedside. In: *Neuro-Oncology* 12 (2010), Nr. 8, S. 882–889

Al-Hajj et al. 2003
AL-HAJJ, M.; WICHA, M. S.; BENITO-HERNANDEZ, A.; MORRISON, S. J.; CLARKE, M. F.: Prospective identification of tumorigenic breast cancer cells. In: *Proceedings of the National Academy of Sciences* 100 (2003), Nr. 7, S. 3983–3988

Alarcón et al. 2004
ALARCÓN, T.; BYRNE, H. M.; MAINI, P. K.: A mathematical model of the effects of hypoxia on the cell-cycle of normal and cancer cells. In: *Journal of Theoretical Biology* 229 (2004), Nr. 3, S. 395–411

Alarcón et al. 2005
ALARCÓN, T.; BYRNE, H. M.; MAINI, P. K.: A multiple scale model for tumor growth. In: *Multiscale Modeling & Simulation* 3 (2005), Nr. 2, S. 440–475

Alberts et al. 2008
ALBERTS, B.; JOHNSON, A.; LEWIS, J.; RAFF, M.; ROBERTS, K.; WALTER, P.: *Molecular biology of the cell*. 5. Auflage. New York: Garland Science, 2008

Alexander u. Walker 2011
ALEXANDER, A.; WALKER, C. L.: The role of LKB1 and AMPK in cellular responses to stress and damage. In: *FEBS Letters* 585 (2011), Nr. 7, S. 952–957

Andasari et al. 2011
ANDASARI, V.; GERISCH, A.; LOLAS, G.; SOUTH, A. P.; CHAPLAIN, M. A.: Mathematical modeling of cancer cell invasion of tissue: biological insight from mathematical analysis and computational simulation. In: *Journal of Mathematical Biology* 63 (2011), Nr. 1, S. 141–171

Anderson 2005
ANDERSON, A. R.: A hybrid mathematical model of solid tumour invasion: the importance of cell adhesion. In: *Mathematical Medicine and Biology* 22 (2005), Nr. 2, S. 163–186

Anderson u. Chaplain 1998
ANDERSON, A. R.; CHAPLAIN, M. A.: Continuous and discrete mathematical models of tumor-induced angiogenesis. In: *Bulletin of Mathematical Biology* 60 (1998), Nr. 5, S. 857–899

Anderson et al. 2009
ANDERSON, A. R.; REJNIAK, K. A.; GERLEE, P.; QUARANTA, V.: Microenvironment driven invasion: a multiscale multimodel investigation. In: *Journal of Mathematical Biology* 58 (2009), Nr. 4–5, S. 579–624

Anderson et al. 2006
ANDERSON, A. R.; WEAVER, A. M.; CUMMINGS, P. T.; QUARANTA, V.: Tumor morphology and phenotypic evolution driven by selective pressure from the microenvironment. In: *Cell* 127 (2006), Nr. 5, S. 905–915

Araujo et al. 2005
ARAUJO, R. P.; PETRICOIN, E. F.; LIOTTA, L. A.: A mathematical model of combination therapy using the EGFR signaling network. In: *Biosystems* 80 (2005), Nr. 1, S. 57–69

Athale et al. 2005
ATHALE, C.; MANSURY, Y.; DEISBOECK, T. S.: Simulating the impact of a molecular 'decision-process' on cellular phenotype and multicellular patterns in brain tumors. In: *Journal of Theoretical Biology* 233 (2005), Nr. 4, S. 469–481

Atkins u. de Paula 2006
ATKINS, P. W.; PAULA, J. de: *Physical Chemistry for the Life Sciences*. New York: Oxford University Press, 2006

Bankhead et al. 2007
BANKHEAD, A.; MAGNUSON, N. S.; HECKENDORN, R. B.: Cellular automaton simulation examining progenitor hierarchy structure effects on mammary ductal carcinoma in situ. In: *Journal of Theoretical Biology* 246 (2007), Nr. 3, S. 491–498

Barnes u. Chu 2010
BARNES, D. J.; CHU, D.: *Introduction to Modeling for Biosciences*. London: Springer, 2010

Basanta et al. 2008
BASANTA, D.; HATZIKIROU, H.; DEUTSCH, A.: Studying the emergence of invasiveness in tumours using game theory. In: *The European Physical Journal B* 63 (2008), Nr. 3, S. 393–397

Becker et al. 2011a
BECKER, S.; HEYE, A.; MANG, A.; TOMA, A.; SCHUETZ, T. A.; BUZUG, T.: A mathematical model of tumor progression and radiation therapy. In: *International Journal of Computer Assisted Radiology and Surgery, Proceedings of the 25rd International Congress and Exhibition 2011* Bd. 6. Berlin, 2011, S. 53

Becker et al. 2011b
BECKER, S.; MANG, A.; SCHUETZ, T.; TOMA, A.; BUZUG, T. M.: A mathematical model of brain tumor and normal tissue responses to radiation therapy. In: *Book of Abstracts of the 8-th European Conference on Mathematical and Theoretical Biology, and Annual Meeting of the Society for Mathematical Biology*. Krakau, 2011, S. 88

Becker et al. 2011c
BECKER, S.; MANG, A.; SCHUETZ, T. A.; TOMA, A.; BUZUG, T. M.: A mathematical framework for modeling brain tumor progression and responses to radiation therapy. In: *3 Ländertagung der ÖGMP, DGMP und SGSMP 2011 – Medizinische Physik*. Wien, 2011, S. 35

Becker et al. 2010a
BECKER, S.; MANG, A.; TOMA, A.; BUZUG, T. M.: In-silico oncology: an approximate model of brain tumor mass effect based on directly manipulated free form deformation. In: *International Journal of Computer Assisted Radiology and Surgery* 5 (2010), Nr. 6, S. 607–622

Becker et al. 2012
BECKER, S.; POPP, K.; MANG, A.; SCHUETZ, T. A.; TOMA, A.; DUNST, J.; RADES, D.; BUZUG, T. M.: A mathematical model to simulate the progression and treatment of brain metastasis. In: *Book of Abstracts of the Society for Mathematical Biology Annual Meeting and Conference 2012*. Knoxville, 2012, S. 31

Becker et al. 2011d
BECKER, S.; POPP, K.; SIEBERT, F.-A.; MANG, A.; SCHUETZ, T. A.; TOMA, A.; BUZUG, T. M.; DUNST, J.: Computer-basierte Simulation von Tumorprogression und Strahlentherapie bei Hirntumoren. In: *Strahlentherapie und Onkologie* Bd. 187, 2011, S. 120

Becker et al. 2010b
BECKER, S.; TOMA, A.; MANG, A.; SCHUETZ, T. A.; BUZUG, T. M.: Ein kontinuierlicher Ansatz zur nährstoffbasierten Modellierung von Tumorwachstum und Angiogenese. In: *Biomedizinische Technik/Biomedical Engineering* Bd. 55, 2010, S. 135–138

Bellomo et al. 2008
BELLOMO, N.; LI, N. K.; MAINI, P. K.: On the foundations of cancer modelling: selected topics, speculations, and perspectives. In: *Mathematical Models and Methods in Applied Sciences* 18 (2008), Nr. 4, S. 593–646

Bentele et al. 2004
BENTELE, M.; LAVRIK, I.; ULRICH, M.; STÖSSER, S.; HEERMANN, D. W.; KALTHOFF, H.; KRAMMER, P. H.; EILS, R.: Mathematical modeling reveals threshold mechanism in CD95-induced apoptosis. In: *The Journal of Cell Biology* 166 (2004), Nr. 6, S. 839–851

Billy et al. 2009
BILLY, F.; RIBBA, B.; SAUT, O.; MORRE-TROUILHET, H.; COLIN, T.; BRESCH, D.; BOISSEL, J.-P.; GRENIER, E.; FLANDROIS, J.-P.: A pharmacologically-based multiscale mathematical model of angiogenesis and its use in investigating the efficacy of a new cancer treatment strategy. In: *Journal of Theoretical Biology* 260 (2009), Nr. 4, S. 545–562

Bisswanger 2008
BISSWANGER, H.: *Enzyme Kinetics. Principles and Methods*. 2. Auflage. Weinheim: Wiley-VCH, 2008

Bodey et al. 2004
BODEY, B.; SIEGEL, S.; KAISER, H. E.: *Molecular Markers of Brain Tumor Cells*. Dordrecht: Kluwer Academic Publishers, 2004

Bonavia et al. 2011
BONAVIA, R.; INDA, M.-d.-M.; CAVENEE, W. K.; FURNARI, F. B.: Heterogeneity maintenance in glioblastoma: a social network. In: *Cancer Research* 71 (2011), Nr. 12, S. 4055–4060

Bonnet u. Dick 1997
BONNET, D.; DICK, J. E.: Human acute myeloid leukemia is organized as a hierarchy that originates from a primitive hematopoietic cell. In: *Nature Medicine* 3 (1997), Nr. 7, S. 730–737

Boudeau et al. 2003
BOUDEAU, J.; F.BAAS, A.; DEAK, M.; A.MORRICE, N.; KIELOCH, A.; SCHUTKOWSKI, M.; PRESCOTT, A. R.; CLEVERS, H. C.; ALESSI, D. R.: MO25α/β interact with STRADα/β enhancing their ability to bind, activate and localize LKB1 in the cytoplasm. In: *The EMBO Journal* 22 (2003), Nr. 19, S. 5102–5114

Briggs u. Haldane 1925
BRIGGS, G. E.; HALDANE, J. B.: A note on the kinetics of enzyme action. In: *Biochemical Journal* 19 (1925), Nr. 2, S. 338–339

Bright et al. 2009
BRIGHT, N. J.; THORNTON, C.; CARLING, D.: The regulation and function of mammalian AMPK-related kinases. In: *Acta Physiologica* 196 (2009), Nr. 1, S. 15–26

Byrne u. Drasdo 2009
BYRNE, H.; DRASDO, D.: Individual-based and continuum models of growing cell populations: a comparison. In: *Journal of Mathematical Biology* 58 (2009), Nr. 4–5, S. 657–687

Campbell et al. 2008
CAMPBELL, N. A.; REECE, J. B.; URRY, L. A.; CAIN, M. L.; WASSERMANN, S. A.; MINORSKY, P. V.; JACKSON, R. B.: *Biology*. 8. Auflage. San Francisco: Pearson Education, 2008

Casciari et al. 1988
CASCIARI, J. J.; SOTIRCHOS, S. V.; SUTHERLAND, R. M.: Glucose diffusivity in multicellular tumor spheroids. In: *Cancer Research* 48 (1988), Nr. 14, S. 3905–3909

Chen et al. 2009
CHEN, L. L.; ZHANG, L.; YOON, J.; DEISBOECK, T. S.: Cancer cell motility: optimizing spatial search strategies. In: *Biosystems* 95 (2009), Nr. 3, S. 234–242

Claes et al. 2007
CLAES, A.; IDEMA, A.; WESSELING, P.: Diffuse glioma growth: a guerilla war. In: *Acta Neuropathol.* 114 (2007), Nr. 5, S. 443–458

Clatz et al. 2005
CLATZ, O.; SERMESANT, M.; BONDIAU, P. Y.; DELINGETTE, H.; WARFIELD, S. K.; MALANDAIN, G.; AYACHE, N.: Realistic simulation of the 3-D growth of brain tumors in MR images coupling diffusion with biomechanical deformation. In: *IEEE Transactions on Medical Imaging* 24 (2005), Nr. 10, S. 1334–1346

Das et al. 2008
DAS, S.; SRIKANTH, M.; KESSLER, J. A.: Cancer stem cells and glioma. In: *Nature Clinical Practice. Neurology* 4 (2008), Nr. 8, S. 427–435

Deisboeck u. Stamatakos 2011
DEISBOECK, T. S. (Hrsg.); STAMATAKOS, G. S. (Hrsg.): *Multiscale Cancer Modeling*. Boca Raton: CRC Press, 2011 (Chapman & Hall/CRC Mathematical & Computational Biology)

Deisboeck et al. 2011
DEISBOECK, T. S.; WANG, Z.; MACKLIN, P.; CRISTINI, V.: Multiscale cancer modeling. In: *Annual Review of Biomedical Engineering* 13 (2011), S. 127–155

Deroulers et al. 2009
DEROULERS, C.; AUBERT, M.; BADOUAL, M.; GRAMMATICOS, B.: Modeling tumor cell migration: from microscopic to macroscopic models. In: *Physical Review E* 79 (2009), Nr. 3, Ref.# 031917

Dingwell 2006
DINGWELL, J. B.: Lyapunov exponents. In: AKAY, M. (Hrsg.): *Wiley Encyclopedia of Biomedical Engineering*. 1. Auflage. Hoboken: John Wiley & Sons, 2006

Dolecek et al. 2012
DOLECEK, T. A.; PROPP, J. M.; STROUP, N. E.; KRUCHKO, C.: CBTRUS statistical report: primary brain and central nervous system tumors diagnosed in the united states in 2005-2009. In: *Neuro-Oncology* 14 (2012), suppl 5, S. v1–v49

Dormann u. Deutsch 2002
DORMANN, S.; DEUTSCH, A.: Modeling of self-organized avascular tumor growth with a hybrid cellular automaton. In: *In Silico Biology* 2 (2002), Nr. 3, S. 393–406

Dräger et al. 2008
DRÄGER, A.; HASSIS, N.; SUPPER, J.; SCHRÖDER, A.; ZELL, A.: SBMLsqueezer: a CellDesigner plug-in to generate kinetic rate equations for biochemical networks. In: *BMC Systems Biology* 2 (2008), Nr. 1, S. 39

Dräger et al. 2010
DRÄGER, A.; SCHRÖDER, A.; ZELL, A.: Automating mathematical modeling of biochemical reaction networks. In: CHOI, S. (Hrsg.): *Systems Biology for Signaling Networks* Bd. 1. New York: Springer, 2010, Kapitel 7

Drasdo u. Hoehme 2005
DRASDO, D.; HOEHME, S.: A single-cell-based model of tumor growth in vitro: monolayers and spheroids. In: *Physical Biology* 2 (2005), Nr. 3, S. 133

Droz 1992
DROZ, P. O.: Quantification of biological variability. In: *Annals of Occupational Hygiene* 36 (1992), Nr. 3, S. 295–306

Dubuc et al. 2012
DUBUC, A. M.; MACK, S.; UNTERBERGER, A.; NORTHCOTT, P. A.; TAYLOR, M. D.: The epigenetics of brain tumors. In: DUMITRESCU, R. G. (Hrsg.); VERMA, M. (Hrsg.): *Cancer Epigenetics* Bd. 863. New York: Humana Press, 2012, Kapitel 8, S. 139–153

Eckmann u. Ruelle 1985
ECKMANN, J. P.; RUELLE, D.: Ergodic theory of chaos and strange attractors. In: *Reviews of Modern Physics* 57 (1985), Nr. 3, S. 617–656

Enderling u. Hahnfeldt 2011
ENDERLING, H.; HAHNFELDT, P.: Cancer stem cells in solid tumors: is 'evading apoptosis' a hallmark of cancer? In: *Progress in Biophysics and Molecular Biology* 106 (2011), Nr. 2, S. 391–399

Enderling et al. 2013
ENDERLING, H.; HLATKY, L.; HAHNFELDT, P.: Cancer stem cells: a minor cancer subpopulation that redefines global cancer features. In: *Frontiers in Oncology* 3 (2013), Nr. 76

Enderling et al. 2009
ENDERLING, H.; PARK, D.; HLATKY, L.; HAHNFELDT, P.: The importance of spatial distribution of stemness and proliferation state in determining tumor radioresponse. In: *Mathematical Modelling of Natural Phenomena* 4 (2009), Nr. 3, S. 117–133

Esquela-Kerscher 2011
ESQUELA-KERSCHER, A.: MicroRNAs function as tumor suppressor genes and oncogenes. In: SLACK, F. J. (Hrsg.): *MicroRNAs in Development and Cancer* Bd. 1. London: Imperial College Press, 2011, Kapitel 6, S. 149–184

Esquela-Kerscher et al. 2008
ESQUELA-KERSCHER, A.; TRANG, P.; WIGGINS, J. F.; PATRAWALA, L.; CHENG, A.; FORD, L.; WEIDHAAS, J. B.; BROWN, D.; BADER, A. G.; SLACK, F. J.: The let-7 microRNA reduces tumor growth in mouse models of lung cancer. In: *Cell Cycle* 7 (2008), Nr. 6, S. 759–764

Fick 1855
FICK, A.: Ueber Diffusion. In: *Annalen der Physik* 170 (1855), Nr. 1, S. 59–86

Fontana et al. 2008
FONTANA, L.; FIORI, M. E.; ALBINI, S.; CIFALDI, L.; GIOVINAZZI, S.; FORLONI, M.; BOLDRINI, R.; DONFRANCESCO, A.; FEDERICI, V.; GIACOMINI, P.; PESCHLE, C.; FRUCI, D.: Antagomir-17-5p abolishes the growth of therapy-resistant neuroblastoma through p21 and BIM. In: *PLoS ONE* 3 (2008), Nr. 5, Ref.# e2236

Frank et al. 2010
FRANK, N. Y.; SCHATTON, T.; FRANK, M. H.: The therapeutic promise of the cancer stem cell concept. In: *Journal of Clinical Investigation* 120 (2010), Nr. 1, S. 41–50

Friedman et al. 2009
FRIEDMAN, R. C.; FARH, K. K.; BURGE, C. B.; BARTEL, D. P.: Most mammalian mRNAs are conserved targets of microRNAs. In: *Genome Research* 19 (2009), Nr. 1, S. 92–105

Furnari et al. 2007
FURNARI, F. B.; FENTON, T.; BACHOO, R. M.; MUKASA, A.; STOMMEL, J. M.; STEGH, A.; HAHN, W. C.; LIGON, K. L.; LOUIS, D. N.; BRENNAN, C.; CHIN, L.; DEPINHO, R. A.; CAVENEE, W. K.: Malignant astrocytic glioma: genetics, biology, and paths to treatment. In: *Genes & Development* 21 (2007), S. 2683–2710

Galle et al. 2005
GALLE, J.; LOEFFLER, M.; DRASDO, D.: Modeling the effect of deregulated proliferation and apoptosis on the growth dynamics of epithelial cell populations in vitro. In: *Biophysical Journal* 88 (2005), Nr. 1, S. 62–75

Galle et al. 2006
GALLE, J.; SITTIG, D.; HANISCH, I.; WOBUS, M.; WANDEL, E.; LOEFFLER, M.; AUST, G.: Individual cell-based models of tumor-evironment interactions: multiple effects of {CD97} on tumor invasion. In: *The American Journal of Pathology* 169 (2006), Nr. 5, S. 1802–1811

Galli et al. 2004
GALLI, R.; BINDA, E.; ORFANELLI, U.; CIPELLETTI, B.; GRITTI, A.; DE VITIS, S.; FIOCCO, R.; FORONI, C.; DIMECO, F.; VESCOVI, A.: Isolation and characterization of tumorigenic, stem-like neural precursors from human glioblastoma. In: *Cancer Research* 64 (2004), Nr. 19, S. 7011–7021

Gao et al. 2013
GAO, X.; MCDONALD, J. T.; HLATKY, L.; ENDERLING, H.: Acute and fractionated irradiation differentially modulate glioma stem cell division kinetics. In: *Cancer Research* 73 (2013), Nr. 5, S. 1481–1490

Gerlee u. Anderson 2009
GERLEE, P.; ANDERSON, A.: Evolution of cell motility in an individual-based model of tumour growth. In: *Journal of Theoretical Biology* 259 (2009), Nr. 1, S. 67–83

Gevertz u. Torquato 2009
GEVERTZ, J.; TORQUATO, S.: Growing heterogeneous tumors in silico. In: *Physical Review E* 80 (2009), Nr. 5, Ref.# 051910

Giese et al. 1996
GIESE, A.; LOO, M. A.; TRAN, N.; HASKETT, D.; COONS, S. W.; BERENS, M. E.: Dichotomy of astrocytoma migration and proliferation. In: *International Journal of Cancer* 67 (1996), Nr. 2, S. 275–282

Godlewski et al. 2010
GODLEWSKI, J.; NOWICKI, M. O.; BRONISZ, A.; NUOVO, G.; PALATINI, J.; LAY, M. D.; BROCKLYN, J. V.; OSTROWSKI, M. C.; CHIOCCA, E. A.; LAWLER, S. E.: MicroRNA-451 regulates LKB1/AMPK signaling and allows adaptation to metabolic stress in glioma cells. In: *Molecular Cell* 37 (2010), Nr. 5, S. 620–632

Greaves u. Maley 2012
GREAVES, M.; MALEY, C. C.: Clonal evolution in cancer. In: *Nature* 481 (2012), Nr. 7381, S. 306–313

Greiner 2008
GREINER, W.: *Klassische Mechanik II*. 8. Auflage. Frankfurt a. M.: Verlag Harri Deutsch, 2008 (Theoretische Physik)

Greve et al. 2012
GREVE, B.; BÖLLING, T.; AMLER, S.; RÖSSLER, U.; GOMOLKA, M.; MAYER, C.; POPANDA, O.; DREFFKE, K.; RICKINGER, A.; FRITZ, E.; ECKARDT-SCHUPP, F.; SAUERLAND, C.; BRASELMANN, H.; SAUTER, W.; ILLIG, T.; RIESENBECK, D.; KÖNEMANN, S.; WILLICH, N.; MÖRTL, S.; EICH, H. T.; SCHMEZER, P.: Evaluation of different biomarkers to predict individual radiosensitivity in an inter-laboratory comparison -- lessons for future studies. In: *PLoS ONE* 7 (2012), Nr. 10, Ref.# e47185

Grüne u. Junge 2009
GRÜNE, L.; JUNGE, O.: *Gewöhnliche Differentialgleichungen*. Wiesbaden: Vieweg+Teubner, 2009

Gwinn et al. 2008
GWINN, D. M.; SHACKELFORD, D. B.; EGAN, D. F.; MIHAYLOVA, M. M.; MERY, A.; VASQUEZ, D. S.; TURK, B. E.; SHAW, R. J.: AMPK phosphorylation of raptor mediates a metabolic checkpoint. In: *Molecular Cell* 30 (2008), Nr. 2, S. 214–226

Hanahan u. Weinberg 2000
HANAHAN, D.; WEINBERG, R.: The hallmarks of cancer. In: *Cell* 100 (2000), Nr. 1, S. 57–70

Hanahan u. Weinberg 2011
HANAHAN, D.; WEINBERG, R. A.: Hallmarks of cancer: the next generation. In: *Cell* 144 (2011), Nr. 5, S. 646–674

Hardie et al. 1999
HARDIE, D. G.; SALT, I. P.; HAWLEY, S. A.; DAVIES, S. P.: AMP-activated protein kinase: an ultrasensitive system for monitoring cellular energy charge. In: *Biochemical Journal* 338 (1999), Nr. 3, S. 717–722

Hawley et al. 2003
HAWLEY, S. A.; BOUDEAU, J.; REID, J. L.; MUSTARD, K. J.; UDD, L.; MÄKELÄ, T. P.; ALESSI, D. R.; HARDIE, D. G.: Complexes between the LKB1 tumor suppressor, STRADα/β and MO25α/β are upstream kinases in the AMP-activated protein kinase cascade. In: *Journal of Biology* 2 (2003), Nr. 4, S. 28

Hegedüs et al. 2000
HEGEDÜS, B.; CZIRÓK, A.; FAZEKAS, I.; BÁBEL, T.; MADARÁSZ, E.; VICSEK, T.: Locomotion and proliferation of glioblastoma cells in vitro: statistical evaluation of videomicroscopic observations. In: *Journal of Neurosurgery* 92 (2000), Nr. 3, S. 428–434

Hegi et al. 2005
HEGI, M. E.; DISERENS, A.-C.; AL., T. G.: MGMT gene silencing and benefit from temolzolomide in glioblastoma. In: *New England Journal of Medicine* 352 (2005), Nr. 10, S. 997–1003

Heinrich u. Schuster 1996
HEINRICH, R.; SCHUSTER, S.: *The regulation of cellular systems*. New York: Chapman & Hall, 1996

Heye et al. 2011a
HEYE, A.; BECKER, S.; MANG, A.; SCHUETZ, T.; TOMA, A.; BUZUG, T.: Ein kontinuierlicher Ansatz zur Modellierung von Tumorwachstum und Strahlentherapie. In: HANDELS, H. (Hrsg.); EHRHARDT, J. (Hrsg.); DESERNO, T. M. (Hrsg.); MEINZER, H.-P. (Hrsg.); TOLXDORFF, T. (Hrsg.): *Bildverarbeitung für die Medizin 2011*. Berlin: Springer, 2011 (Informatik aktuell), S. 384–388

Heye et al. 2011b
HEYE, A.; BECKER, S.; MANG, A.; SCHUETZ, T. A.; TOMA, A.; BUZUG, T. M.: A continuous model of tumour progression and radiotherapy. In: *Biomedizinische Technik/Biomedical Engineering* Bd. 56, 2011

Hindmarsh 1983
HINDMARSH, A. C.: ODEPACK, a systematized collection of ODE solvers. In: STEPLEMAN, R. S. (Hrsg.): *IMACS Transactions on Scientific Computation* Bd. 1. North-Holland, Amsterdam: Scientific Computing, 1983, S. 55–64

Hogea et al. 2007
HOGEA, C.; BIROS, G.; ABRAHAM, F.; DAVATZIKOS, C.: A robust framework for soft tissue simulations with application to modeling brain tumor mass effect in 3D MR images. In: *Physics in Medicine and Biology* 52 (2007), Nr. 23, S. 6893–6908

Huang et al. 2010
HUANG, Z.; CHENG, L.; GURYANOVA, O. A.; WU, Q.; BAO, S.: Cancer stem cells in glioblastoma – molecular signaling and therapeutic targeting. In: *Protein Cell* 1 (2010), Nr. 7, S. 638–655

Inoki et al. 2003
INOKI, K.; LI, Y.; XU, T.; GUAN, K.-L.: Rheb GTPase is a direct target of TSC2 GAP activity and regulates mTOR signaling. In: *Genes & Development* 17 (2003), Nr. 15, S. 1829–1834

Inoki et al. 2006
INOKI, K.; OUYANG, H.; ZHU, T.; LINDVALL, C.; WANG, Y.; ZHANG, X.; YANG, Q.; BENNETT, C.; HARADA, Y.; STANKUNAS, K.; WANG, C. Y.; HE, X.; MACDOUGALD, O. A.; YOU, M.; WILLIAMS, B. O.; GUAN, K. L.: TSC2 integrates Wnt and energy signals via a coordinated phosphorylation by AMPK and GSK3 to regulate cell growth. In: *Cell* 126 (2006), Nr. 5, S. 955–968

Jiang et al. 2005
JIANG, Y.; PJESIVAC-GRBOVIC, J.; CANTRELL, C.; FREYER, J. P.: A multiscale model for avascular tumor growth. In: *Biophysical Journal* 89 (2005), Nr. 6, S. 3884–3894

Jiao u. Torquato 2011
JIAO, Y.; TORQUATO, S.: Emergent behaviors from a cellular automaton model for invasive tumor growth in heterogeneous microenvironments. In: *PLoS Computational Biology* 7 (2011), Nr. 12, Ref.# e1002314

Joshi et al. 2012
JOSHI, A. D.; LOILOME, W.; SIU, I. M.; TYLER, B.; GALLIA, G. L.; RIGGINS, G. J.: Evaluation of tyrosine kinase inhibitor combinations for glioblastoma therapy. In: *PLoS ONE* 7 (2012), Nr. 10, Ref.# e44372

Kahn et al. 2005
KAHN, B. B.; ALQUIER, T.; CARLING, D.; HARDIE, D. G.: AMP-activated protein kinase: ancient energy gauge provides clues to modern understanding of metabolism. In: *Cell Metabolism* 1 (2005), Nr. 1, S. 15–25

Karsy et al. 2012
KARSY, M.; ARSLAN, E.; MOY, F.: Current progress on understanding microRNAs in glioblastoma multiforme. In: *Genes & Cancer* 3 (2012), Nr. 1, S. 3–15

Kim et al. 2002
KIM, D.-H.; SARBASSOV, D. D.; ALI, S. M.; KING, J. E.; LATEK, R. R.; ERDJUMENT-BROMAGE, H.; TEMPST, P.; SABATINI, D. M.: mTOR interacts with raptor to form a nutrient-sensitive complex that signals to the cell growth machinery. In: *Cell* 110 (2002), Nr. 2, S. 163–175

Kim u. Dang 2006
KIM, J.-W.; DANG, C. V.: Cancer's molecular sweet tooth and the Warburg effect. In: *Cancer Research* 66 (2006), Nr. 18, S. 8927–8930

Kim u. Lee 2012
KIM, P. S.; LEE, P. P.: Modeling protective anti-tumor immunity via preventative cancer vaccines using a hybrid agent-based and delay differential equation approach. In: *PLoS Computational Biology* 8 (2012), Nr. 10, Ref.# e1002742

Klipp et al. 2009
KLIPP, E.; LIEBERMEISTER, W.; WIERLING, C.; KOWALD, A.; LEHRACH, H.; HERWIG, R.: *Systems Biology: A Textbook*. Weinheim: Wiley-VCH, 2009

Königsberger 2002
KÖNIGSBERGER, K.: *Analysis 2*. 3. Auflage. Berlin: Springer-Verlag, 2002

Konukoglu et al. 2010
KONUKOGLU, E.; CLATZ, O.; MENZE, B.; STIELTJES, B.; WEBER, M.-A.; MANDONNET, E.; DELINGETTE, H.; AYACHE, N.: Image guided personalization of reaction-diffusion type tumor growth models using modified anisotropic eikonal equations. In: *IEEE Transactions on Medical Imaging* 29 (2010), Nr. 1, S. 77–95

Kozomara u. Griffiths-Jones 2011
KOZOMARA, A.; GRIFFITHS-JONES, S.: miRBase: integrating microRNA annotation and deep-sequencing data. In: *Nucleic Acids Research* 39 (2011), suppl 1, S. D152–D157

Krex et al. 2007
KREX, D.; KLINK, B.; HARTMANN, C.; DEIMLING, A. von; PIETSCH, T.; SIMON, M.; SABEL, M.; STEINBACH, J. P.; HEESE, O.; REIFENBERGER, G.; WELLER, M.; SCHACKERT, G.; GERMAN GLIOMA NETWORK for t.: Long-term survival with glioblastoma multiforme. In: *Brain* 130 (2007), Nr. 10, S. 2596–2606

Kumar et al. 2013
KUMAR, G.; BREEN, E.; RANGANATHAN, S.: Identification of ovarian cancer associated genes using an integrated approach in a Boolean framework. In: *BMC Systems Biology* 7 (2013), Nr. 1, S. 12

Laird 1964
LAIRD, A. K.: Dynamics of tumor growth. In: *British Journal of Cancer* 18 (1964), S. 490–502

Lakomy et al. 2011
LAKOMY, R.; SANA, J.; HANKEOVA, S.; FADRUS, P.; KREN, L.; LZICAROVA, E.; SVOBODA, M.; DOLEZELOVA, H.; SMRCKA, M.; VYZULA, R.; MICHALEK, J.; HAJDUCH, M.; SLABY, O.: MiR-195, miR-196b, miR-181c, miR-21 expression levels and O-6-methylguanine-DNA methyltransferase methylation status are associated with clinical outcome in glioblastoma patients. In: *Cancer Science* 102 (2011), Nr. 12, S. 2186–2190

Layek et al. 2011
LAYEK, R.; DATTA, A.; BITTNER, M.; DOUGHERTY, E. R.: Cancer therapy design based on pathway logic. In: *Bioinformatics* 27 (2011), Nr. 4, S. 548–555

Lee et al. 2007
LEE, J. H.; KOH, H.; KIM, M.; KIM, Y.; LEE, S. Y.; KARESS, R. E.; LEE, S.-H.; SHONG, M.; KIM, J.-M.; KIM, J.; CHUNG, J.: Energy-dependent regulation of cell structure by AMP-activated protein kinase. In: *Nature* 447 (2007), Nr. 7147, S. 1017–1020

Li et al. 2005
LI, S.; GUAN, J. L.; CHIEN, S.: Biochemistry and biomechanics of cell motility. In: *Annual Review of Biomedical Engineering* 7 (2005), Nr. 1, S. 105–150

Lignet et al. 2013
LIGNET, F.; CALVEZ, V.; GRENIER, E.; RIBBA, B.: A structural model of the VEGF signalling pathway: emergence of robustness and redundancy properties. In: *Mathematical Biosciences and Engineering* 10 (2013), Nr. 1, S. 167–184

Lin u. Khatri 2012
LIN, P.-C.; KHATRI, S.: Application of Max-SAT-based ATPG to optimal cancer therapy design. In: *BMC Genomics* 13 (2012), suppl 6, S. S5

Lizcano et al. 2004
LIZCANO, J. M.; GÖRANSSON, O.; TOTH, R.; DEAK, M.; MORRICE, N. A.; BOUDEAU, J.; HAWLEY, S. A.; UDD, L.; MÄKELÄ, T. P.; HARDIE, G.; ALESSI, D. R.: LKB1 is a master kinase that activates 13 kinases of the AMPK subfamily, including MARK/PAR-1. In: *The EMBO Journal* 23 (2004), Nr. 4, S. 833–843

Lollini et al. 2006
LOLLINI, P.-L.; MOTTA, S.; PAPPALARDO, F.: Modeling tumor immunology. In: *Mathematical Models and Methods in Applied Sciences* 16 (2006), supp01, S. 1091–1124

Mallet u. De Pillis 2006
MALLET, D.; DE PILLIS, L.: A cellular automata model of tumor–immune system interactions. In: *Journal of Theoretical Biology* 239 (2006), Nr. 3, S. 334–350

Mang et al. 2011a
MANG, A.; BECKER, S.; TOMA, A.; POLZIN, T.; SCHUETZ, T. A.; BUZUG, T. M.: Modellierung tumorinduzierter Gewebedeformation als Optimierungsproblem mit weicher Nebenbedingung. In: HANDELS, H. (Hrsg.); EHRHARDT, J. (Hrsg.); DESERNO, T. M. (Hrsg.); MEINZER, H.-P. (Hrsg.); TOLXDORFF, T. (Hrsg.): *Bildverarbeitung für die Medizin 2011*. Berlin: Springer, 2011 (Informatik aktuell), S. 294–298

Mang et al. 2011b
MANG, A.; BECKER, S.; TOMA, A.; SCHUETZ, T.; KUECHLER, J.; TRONNIER, V.; BONSANTO, M.; BUZUG, T.: A model of tumour induced brain deformation as bio-physical prior for non-rigid image registration. In: *Proceedings of the 2011 IEEE International Symposium on Biomedical Imaging: From Nano to Macro*, 2011, S. 578–581

Mang et al. 2012a
MANG, A.; SCHUETZ, T.; TOMA, A.; BECKER, S.; BUZUG, T. M.: An efficient, variational non-parametric model of tumour induced brain deformation to aid non-diffeomorphic image registration. In: *Proceedings of the 2012 9th IEEE*

International Symposium on Biomedical Imaging: From Nano to Macro, 2012, S. 732–735

Mang et al. 2012b
MANG, A.; SCHUETZ, T. A.; BECKER, S.; TOMA, A.; BUZUG, T. M.: Cyclic numerical time integration in variational non-rigid image registration based on quadratic regularisation. In: GOESELE, M. (Hrsg.); GROSCH, T. (Hrsg.); THEISEL, H. (Hrsg.); TOENNIES, K. (Hrsg.); PREIM, B. (Hrsg.): *Proceedings of the 17-th International Workshop on Vision, Modeling and Visualization*. Magdeburg, 2012, S. 143–150

Mang et al. 2012c
MANG, A.; SCHUETZ, T. A.; TOMA, A.; BECKER, S.; BUZUG, T. M.: Ein dämonenartiger Ansatz zur Modellierung tumorinduzierter Gewebedeformation als Prior für die nicht-rigide Bildregistrierung. In: TOLXDORFF, T. (Hrsg.); DESERNO, T. M. (Hrsg.); HANDELS, H. (Hrsg.); MEINZER, H.-P. (Hrsg.): *Bildverarbeitung für die Medizin 2012*. Berlin: Springer, 2012 (Informatik aktuell), S. 422–427

Mang et al. 2013
MANG, A.; STRITZEL, J.; TOMA, A.; BECKER, S.; SCHUETZ, T.; BUZUG, T.: Personalisierte Modellierung der Progression primärer Hirntumoren als Optimierungsproblem mit Differentialgleichungsnebenbedingung. In: MEINZER, H.-P. (Hrsg.); DESERNO, T. M. (Hrsg.); HANDELS, H. (Hrsg.); TOLXDORFF, T. (Hrsg.): *Bildverarbeitung für die Medizin 2013*. Berlin: Springer, 2013 (Informatik aktuell), S. 57–62

Mang et al. 2011c
MANG, A.; TOMA, A.; BECKER, S.; SCHUETZ, T. A.; BUZUG, T. M.: Exploiting analytical derivatives for volume-constrained parametric non-rigid image registration. In: *Biomedizinische Technik/Biomedical Engineering* Bd. 56, 2011

Mang et al. 2011d
MANG, A.; TOMA, A.; BECKER, S.; SCHUETZ, T. A.; BUZUG, T. M.: Modellierung von Tumorwachstum: Über stabile explizite und implizite numerische Verfahren zur Lösung eines Anfangsrandwertproblems. In: *3 Ländertagung der ÖGMP, DGMP und SGSMP 2011 – Medizinische Physik*. Wien, 2011, S. 88–89

Mang et al. 2012d
MANG, A.; TOMA, A.; BECKER, S.; SCHUETZ, T. A.; BUZUG, T. M.: Fast explicit variational diffusion registration. In: *Biomedizinische Technik/Biomedical Engineering* Bd. 57, 2012, S. 46

Mang et al. 2012e
MANG, A.; TOMA, A.; SCHUETZ, T. A.; BECKER, S.; BUZUG, T. M.: Eine effiziente Parallel-Implementierung eines stabilen Euler-Cauchy-Verfahrens für die Modellierung von Tumorwachstum. In: TOLXDORFF, T. (Hrsg.); DESERNO, T. M.

(Hrsg.); HANDELS, H. (Hrsg.); MEINZER, H.-P. (Hrsg.): *Bildverarbeitung für die Medizin 2012*. Berlin: Springer, 2012 (Informatik aktuell), S. 63–68

Mang et al. 2012f
MANG, A.; TOMA, A.; SCHUETZ, T. A.; BECKER, S.; BUZUG, T. M.: A generic framework for modeling brain deformation as a constrained parametric optimization problem to aid non-diffeomorphic image registration in brain tumor imaging. In: *Methods of Information in Medicine* 51 (2012), Nr. 5, S. 429–440

Mang et al. 2012g
MANG, A.; TOMA, A.; SCHUETZ, T. A.; BECKER, S.; MOHR, C.; ECKEY, T.; PETERSEN, D.; BUZUG, T. M.: Biophysical modeling of brain tumor progression: from unconditionally stable explicit time integration to an inverse problem with parabolic PDE constraints for model calibration. In: *Medical Physics* 38 (2012), Nr. 7, S. 4444–4460

Materi u. Wishart 2007
MATERI, W.; WISHART, D. S.: Computational systems biology in cancer: modeling methods and applications. In: *Gene Regulation and Systems Biology* (2007), S. 91–110

Mayawala et al. 2005
MAYAWALA, K.; VLACHOS, D.; EDWARDS, J.: Computational modeling reveals molecular details of epidermal growth factor binding. In: *BMC Cell Biology* 6 (2005), Nr. 1, S. 41

McDermott u. Settleman 2009
MCDERMOTT, U.; SETTLEMAN, J.: Personalized cancer therapy with selective kinase inhibitors: an emerging paradigm in medical oncology. In: *Journal of Clinical Oncology* 27 (2009), Nr. 33, S. 5650–5659

Menten u. Michaelis 1913
MENTEN, L.; MICHAELIS, M. I.: Die Kinetik der Invertinwirkung. In: *Biochemische Zeitschrift* 49 (1913), S. 333–369

Merritt et al. 2008
MERRITT, W. M.; LIN, Y. G.; HAN, L. Y.; KAMAT, A. A.; SPANNUTH, W. A.; SCHMANDT, R.; URBAUER, D.; PENNACCHIO, L. A.; CHENG, J. F.; NICK, A. M.; DEAVERS, M. T.; MOURAD-ZEIDAN, A.; WANG, H.; MUELLER, P.; LENBURG, M. E.; GRAY, J. W.; MOK, S.; BIRRER, M. J.; LOPEZ-BERESTEIN, G.; COLEMAN, R. L.; BAR-ELI, M.; SOOD, A. K.: Dicer, Drosha, and outcomes in patients with ovarian cancer. In: *New England Journal of Medicine* 359 (2008), Nr. 25, S. 2641–2650

Murray 2002
MURRAY, J.: *Mathematical Biology*. Bd. II: Spatial models and biomedical applications. 3. Auflage. Berlin: Springer, 2002

Nagaraj u. Reverter 2011
NAGARAJ, S.; REVERTER, A.: A boolean-based systems biology approach to predict novel genes associated with cancer: application to colorectal cancer. In: *BMC Systems Biology* 5 (2011), Nr. 1, S. 35

Noll et al. 2000
NOLL, T.; MUHLENSIEPEN, H.; ENGELS, R.; HAMACHER, K.; PAPASPYROU, M.; LANGEN, K. J.; BISELLI, M.: A cell-culture reactor for the on-line evaluation of radiopharmaceuticals: evaluation of the lumped constant of FDG in human glioma cells. In: *Journal of Nuclear Medicine* 41 (2000), Nr. 3, S. 556–564

O'Brien et al. 2007
O'BRIEN, C. A.; POLLETT, A.; GALLINGER, S.; DICK, J. E.: A human colon cancer cell capable of initiating tumour growth in immunodeficient mice. In: *Nature* 445 (2007), Nr. 7123, S. 106–110

Owen et al. 2009
OWEN, M. R.; ALARCON, T.; MAINI, P. K.; BYRNE, H. M.: Angiogenesis and vascular remodelling in normal and cancerous tissues. In: *Journal of Mathematical Biology* 58 (2009), Nr. 4–5, S. 689–721

Palsson 2011
PALSSON, B. O.: *Systems Biology – Simulation of Dynamic Network States*. New York: Cambridge University Press, 2011

Paranjape et al. 2011
PARANJAPE, T.; CHOI, J.; WEIDHAAS, J. B.: MicroRNAs as potential diagnostics and therapeutics. In: SLACK, F. J. (Hrsg.): *MicroRNAs in Development and Cancer* Bd. 1. London: Imperial College Press, 2011, Kapitel 9, S. 149–184

Perfahl et al. 2011
PERFAHL, H.; BYRNE, H. M.; CHEN, T.; ESTRELLA, V.; ALARCÓN, T.; LAPIN, A.; GATENBY, R. A.; GILLIES, R. J.; LLOYD, M. C.; MAINI, P. K.; REUSS, M.; OWEN, M. R.: Multiscale modelling of vascular tumour growth in 3D: the roles of domain size and boundary conditions. In: *PLoS ONE* 6 (2011), Nr. 4, Ref.# e14790

Petzold 1983
PETZOLD, L.: Automatic selection of methods for solving stiff and nonstiff systems of ordinary differential equations. In: *SIAM Journal on Scientific and Statistical Computing* 4 (1983), Nr. 1, S. 136–148

Piotrowska u. Angus 2009
PIOTROWSKA, M. J.; ANGUS, S. D.: A quantitative cellular automaton model of in vitro multicellular spheroid tumour growth. In: *Journal of Theoretical Biology* 258 (2009), Nr. 2, S. 165–178

Plate et al. 2012
PLATE, K. H.; SCHOLZ, A.; DUMONT, D. J.: Tumor angiogenesis and anti-angiogenic therapy in malignant gliomas revisited. In: *Acta Neuropathol.* 124 (2012), Nr. 6, S. 763–775

Poplawski et al. 2010
POPLAWSKI, N. J.; SHIRINIFARD, A.; AGERO, U.; GENS, J. S.; SWAT, M.; GLAZIER, J. A.: Front instabilities and invasiveness of simulated 3D avascular tumors. In: *PLoS ONE* 5 (2010), Nr. 5, Ref.# e10641

Purvis et al. 2011
PURVIS, J. E.; SHIH, A. J.; LIU, Y.; RADHAKRISHNAN, R.: Cancer cell: linking oncogenic signaling to molecular structure. In: DEISBOECK, T. S. (Hrsg.); STAMATAKOS, G. S. (Hrsg.): *Multiscale Cancer Modeling*. London: CRC Press, 2011, S. 31–44

Rabitz et al. 1983
RABITZ, H.; KRAMER, M.; DACOL, D.: Sensitivity analysis in chemical kinetics. In: *Annual Review of Physical Chemistry* 34 (1983), Nr. 1, S. 419–461

Ramis-Conde et al. 2009
RAMIS-CONDE, I.; CHAPLAIN, M. A. J.; ANDERSON, A. R. A.; DRASDO, D.: Multi-scale modelling of cancer cell intravasation: the role of cadherins in metastasis. In: *Physical Biology* 6 (2009), Nr. 1, Ref.# 016008

Ramis-Conde et al. 2008
RAMIS-CONDE, I.; DRASDO, D.; ANDERSON, A. R.; CHAPLAIN, M. A.: Modeling the influence of the E-cadherin-beta-catenin pathway in cancer cell invasion: a multiscale approach. In: *Biophysical Journal* 95 (2008), Nr. 1, S. 155–165

Reifenberger et al. 2006
REIFENBERGER, G.; BLÜMCKE, I.; PIETSCH, T.; PAULUS, W.: Pathology and classification of tumors of the nervous system. In: TONN, J. C. (Hrsg.); GROSSMAN, S. A. (Hrsg.); RUTKA, J. T. (Hrsg.); WESTPHAL, M. (Hrsg.): *Neuro-Oncology of CNS Tumors*. Berlin: Springer, 2006, Kapitel 1, S. 3–72

Reis et al. 2009
REIS, E.; SANTOS, L.; PINHO, S.: A cellular automata model for avascular solid tumor growth under the effect of therapy. In: *Physica A: Statistical Mechanics and its Applications* 388 (2009), Nr. 7, S. 1303 – 1314

Rejniak u. Anderson 2011
REJNIAK, K. A.; ANDERSON, A. R. A.: Hybrid models of tumor growth. In: *Wiley Interdisciplinary Reviews: Systems Biology and Medicine* 3 (2011), Nr. 1, S. 115–125

Ribba et al. 2004
RIBBA, B.; ALARCÓN, T.; MARRON, K.; MAINI, P.; AGUR, Z.: The use of hybrid cellular automaton models for improving cancer therapy: 6th International Conference on Cellular Automata for Research and Industry, ACRI 2004, Amsterdam, The Netherlands, October 25-28, 2004. Proceedings. In: SLOOT, P. M. (Hrsg.); CHOPARD, B. (Hrsg.); HOEKSTRA, A. G. (Hrsg.): *Cellular Automata* Bd. 3305. Berlin: Springer, 2004, S. 444–453

Ribba et al. 2006
RIBBA, B.; COLIN, T.; SCHNELL, S.: A multiscale mathematical model of cancer, and its use in analyzing irradiation therapies. In: *Theoretical Biology and Medical Modelling* 3 (2006), Nr. 1, S. 7

van Riel et al. 2013
RIEL, N. A. W.; TIEMANN, C. A.; VANLIER, J.; HILBERS, P. A. J.: Applications of analysis of dynamic adaptations in parameter trajectories. In: *Interface Focus* 3 (2013), Nr. 2, Ref.# 20120084

Robert Koch-Institut u. die Gesellschaft der epidemiologischen Krebsregister in Deutschland e.V. 2012
ROBERT KOCH-INSTITUT (Hrsg.); DIE GESELLSCHAFT DER EPIDEMIOLOGISCHEN KREBSREGISTER IN DEUTSCHLAND E.V. (Hrsg.): *Krebs in Deutschland 2007/2008*. 8. Auflage. Berlin, 2012

Rockne et al. 2009
ROCKNE, R.; ALVORD, E. C.; ROCKHILL, J. K.; SWANSON, K. R.: A mathematical model for brain tumor response to radiation therapy. In: *Journal of Mathematical Biology* 58 (2009), Nr. 4–5, S. 561–578

Rockne et al. 2008
ROCKNE, R.; ALVORD JR., E. C.; SZETO, M.; GU, S.; CHAKRABORTY, G.; SWANSON, K. R.: Modeling diffusely invading brain tumors: an individualized approach to quantifying glioma evolution and response to therapy. In: BELLOMO, N. (Hrsg.); CHAPLAIN, M. (Hrsg.); ANGELIS, E. D. (Hrsg.): *Selected Topics in Cancer Modeling*. Boston: Birkhäuser, 2008, S. 207–221

Rockne et al. 2010
ROCKNE, R.; ROCKHILL, J. K.; MRUGALA, M.; SPENCE, A. M.; KALET, I.; HENDRICKSON, K.; LAI, A.; CLOUGHESY, T.; JR, E. C. A.; SWANSON, K. R.: Predicting the efficacy of radiotherapy in individual glioblastoma patients in vivo: a mathematical modeling approach. In: *Physics in Medicine and Biology* 55 (2010), Nr. 12, S. 3271

Rubenstein u. Kaufman 2008
RUBENSTEIN, B. M.; KAUFMAN, L. J.: The role of extracellular matrix in glioma

invasion: a cellular Potts model approach. In: *Biophysical Journal* 95 (2008), Nr. 12, S. 5661–5680

Sabari et al. 2011
SABARI, J.; LAX, D.; CONNORS, D.; BROTMAN, I.; MINDREBO, E.; BUTLER, C.; ENTERSZ, I.; JIA, D.; FOTY, R. A.: Fibronectin matrix assembly suppresses dispersal of glioblastoma cells. In: *PLoS ONE* 6 (2011), Nr. 9, Ref.# e24810

Sadava et al. 2011
SADAVA, D.; HILLIS, D. M.; HELLER, H. C.; BERENBAUM, M. R.: *Purves, Biologie*. 9. Auflage. Heidelberg: Spektrum Akademischer Verlag, 2011

Sander u. Deisboeck 2002
SANDER, L. M.; DEISBOECK, T. S.: Growth patterns of microscopic brain tumors. In: *Physical Review E* 66 (2002), Nr. 5, Ref.# 051901

Sanders et al. 2007
SANDERS, M. J.; GRONDIN, P. O.; HEGARTY, B. D.; SNOWDENS, M. A.; CARLING, D.: Investigating the mechanism for AMP activation of the AMP-activated protein kinase cascade. In: *Biochemical Journal* 403 (2007), Nr. 1, S. 139–148

Savageau 1971
SAVAGEAU, M. A.: Parameter sensitivity as a criterion for evaluating and comparing the performance of biochemical systems. In: *Nature* 229 (1971), Nr. 5286, S. 542–544

Schaller u. Meyer-Hermann 2005
SCHALLER, G.; MEYER-HERMANN, M.: Multicellular tumor spheroid in an off-lattice Voronoi-Delaunay cell model. In: *Physical Review E* 71 (2005), Nr. 5, Ref.# 051910

Schauer u. Heinrich 1983
SCHAUER, M.; HEINRICH, R.: Quasi-steady-state approximation in the mathematical modeling of biochemical reaction networks. In: *Mathematical Biosciences* 65 (1983), Nr. 2, S. 155–170

Schroeder et al. 2011a
SCHROEDER, Y.; BECKER, S.; TOMA, A.; MANG, A.; SCHUETZ, T.; BUZUG, T.: Ein diskreter Ansatz zur Modellierung von Tumorwachstum und Strahlentherapie. In: HANDELS, H. (Hrsg.); EHRHARDT, J. (Hrsg.); DESERNO, T. M. (Hrsg.); MEINZER, H.-P. (Hrsg.); TOLXDORFF, T. (Hrsg.): *Bildverarbeitung für die Medizin 2011*. Berlin: Springer, 2011 (Informatik aktuell), S. 379–383

Schroeder et al. 2011b
SCHROEDER, Y.; TOMA, A.; BECKER, S.; MANG, A.; SCHUETZ, T. A.; BUZUG, T. M.: A cellular model of brain tumour growth and the effects of radiotherapy. In: *Biomedizinische Technik/Biomedical Engineering* Bd. 56, 2011

Schuetz et al. 2012a
SCHUETZ, T. A.; BECKER, S.; MANG, A.; TOMA, A.; BUZUG, T. M.: A computational multiscale model of glioblastoma growth: regulation of cell migration and proliferation via microRNA-451, LKB1 and AMPK. In: *Proceedings of the 2012 IEEE Engineering in Medicine and Biology 34th Annual International Conference*, 2012, S. 6620–6623

Schuetz et al. 2012b
SCHUETZ, T. A.; BECKER, S.; MANG, A.; TOMA, A.; BUZUG, T. M.: A mathematical multiscale model of the role of microRNA-451 in glioblastoma growth. In: *Book of Abstracts of the Society for Mathematical Biology Annual Meeting and Conference 2012*. Knoxville, 2012, S. 259

Schuetz et al. 2013
SCHUETZ, T. A.; BECKER, S.; MANG, A.; TOMA, A.; BUZUG, T. M.: Modelling of glioblastoma growth by linking a molecular interaction network with an agent-based model. In: *Mathematical and Computer Modelling of Dynamical Systems* 19 (2013), Nr. 5, S. 417–433

Schuetz et al. 2014
SCHUETZ, T. A.; MANG, A.; BECKER, S.; TOMA, A.; BUZUG, T. M.: Identification of crucial parameters in a mathematical multiscale model of glioblastoma growth. In: *Computational and Mathematical Methods in Medicine* (2014), Ref.# 437094

Schuetz et al. 2012c
SCHUETZ, T. A.; MOELLER, S.; BECKER, S.; MANG, A.; TOMA, A.: A cross-scale model of tumor growth: do we need to model molecular interactions in separate artificial compartments within a cell? In: *Proceedings of the 7th Vienna International Conference on Mathematical Modelling 2012*. Wien, 2012, S. 1294–1299

Schuetz et al. 2010
SCHUETZ, T. A.; TOMA, A.; BECKER, S.; MANG, A.; BUZUG, T. M.: Computational multiscale modeling of brain tumor growth. In: *Proceedings of the ECCB10, the 9th European Conference on Computational Biology*. Ghent, 2010, Ref.# G21

Schuetz et al. 2011
SCHUETZ, T. A.; TOMA, A.; BECKER, S.; MANG, A.; BUZUG, T. M.: Multiscale modelling of brain tumour growth: the influence of EGFR on the molecular and cellular level. In: *Biomedizinische Technik/Biomedical Engineering* Bd. 56, 2011

Schwanhäusser et al. 2011
SCHWANHÄUSSER, B.; BUSSE, D.; LI, N.; DITTMAR, G.; SCHUCHHARDT, J.; WOLF, J.; CHEN, W.; SELBACH, M.: Global quantification of mammalian gene expression control. In: *Nature* 473 (2011), Nr. 5, S. 337–342

Schwarz u. Köckler 2009
SCHWARZ, H. R.; KÖCKLER, N.: *Numerische Mathematik*. 7. Auflage. Wiesbaden: Vieweg+Teubner, 2009

Shampine u. Reichelt 1997
SHAMPINE, L.; REICHELT, M.: The MATLAB ODE Suite. In: *SIAM Journal on Scientific Computing* 18 (1997), Nr. 1, S. 1–22

Shaw 2009
SHAW, R. J.: LKB1 and AMPK control of mTOR signalling and growth. In: *Acta Physiologica* 196 (2009), Nr. 1, S. 65–80

Shaw et al. 2004
SHAW, R. J.; KOSMATKA, M.; BARDEESY, N.; HURLEY, R. L.; WITTERS, L. A.; DEPINHO, R. A.; CANTLEY, L. C.: The tumor suppressor LKB1 kinase directly activates AMP-activated kinase and regulates apoptosis in response to energy stress. In: *Proceedings of the National Academy of Sciences* 101 (2004), Nr. 10, S. 3329–3335

Shih et al. 2008
SHIH, A. J.; PURVIS, J.; RADHAKRISHNAN, R.: Molecular systems biology of ErbB1 signaling: bridging the gap through multiscale modeling and high-performance computing. In: *Mol. BioSyst.* 4 (2008), Nr. 12, S. 1151–1159

Shirinifard et al. 2009
SHIRINIFARD, A.; GENS, J. S.; ZAITLEN, B. L.; POPŁAWSKI, N. J.; SWAT, M.; GLAZIER, J. A.: 3D multi-cell simulation of tumor growth and angiogenesis. In: *PLoS ONE* 4 (2009), Nr. 10, Ref.# e7190

Singh et al. 2004
SINGH, S. K.; HAWKINS, C.; CLARKE, I. D.; SQUIRE, J. A.; BAYANI, J.; HIDE, T.; HENKELMAN, R. M.; CUSIMANO, M. D.; DIRKS, P. B.: Identification of human brain tumour initiating cells. In: *Nature* 432 (2004), Nr. 7015, S. 396–401

Sottoriva et al. 2013
SOTTORIVA, A.; SPITERI, I.; PICCIRILLO, S. G. M.; TOULOUMIS, A.; COLLINS, V. P.; MARIONI, J. C.; CURTIS, C.; WATTS, C.; TAVARÉ, S.: Intratumor heterogeneity in human glioblastoma reflects cancer evolutionary dynamics. In: *Proceedings of the National Academy of Sciences* (2013)

Sottoriva et al. 2010
SOTTORIVA, A.; VERHOEFF, J. J.; BOROVSKI, T.; MCWEENEY, S. K.; NAUMOV, L.; MEDEMA, J. P.; SLOOT, P. M.; VERMEULEN, L.: Cancer stem cell tumor model reveals invasive morphology and increased phenotypical heterogeneity. In: *Cancer Research* 70 (2010), Nr. 1, S. 46–56

Statistisches Bundesamt 2012
STATISTISCHES BUNDESAMT (Hrsg.): *Todesursachen in Deutschland 2011*. Wiesbaden, 2012 (Fachserie 12, Reihe 4)

Stein et al. 2000
STEIN, S. C.; WOODS, A.; JONES, N. A.; DAVISON, M. D.; CARLING, D.: The regulation of AMP-activated protein kinase by phosphorylation. In: *Biochemical Journal* 345 (2000), Nr. 3, S. 437–443

Stott et al. 1999
STOTT, E.; BRITTON, N.; GLAZIER, J.; ZAJAC, M.: Stochastic simulation of benign avascular tumour growth using the Potts model. In: *Mathematical and Computer Modelling* 30 (1999), Nr. 5–6, S. 183–198

Swanson et al. 2002
SWANSON, K. R.; ALVORD, E. C.; MURRAY, J. D.: Quantifying efficacy of chemotherapy of brain tumors with homogeneous and heterogeneous drug delivery. In: *Acta Biotheoretica* 50 (2002), Nr. 4, S. 223–237

Swanson et al. 2000
SWANSON, K. R.; JR, E. C. A.; MURRAY, J. D.: A quantitative model for differential motility of gliomas in grey and white matter. In: *Cell Proliferation* 33 (2000), Nr. 5, S. 317–329

Toma et al. 2013
TOMA, A.; CASTILLO, L. R. C.; SCHUETZ, T. A.; BECKER, S.; MANG, A.; RÉGNIER-VIGOUROUX, A.; BUZUG, T. M.: A validated mathematical model of tumour-immune interactions for glioblastoma. In: *Current Medical Imaging Reviews* 9 (2013), Nr. 2, S. 145–153

Toma et al. 2012a
TOMA, A.; HOLL-ULRICH, K.; BECKER, S.; MANG, A.; SCHUETZ, T. A.; BONSANTO, M. M.; TRONNIER, V.; BUZUG, T. M.: A mathematical model to simulate glioma growth and radiotherapy at the microscopic level. In: *Biomedizinische Technik/Biomedical Engineering* Bd. 57, 2012, S. 218–221

Toma et al. 2012b
TOMA, A.; HOLL-ULRICH, K.; BECKER, S.; MANG, A.; SCHUETZ, T. A.; BUZUG, T. M.: Mathematical modeling of tumor dynamics and radiotherapy for early glioma. In: *Book of Abstracts of the Society for Mathematical Biology Annual Meeting and Conference 2012*. Knoxville, 2012, S. 288

Toma et al. 2010
TOMA, A.; MANG, A.; BECKER, S.; SCHUETZ, T. A.; BUZUG, T. M.: Ein hybrides Modell zur Beschreibung von avaskulärem Tumorwachstum. In: *Biomedizinische Technik/Biomedical Engineering* Bd. 55, 2010, S. 131–134

Toma et al. 2012c
TOMA, A.; MANG, A.; BECKER, S.; SCHUETZ, T. A.; BUZUG, T. M.: Can mathematical modelling help to cure glioblastoma multiforme? In: *Journal of Cancer Research and Clinical Oncology* Bd. 138, 2012, S. 116

Toma et al. 2011a
TOMA, A.; MANG, A.; SCHUETZ, T. A.; BECKER, S.; BUZUG, T.: An efficient regular lattice approach for discrete modelling of tumour growth. In: *International Journal of Computer Assisted Radiology and Surgery, Proceedings of the 25rd International Congress and Exhibition 2011* Bd. 6. Berlin, 2011, S. 360

Toma et al. 2011b
TOMA, A.; MANG, A.; SCHUETZ, T. A.; BECKER, S.; BUZUG, T. M.: Is it necessary to model the matrix degrading enzymes for simulating tumour growth? In: *Proceedings of the 16-th International Workshop on Vision, Modeling and Visualization.* Berlin, 2011, S. 361–368

Toma et al. 2012d
TOMA, A.; MANG, A.; SCHUETZ, T. A.; BECKER, S.; BUZUG, T. M.: A novel method for simulating the extracellular matrix in models of tumour growth. In: *Computational and Mathematical Methods in Medicine* (2012), Ref.# 109019

Toma et al. 2011c
TOMA, A.; MANG, A.; SCHUETZ, T. A.; BECKER, S.; BUZUG, T. M.; PFENNING, P.-N.; WICK, W.: A nutrient-guided chemotaxis-haptotaxis approach for modeling the invasion of tumor cells. In: *Book of Abstracts of the 8-th European Conference on Mathematical and Theoretical Biology, and Annual Meeting of the Society for Mathematical Biology.* Krakau, 2011, S. 971

Toma et al. 2011d
TOMA, A.; PFENNING, P.-N.; MANG, A.; SCHUETZ, T. A.; BECKER, S.; WICK, W.; BUZUG, T. M.: Concentration driven invasion velocity of tumor cells. In: *Proceedings of the 12th International Conference on Systems Biology 2011.* Heidelberg, 2011, S. 246

Toma et al. 2011e
TOMA, A.; PFENNING, P.-N.; MANG, A.; SCHUETZ, T. A.; BECKER, S.; WICK, W.; BUZUG, T. M.: In-silico-Modellierung der sauerstoffkonzentrationsabhängigen Invasionsgeschwindigkeit von Tumorzellen. In: *3 Ländertagung der ÖGMP, DGMP und SGSMP 2011 – Medizinische Physik.* Wien, 2011, S. 85–86

Toma et al. 2012e
TOMA, A.; RÉGNIER-VIGOUROUX, A.; MANG, A.; BECKER, S.; SCHUETZ, T. A.; BUZUG, T. M.: In-silico modelling of tumour-immune system interactions for glioblastomas. In: *Proceedings of the 7th Vienna International Conference on Mathematical Modelling 2012.* Wien, 2012, S. 1237–1242

Toma et al. 2012f
TOMA, A.; RÉGNIER-VIGOUROUX, A.; MANG, A.; SCHUETZ, T. A.; BECKER, S.; BUZUG, T. M.: In-silico Modellierung der Immunantwort auf Hirntumorwachstum. In: TOLXDORFF, T. (Hrsg.); DESERNO, T. M. (Hrsg.); HANDELS, H. (Hrsg.); MEINZER, H.-P. (Hrsg.): *Bildverarbeitung für die Medizin 2012*. Berlin: Springer, 2012 (Informatik aktuell), S. 123–128

Toma et al. 2011f
TOMA, A.; SCHUETZ, T. A.; MANG, A.; BECKER, S.; BUZUG, T. M.: A novel hybrid chemotaxis-haptotaxis model to simulate glioma growth. In: *Biomedizinische Technik/Biomedical Engineering* Bd. 56, 2011

Tonn et al. 2006
TONN, J. C. (Hrsg.); GROSSMAN, S. A. (Hrsg.); RUTKA, J. T. (Hrsg.); WESTPHAL, M. (Hrsg.): *Neuro-Oncology of CNS Tumors*. Berlin: Springer, 2006

Tran et al. 2011
TRAN, L.; ZHANG, B.; ZHANG, Z.; ZHANG, C.; XIE, T.; LAMB, J.; DAI, H.; SCHADT, E.; ZHU, J.: Inferring causal genomic alterations in breast cancer using gene expression data. In: *BMC Systems Biology* 5 (2011), Nr. 1, S. 121

Undevia et al. 2005
UNDEVIA, S. D.; GOMEZ-ABUIN, G.; RATAIN, M. J.: Pharmacokinetic variability of anticancer agents. In: *Nature Reviews Cancer* 5 (2005), Nr. 6, S. 447–458

Vandin et al. 2012
VANDIN, F.; UPFAL, E.; RAPHAEL, B. J.: De novo discovery of mutated driver pathways in cancer. In: *Genome Research* 22 (2012), Nr. 2, S. 375–385

Viollet et al. 2010
VIOLLET, B.; HORMAN, S.; LECLERC, J.; LANTIER, L.; FORETZ, M.; BILLAUD, M.; GIRI, S.; ANDREELLI, F.: AMPK inhibition in health and disease. In: *Critical Reviews in Biochemistry and Molecular Biology* 45 (2010), Nr. 4, S. 276–295

Visvader u. Lindeman 2012
VISVADER, J. E.; LINDEMAN, G. J.: Cancer stem cells: current status and evolving complexities. In: *Cell Stem Cell* 10 (2012), Nr. 6, S. 717–728

Vredenburgh et al. 2007
VREDENBURGH, J. J.; DESJARDINS, A.; HERNDON, J. E.; MARCELLO, J.; REARDON, D. A.; QUINN, J. A.; RICH, J. N.; SATHORNSUMETEE, S.; GURURANGAN, S.; SAMPSON, J.; WAGNER, M.; BAILEY, L.; BIGNER, D. D.; FRIEDMAN, A. H.; FRIEDMAN, H. S.: Bevacizumab plus irinotecan in recurrent glioblastoma multiforme. In: *Journal of Clinical Oncology* 25 (2007), Nr. 30, S. 4722–4729

Wang et al. 2007
WANG, H.; ACH, R. A.; CURRY, B.: Direct and sensitive miRNA profiling from low-input total RNA. In: *RNA* 13 (2007), Nr. 1, S. 151–159

Wang et al. 2008
WANG, Z.; BIRCH, C. M.; DEISBOECK, T. S.: Cross-scale sensitivity analysis of a non-small cell lung cancer model: linking molecular signaling properties to cellular behavior. In: *Biosystems* 92 (2008), Nr. 3, S. 249–258

Wang et al. 2012
WANG, Z.; BORDAS, V.; SAGOTSKY, J.; DEISBOECK, T. S.: Identifying therapeutic targets in a combined EGFR-TGFβR signalling cascade using a multiscale agent-based cancer model. In: *Mathematical Medicine and Biology* 29 (2012), Nr. 1, S. 95–108

Wang u. Deisboeck 2008
WANG, Z.; DEISBOECK, T. S.: Computational modeling of brain tumors: discrete, continuum or hybrid? In: *Scientific Modeling and Simulation SMNS* 15 (2008), S. 381–393

Watson et al. 2011
WATSON, J. D.; BAKER, T.; BELL, S.; GANN, A.; LEVINE, M.; LOSICK, R.: *Molekularbiologie*. 6. Auflage. München: Pearson Studium, 2011

Weinberg 2007
WEINBERG, R. A.: *The biology of cancer*. New York: Garland Science, 2007

Weingart et al. 2006
WEINGART, J. D.; MCGIRT, M. J.; BREM, H.: High-grade astrozytoma/glioblastoma. In: TONN, J. C. (Hrsg.); GROSSMAN, S. A. (Hrsg.); RUTKA, J. T. (Hrsg.); WESTPHAL, M. (Hrsg.): *Neuro-Oncology of CNS Tumors*. Berlin: Springer, 2006, Kapitel 6, S. 127–138

Williams u. Brenman 2008
WILLIAMS, T.; BRENMAN, J. E.: LKB1 and AMPK in cell polarity and division. In: *Trends in Cell Biology* 18 (2008), Nr. 4, S. 193–198

Wolf et al. 1985
WOLF, A.; SWIFT, J. B.; SWINNEY, H. L.; VASTANO, J. A.: Determining Lyapunov exponents from a time series. In: *Physica D: Nonlinear Phenomena* 16 (1985), Nr. 3, S. 285–317

Wullschleger et al. 2006
WULLSCHLEGER, S.; LOEWITH, R.; HALL, M. N.: TOR signaling in growth and metabolism. In: *Cell* 124 (2006), Nr. 3, S. 471–484

Yuan et al. 2004
YUAN, X.; CURTIN, J.; XIONG, Y.; LIU, G.; WASCHSMANN-HOGIU, S.; FARKAS, D. L.; BLACK, K. L.; YU, J. S.: Isolation of cancer stem cells from adult glioblastoma multiforme. In: *Oncogene* 23 (2004), Nr. 58, S. 9392–9400

Zhang et al. 2007
ZHANG, L.; ATHALE, C. A.; DEISBOECK, T. S.: Development of a three-dimensional multiscale agent-based tumor model: simulating gene-protein interaction profiles, cell phenotypes and multicellular patterns in brain cancer. In: *Journal of Theoretical Biology* 244 (2007), Nr. 1, S. 98–107

Zhang et al. 2009
ZHANG, L.; STROUTHOS, C. G.; WANG, Z.; DEISBOECK, T. S.: Simulating brain tumor heterogeneity with a multiscale agent-based model: linking molecular signatures, phenotypes and expansion rate. In: *Mathematical and Computer Modelling* 49 (2009), Nr. 1–2, S. 307–319

Zhao u. Dong 2013
ZHAO, W.; DONG, Y.: Research on breast cancer metastasis related miRNAs network based on a boolean network. In: YIN, Z. (Hrsg.); PAN, L. (Hrsg.); FANG, X. (Hrsg.): *Proceedings of The Eighth International Conference on Bio-Inspired Computing: Theories and Applications (BIC-TA), 2013* Bd. 212. Springer Berlin Heidelberg, 2013, S. 767–775

Zhou et al. 2009
ZHOU, X.-D.; WANG, X.-Y.; QU, F.-J.; ZHONG, Y.-H.; LU, X.-D.; ZHAO, P.; WANG, D.-H.; HUANG, Q.-B.; ZHANG, L.; LI, X.-G.: Detection of cancer stem cells from the C6 glioma cell line. In: *Journal of International Medical Research* 37 (2009), Nr. 2, S. 503–510

Aktuelle Forschung Medizintechnik

Herausgeber:

Prof. Dr. Thorsten M. Buzug

Institut für Medizintechnik, Universität zu Lübeck

Themen
Werke aus folgenden Themengebieten werden gerne in die Reihe aufgenommen: Biomedizinische Mikro- und Nanosysteme, Elektromedizin, biomedizinische Mess- und Sensortechnik, Monitoring, Lasertechnik, Robotik, minimalinvasive Chirurgie, integrierte OP-Systeme, bildgebende Verfahren, digitale Bildverarbeitung und Visualisierung, Kommunikations- und Informationssysteme, Telemedizin, eHealth und wissensbasierte Systeme, Biosignalverarbeitung, Modellierung und Simulation, Biomechanik, aktive und passive Implantate, Tissue Engineering, Neuroprothetik, Dosimetrie, Strahlenschutz, Strahlentherapie.

Autorinnen und Autoren
Autoren der Reihe sind in der Regel junge Promovierte und Habilitierte, die exzellente Abschlussarbeiten verfasst haben.

Leserschaft
Die Reihe wendet sich einerseits an Studierende, Promovenden und Habilitanden aus den Bereichen Medizintechnik, Medizinische Ingenieurwissenschaft, Medizinische Physik, Medizinische Informatik oder ähnlicher Richtungen. Andererseits stellt die Reihe aktuelle Arbeiten aus einem sich schnell entwickelnden Feld dar, so dass auch Wissenschaftlerinnen und Wissenschaftler sowie Entwicklerinnen und Entwickler an Universitäten, in außeruniversitären Forschungseinrichtungen und der Industrie von den ausgewählten Arbeiten in innovativen Gebieten der Medizintechnik profitieren werden.

Begutachtungsprozess
Die Qualitätssicherung erfolgt in drei Schritten. Zunächst werden nur Arbeiten angenommen die mindestens magna cum laude bewertet sind. Im zweiten Schritt wird ein Mitglied des Editorial Boards die Annahme oder Ablehnung des Werkes empfehlen. Im letzten Schritt wird der Reihenherausgeber über die Annahme oder Ablehnung entscheiden sowie Änderungen in der Druckfassung empfehlen. Die Koordination übernimmt der Reihenherausgeber.

Kontakt
Prof. Dr. Thorsten M. Buzug
Institut für Medizintechnik
Universität zu Lübeck
Ratzeburger Allee 160
23538 Lübeck, Germany

Tel.: +49 (0) 451 / 500-5400
Fax: +49 (0) 451 / 500-5403
E-Mail: buzug@imt.uni-luebeck.de
Web: http://www.imt.uni-luebeck.de

Stand: Januar 2014. Änderungen vorbehalten.
Erhältlich im Buchhandel oder beim Verlag.

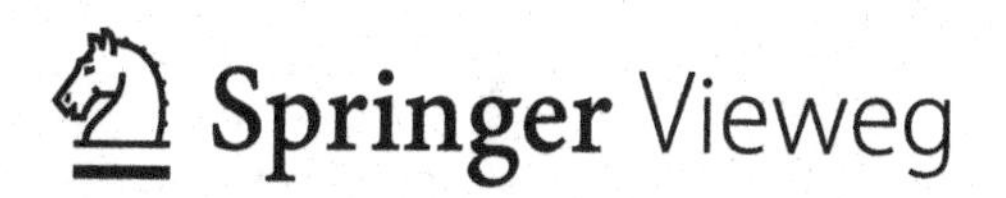

Abraham-Lincoln-Straße 46
D-65189 Wiesbaden
Tel. +49 (0)6221. 345 - 4301
www.springer-vieweg.de